高等院校工科类、经济管理类数学系列辅导丛书

概率论与数理统计
同步练习与模拟试题

刘 强　郭文英　孙 阳 ◎ 编著

清华大学出版社

北京

内容简介

本书是高等院校工科类、经管类本科生学习《概率论与数理统计》课程的辅导用书.全书分为两大部分,第一部分为"同步练习",该部分主要包括 4 个模块,即内容提要、典型例题分析、习题精选和习题详解,旨在帮助读者尽快掌握《概率论与数理统计》课程中的基本内容、基本方法和解题技巧,提高学习效率.第二部分为"模拟试题及详解",该部分给出了 10 套模拟试题,并给出了详细的解答过程,旨在检验读者的学习效果,快速提升读者的综合能力.

本书可以作为高等院校工科类、经管类本科生学习概率论与数理统计课程的辅导用书,对于准备报考硕士研究生的考生而言,本书也是一本不错的基础复习阶段的考研数学用书.

本书封面贴有清华大学出版社防伪标签,无标签者不得销售.
版权所有,侵权必究. 举报: 010-62782989, beiqinquan@tup.tsinghua.edu.cn.

图书在版编目(CIP)数据

概率论与数理统计同步练习与模拟试题/刘强,郭文英,孙阳编著. —北京: 清华大学出版社,2016
(2023.10重印)
(高等院校工科类、经济管理类数学系列辅导丛书)
ISBN 978-7-302-42757-5

Ⅰ. ①概… Ⅱ. ①刘… ②郭… ③孙… Ⅲ. ①概率论—高等学校—教学参考资料 ②数理统计—高等学校—教学参考资料 Ⅳ. ①O21

中国版本图书馆 CIP 数据核字(2016)第 021236 号

责任编辑: 彭 欣
封面设计: 汉风唐韵
责任校对: 王凤芝
责任印制: 丛怀宇

出版发行: 清华大学出版社
网　　址: http://www.tup.com.cn, http://www.wqbook.com
地　　址: 北京清华大学学研大厦 A 座　　　　邮　编: 100084
社 总 机: 010-83470000　　　　　　　　　　邮　购: 010-62786544
投稿与读者服务: 010-62776969, c-service@tup.tsinghua.edu.cn
质量反馈: 010-62772015, zhiliang@tup.tsinghua.edu.cn
课件下载: http://www.tup.com.cn,010-62770175-4506

印 装 者: 三河市龙大印装有限公司
经　　销: 全国新华书店
开　　本: 185mm×260mm　　　印　张: 15　　　字　数: 346 千字
版　　次: 2016 年 3 月第 1 版　　　　　　　印　次: 2023 年 10 月第 8 次印刷
定　　价: 42.00 元

产品编号: 064152-02

FOREWORD

随着经济的发展、科技的进步,数学在经济、管理、金融、生物、信息、医药等众多领域发挥着越来越重要的作用,数学思想、方法的学习与灵活运用已经成为当今高等院校人才培养的基本要求.

然而,很多学生在学习的过程中,对于一些重要的数学思想、方法难以把握,对一些常见题型存在困惑,感觉无从下手,对数学的理解往往只拘泥于某些具体的知识点,体会不出蕴含在其中的数学思想.

为了让学生更好、更快地掌握所学知识,同时结合部分学生考研的需要,我们编写了高等院校工科类、经济管理类数学系列辅导丛书,该丛书包括《微积分》《高等数学》《线性代数》和《概率论与数理统计》四门数学课程的辅导用书,首都经济贸易大学的刘强教授担任丛书的主编.

本书为《概率论与数理统计》部分,编写的主要目的有两个,一是帮助学生更好地学习《概率论与数理统计》课程,熟练掌握课程中的一些基本概念、基本理论和基本方法,提高学生分析问题、解决问题的能力,以达到工科类、经管类专业对学生数学能力培养的基本要求;二是为了满足学生报考研究生的需要,结合编者多年来的教学经验,精选了部分经典考题,使学生对考研题的难度和深度有一个总体的认识.

全书内容分为两大部分. 第一部分是同步练习部分,该部分每章中主要包括 4 个模块,即内容提要、典型例题分析、习题精选以及习题详解. 具体模块内容为:

1. 内容提要

本模块对基本概念、基本理论、基本公式等内容进行系统梳理、归纳总结,详细解答了学习过程中可能遇到的各种疑难问题.

2. 典型例题分析

本模块是作者在多年来本科教学和考研辅导经验的基础上,创新性地构思了大量有代表性的例题,并选编了部分国内外优秀教材、辅导资料的经典题目,按照知识结构、解题思路、解题方法等对典型例题进行了系统归类,通过专题讲解,详细阐述了相关问题的解题方法与技巧.

3. 习题精选

本模块精心选编了部分具有代表性的习题,帮助读者巩固强化所学知识,提升读者学习效果.

4. 习题详解

本模块对精选习题部分给出了详细解答过程,部分习题给出多种解法,以开拓读者的解题思路,培养读者的分析能力和发散性思维.

第二部分是模拟试题及解答.该部分共给出了 10 套模拟试题,并给出了详细解答过程,主要目的是检验读者的学习效果,提高读者的综合能力.

为了便于读者阅读本书,书中的工科类要求、经管类不要求的内容将用"*"标出,有一定难度的结论、例题和综合练习题等将用"**"标出,初学者可以略过.

本书的前身是一本辅导讲义,在首都经济贸易大学已经使用过多年,其间修订过多版,本次应清华大学出版社邀请,我们将该讲义进行了系统的整理、改编,几经易稿,终成本书.

本书第一部分共分 8 章,其中第 1~2 章由孙阳编写,第 3~5 章由郭文英编写,第 6~8 章由刘强编写.第二部分由编写组共同完成,最后由刘强负责统一定稿.

本书可以作为高等院校工科类、经济管理类本科生学习概率论与数理统计课程的辅导用书;对于准备报考硕士研究生的本科生而言,本书也一本不错的基础复习阶段的考研数学用书.

本系列丛书在编写过程中,得到了北京工业大学程维虎教授、李高荣教授,首都经济贸易大学纪宏教授、张宝学教授、马立平教授、吴启富教授、昆明理工大学的吴刘仓教授、北京化工大学李志强副教授以及同事们的大力支持,清华大学出版社的彭欣女士和刘志彬主任也为本丛书的出版付出了很多的努力,在此表示诚挚的感谢.本书的编写也得到了北京市青年拔尖人才培育计划(CIT&TCD201404133)的资助.

由于编者水平有限,尽管我们付出了很大努力,但书中仍可能存在不妥甚至错误之处,恳请读者和同行不吝指正.邮件地址为 cuebliuqiang@163.com.

编 者

2016 年 2 月

CONTENTS

第一部分 同步练习

第 1 章 概率论的基本概念 ··· 3
  1.1 内容提要 ··· 3
    1.1.1 随机试验与随机事件 ·· 3
    1.1.2 事件的关系与运算 ·· 3
    1.1.3 频率的定义及性质 ·· 4
    1.1.4 概率的公理化定义及性质 ··· 5
    1.1.5 条件概率的定义及性质 ·· 5
    1.1.6 事件的独立性 ··· 6
    1.1.7 概率模型 ·· 7
  1.2 典型例题分析 ·· 7
    1.2.1 题型一 事件的运算及事件的概率 ·· 7
    1.2.2 题型二 古典概型、几何概型的计算 ···································· 9
    1.2.3 题型三 条件概率问题 ··· 11
    1.2.4 题型四 独立性与伯努利概型 ··· 13
  1.3 习题精选 ··· 15
  1.4 习题详解 ··· 17

第 2 章 随机变量及其分布 ·· 21
  2.1 内容提要 ··· 21
    2.1.1 随机变量 ·· 21
    2.1.2 随机变量的分布函数及性质 ·· 21
    2.1.3 离散型随机变量及其分布律 ·· 22
    2.1.4 常见的离散型随机变量 ·· 23
    2.1.5 连续型随机变量 ··· 23
    2.1.6 常见的连续型随机变量及性质 ·· 23
    2.1.7 随机变量函数的分布 ·· 25

2.1.8　分位点 ··· 25
　2.2　典型例题分析 ··· 25
　　　2.2.1　题型一　随机变量分布的有关问题 ······························· 25
　　　2.2.2　题型二　随机变量分布的求解及用分布计算概率 ················· 27
　　　2.2.3　题型三　正态随机变量的概率计算问题 ·························· 30
　　　2.2.4　题型四　求解随机变量函数的概率分布 ·························· 30
　2.3　习题精选 ·· 34
　2.4　习题详解 ·· 36

第 3 章　多维随机变量及其分布 ·· 40

　3.1　内容提要 ·· 40
　　　3.1.1　随机向量 ·· 40
　　　3.1.2　分布函数 ·· 40
　　　3.1.3　二维离散型随机变量 ·· 40
　　　3.1.4　二维连续型随机变量 ·· 41
　　　3.1.5　边缘分布 ·· 41
　　　3.1.6　条件分布 ·· 42
　　　3.1.7　随机变量的独立性 ·· 42
　　　3.1.8　随机变量函数的分布 ·· 43
　　　3.1.9　常见的二维连续型分布 ·· 43
　3.2　典型例题分析 ··· 44
　　　3.2.1　题型一　离散型随机向量的概率分布问题 ······················ 44
　　　3.2.2　题型二　连续型随机向量的概率分布问题 ······················ 47
　　　3.2.3　题型三　求解二维随机变量函数的分布问题 ··················· 51
　　　3.2.4　题型四　综合问题 ··· 54
　　　3.2.5　题型五　证明题 ··· 56
　3.3　习题精选 ·· 56
　3.4　习题详解 ·· 61

第 4 章　随机变量的数字特征 ·· 75

　4.1　内容提要 ·· 75
　　　4.1.1　离散型随机变量的数学期望 ···································· 75
　　　4.1.2　连续型随机变量的数学期望 ···································· 75
　　　4.1.3　数学期望的性质 ··· 76
　　　4.1.4　随机变量的方差及其性质 ····································· 76
　　　4.1.5　协方差及其性质 ··· 77
　　　4.1.6　相关系数及其性质 ·· 77
　　　4.1.7　随机变量的矩 ··· 77

    4.1.8 协方差阵 ……………………………………………………………… 77
    4.1.9 几个常见分布的数字特征 ……………………………………… 78
  4.2 典型例题分析 ………………………………………………………………… 78
    4.2.1 题型一 离散型随机变量的数学期望、方差问题 ………… 78
    4.2.2 题型二 连续型随机变量的数学期望、方差问题 ………… 79
    4.2.3 题型三 应用题 …………………………………………………… 81
    4.2.4 题型四 多维随机变量的数字特征问题 …………………… 82
    4.2.5 题型五 证明题 …………………………………………………… 86
  4.3 习题精选 ……………………………………………………………………… 87
  4.4 习题详解 ……………………………………………………………………… 90

第 5 章 大数定律与中心极限定理 ……………………………………………………… 99

  5.1 内容提要 ……………………………………………………………………… 99
    5.1.1 切比雪夫(Chebyshev)不等式 ………………………………… 99
    5.1.2 依概率收敛 …………………………………………………… 99
    5.1.3 大数定律 ……………………………………………………… 99
    5.1.4 常见的大数定律 ……………………………………………… 99
    5.1.5 中心极限定理 ………………………………………………… 100
    5.1.6 常见的中心极限定理 ………………………………………… 100
  5.2 典型例题分析 ……………………………………………………………… 101
    5.2.1 题型一 利用切比雪夫不等式估计概率问题 …………… 101
    5.2.2 题型二 大数定律的应用问题 …………………………… 101
    5.2.3 题型三 中心极限定理的应用问题 ……………………… 102
  5.3 习题精选 …………………………………………………………………… 104
  5.4 习题详解 …………………………………………………………………… 105

第 6 章 样本及抽样分布 ……………………………………………………………… 109

  6.1 内容提要 …………………………………………………………………… 109
    6.1.1 总体与个体 …………………………………………………… 109
    6.1.2 样本与样本联合分布 ………………………………………… 109
    6.1.3 放回抽样和不放回抽样 ……………………………………… 110
    6.1.4 统计量与抽样分布 …………………………………………… 110
    6.1.5 一些常用的统计量 …………………………………………… 111
    6.1.6 经验分布函数 ………………………………………………… 111
   *6.1.7 顺序统计量 …………………………………………………… 112
    6.1.8 三大常用抽样分布 …………………………………………… 112
    6.1.9 上 α 分位点 ………………………………………………… 113
    6.1.10 正态总体的样本均值与样本方差的分布 ………………… 114
    6.1.11 几个常用结论 ……………………………………………… 115

6.2　典型例题分析 ·· 116
　　　　6.2.1　题型一　抽样分布的判别与求解 ·· 116
　　　　6.2.2　题型二　概率的计算问题 ·· 117
　　　　6.2.3　题型三　期望、方差问题 ·· 118
　　　　6.2.4　题型四　经验分布函数的求解 ··· 119
　　　　6.2.5　题型五　常数的求解问题 ·· 120
　　　　6.2.6　题型六　其他有关的问题 ·· 120
　　6.3　习题精选 ··· 121
　　6.4　习题详解 ··· 122

第 7 章　参数估计 ··· 124

　　7.1　内容提要 ··· 124
　　　　7.1.1　参数估计 ·· 124
　　　　7.1.2　点估计 ··· 124
　　　　7.1.3　矩估计法 ·· 124
　　　　7.1.4　最大似然估计法 ··· 125
　　　　7.1.5　估计量的评选标准 ·· 126
　　　　7.1.6　区间估计 ·· 126
　　　*7.1.7　单侧置信区间 ·· 127
　　　　7.1.8　正态总体均值与方差的区间估计公式 ································ 127
　　7.2　典型例题分析 ·· 128
　　　　7.2.1　题型一　求未知参数的矩估计 ··· 128
　　　　7.2.2　题型二　求未知参数的最大似然估计 ································ 129
　　　　7.2.3　题型三　估计量的评选标准问题 ··· 131
　　　　7.2.4　题型四　区间估计问题 ·· 133
　　7.3　习题精选 ··· 135
　　7.4　习题详解 ··· 137

第 8 章　假设检验 ··· 140

　　8.1　内容提要 ··· 140
　　　　8.1.1　假设检验的概念 ··· 140
　　　　8.1.2　两类错误 ·· 141
　　　　8.1.3　假设检验的类型 ··· 141
　　　　8.1.4　假设检验的步骤 ··· 141
　　　　8.1.5　原假设的选择原则 ·· 141
　　　　8.1.6　正态总体均值与方差的检验 ·· 142
　　　　8.1.7　分布拟合检验 ·· 142

         8.1.8　p 值检验法 ··· 143
   8.2　典型例题分析 ··· 143
         8.2.1　题型一　单个正态总体的假设检验问题 ···································· 143
         8.2.2　题型二　两个正态总体的假设检验问题 ···································· 145
         8.2.3　题型三　成对数据的假设检验问题 ·· 146
         8.2.4　题型四　非正态总体的假设检验问题 ······································· 147
         8.2.5　题型五　两类错误问题 ·· 147
         8.2.6　题型六　分布拟合检验问题 ·· 148
   8.3　习题精选 ··· 149
   8.4　习题详解 ··· 152

第二部分　模拟试题及解答

模拟试题

   模拟试题一 ··· 159
   模拟试题二 ··· 162
   模拟试题三 ··· 165
   模拟试题四 ··· 168
   模拟试题五 ··· 171
   模拟试题六 ··· 174
   模拟试题七 ··· 177
   模拟试题八 ··· 180
   模拟试题九 ··· 183
   模拟试题十 ··· 186

模拟试题详解

   模拟试题一详解 ··· 189
   模拟试题二详解 ··· 193
   模拟试题三详解 ··· 198
   模拟试题四详解 ··· 202
   模拟试题五详解 ··· 206
   模拟试题六详解 ··· 210
   模拟试题七详解 ··· 213
   模拟试题八详解 ··· 216
   模拟试题九详解 ··· 220
   模拟试题十详解 ··· 225

第一部分

同步练习

第一編 総説

第 1 章

概率论的基本概念

1.1 内容提要

1.1.1 随机试验与随机事件

自然界中的各种现象大体上可以分为两大类,即**确定性现象**和**不确定性现象**. 确定性现象是在一定条件下必然会发生的现象;作为不确定性现象中的一部分,**随机现象**是指在相同条件下,试验的结果呈现出不确定性,但在大量的重复试验中结果又具有**统计规律性**(即在大量重复试验或观测中呈现出来的固有规律)的现象. 概率论与数理统计是研究和揭示随机现象统计规律的一门学科. 我们认识统计规律的手段是**随机试验**,所谓的随机试验是具有以下性质的试验:

(1) 试验可以在相同条件下重复进行;
(2) 试验可能出现的结果不止一个,且在试验之前知道所有可能的结果;
(3) 试验前不能确定具体哪一个结果会出现.

通常用字母 E 表示随机试验(以后简称**试验**).

随机试验的全部可能结果组成的集合称为随机试验的**样本空间**,记为 S, S 中的元素,即 E 的每个试验结果,称为**样本点**,记为 e. 一般地,试验 E 的样本空间 S 的子集称为 E 的**随机事件**,简称**事件**,用大写的英文字母 A, B, C 等表示,由一个样本点构成的单点集,称为**基本事件**,否则称为**复杂事件**.

若试验的结果为事件 A 中的样本点,称在这次试验中**事件 A 发生**. 由于样本空间 S 包含了所有的可能结果,每次试验 S 总是发生的,因此 S 称为**必然事件**,而空集 $\varnothing$ 不包含任何样本点,每次试验 $\varnothing$ 都不发生,因此 $\varnothing$ 称为**不可能事件**.

1.1.2 事件的关系与运算

1. 事件的运算

A 与 B 的**和事件** $A \cup B = \{e | e \in A \text{ 或 } e \in B\}$, $A \cup B$ 发生当且仅当 A 与 B 至少有一个

发生. n 个事件 $A_1, A_2, \cdots, A_n$ 的和事件记作 $A_1 \cup A_2 \cup \cdots \cup A_n$ 或 $\bigcup_{i=1}^{n} A_i$.

A 与 B 的**积**事件 $A \cap B = \{e | e \in A$ 且 $e \in B\}$,也简记为 AB,$A \cap B$ 发生当且仅当 A 与 B 同时发生. n 个事件 $A_1, A_2, \cdots, A_n$ 的积事件记作 $A_1 \cap A_2 \cap \cdots \cap A_n$ 或 $\bigcap_{i=1}^{n} A_i$.

A 与 B 的**差**事件 $A - B = \{e | e \in A$ 且 $e \notin B\}$,$A - B$ 发生当且仅当事件 A 发生而事件 B 不发生.

2. 事件的关系

若 $A \subset B$,则称事件 B **包含**事件 A,此时事件 A 发生必然导致事件 B 发生.

若 $A \subset B$ 且 $B \subset A$,则称事件 A 与 B **相等**,记作 $A = B$.

若 $AB = \varnothing$,则称事件 A 与 B **互不相容**或**互斥**,此时事件 A 与 B 不能同时发生. 基本事件是两两互不相容的.

若 $A \cup B = S$ 且 $A \cap B = \varnothing$,则称事件 A 与 B 互为**对立事件**或**互逆事件**,A 的对立事件记为 $\overline{A}$. 显然对随机试验而言,每次试验事件 A 与 B 中必有且仅有一个发生.

若事件 $A_1, A_2, \cdots, A_n$ 两两互不相容,且 $A_1 \cup A_2 \cup \cdots \cup A_n = S$,则称 $A_1, A_2, \cdots, A_n$ 为样本空间 S 的一个划分(分割).

3. 运算规律

(1) **交换律**: $A \cup B = B \cup A$;$A \cap B = B \cap A$;

(2) **结合律**: $A \cup (B \cup C) = (A \cup B) \cup C$;$A \cap (B \cap C) = (A \cap B) \cap C$;

(3) **分配率**: $(A \cup B)C = (AC) \cup (BC)$;$(AB) \cup C = (A \cup C) \cap (B \cup C)$;

(4) **德摩根律**: $\overline{A \cup B} = \overline{A} \cap \overline{B}$;$\overline{\bigcup_{k=1}^{\infty} A_k} = \bigcap_{k=1}^{\infty} \overline{A_k}$;$\overline{A \cap B} = \overline{A} \cup \overline{B}$;$\overline{\bigcap_{k=1}^{\infty} A_k} = \bigcup_{k=1}^{\infty} \overline{A_k}$.

注 $A - B = A - AB = A\overline{B}$;$(A\overline{B}) \cup (AB) = A$.

1.1.3 频率的定义及性质

设 A 为试验 E 中的一个事件,试验 E 在相同条件下重复进行 n 次,事件 A 发生的次数 n_A 称为事件 A 发生的**频数**,$\frac{n_A}{n}$ 称为事件 A 在 n 次试验中发生的**频率**,记为 $f_n(A)$,即

$$f_n(A) = \frac{n_A}{n}.$$

频率的性质

(1) $0 \leqslant f_n(A) \leqslant 1$;

(2) $f_n(S) = 1$;

(3) 设 $A_1, A_2, \cdots, A_m$ 为 m 个两两互不相容的事件,则有

$$f_n(A_1 \cup A_2 \cup \cdots \cup A_m) = f_n(A_1) + f_n(A_2) + \cdots + f_n(A_m).$$

1.1.4 概率的公理化定义及性质

设 E 是一个随机试验，S 是样本空间，对 E 的每一事件 A 赋予一个实数，记作 $P(A)$，称为事件 A 的**概率**，如果集合函数 $P(\cdot)$ 满足以下 3 个条件：

(1) **非负性**：对任意的事件 A，$P(A) \geqslant 0$；

(2) **规范性**：对于必然事件 S，$P(S)=1$；

(3) **可列可加性**：对于两两互不相容的事件 $A_1, A_2, \cdots$，有
$$P(A_1 \cup A_2 \cup \cdots) = P(A_1) + P(A_2) + \cdots.$$

概率的性质

(1) $P(\varnothing)=0$；

(2) 设 $A_1, A_2, \cdots, A_n$ 为 n 个两两互不相容的事件，则有
$$P(A_1 \cup A_2 \cup \cdots \cup A_n) = P(A_1) + P(A_2) + \cdots + P(A_n);$$

(3) 若 $A \subset B$，则有 $P(B-A)=P(B)-P(A)$，$P(A) \leqslant P(B)$；

(4) 对任一事件 A，有 $P(A) \leqslant 1$；

(5) 对任一事件 A，有 $P(A)=1-P(\overline{A})$ 或 $P(\overline{A})=1-P(A)$；

(6) 对任意两个事件 A 与 B，有
$$P(A \cup B) = P(A) + P(B) - P(AB);$$

对任意 3 个事件 A, B, C，有
$$P(A \cup B \cup C) = P(A) + P(B) + P(C) - P(AB) - P(AC) - P(BC) + P(ABC).$$

1.1.5 条件概率的定义及性质

设 A, B 为两个事件，且 $P(A) > 0$，则称
$$P(B \mid A) = \frac{P(AB)}{P(A)}$$
为在事件 A 发生的条件下事件 B 发生的**条件概率**.

条件概率的性质

(1) **非负性**：对任意的事件 B，$P(B \mid A) \geqslant 0$；

(2) **规范性**：对于必然事件 S，$P(S \mid A)=1$；

(3) **可列可加性**：对于两两互不相容的事件 $B_1, B_2, \cdots$，有
$$P\left(\bigcup_{i=1}^{\infty} B_i \mid A\right) = \sum_{i=1}^{\infty} P(B_i \mid A);$$

(4) **乘法公式**：若 $P(A)>0$，则 $P(AB)=P(B \mid A)P(A)$.

推论 设 A, B, C 为 3 个事件，且 $P(AB)>0$，则
$$P(ABC) = P(C \mid AB)P(B \mid A)P(A);$$

(5) **全概率公式**：设 S 为试验 E 的样本空间，A 为 E 的一个事件，$B_1, B_2, \cdots, B_n$ 为 S 的一个划分，且有 $P(B_i)>0 (i=1,2,\cdots,n)$，则
$$P(A) = \sum_{i=1}^{n} P(B_i) P(A \mid B_i);$$

推论 设 S 为试验 E 的样本空间,A 为 E 的一个事件,$B_1,B_2,\cdots,B_n$ 两两互不相容,且有 $P(B_i)>0(i=1,2,\cdots,n)$,$\sum_{i=1}^{n}B_i \supset A$,则

$$P(A) = \sum_{i=1}^{n}P(B_i)P(A\mid B_i);$$

(6) **贝叶斯公式**:设 S 为试验 E 的样本空间,A 为 E 的一个事件,$B_1,B_2,\cdots,B_n$ 为 S 的一个划分,$P(A)>0$,$P(B_i)>0(i=1,2,\cdots,n)$,则

$$P(B_i\mid A) = \frac{P(A\mid B_i)P(B_i)}{\sum_{j=1}^{n}P(A\mid B_j)P(B_j)}, \quad i=1,2,\cdots,n.$$

1.1.6 事件的独立性

1. 两个事件相互独立的定义

设 A,B 是两个事件,如果满足

$$P(AB) = P(A)P(B),$$

则称事件 A 与 B **相互独立**,简称 A 与 B **独立**.

2. 两个事件相互独立的性质

(1) 若 $P(A)>0$,则事件 A 与事件 B 相互独立的充分必要条件是 $P(B\mid A)=P(B)$.

(2) 若 A 与 B 独立,则 A 与 $\bar{B}$ 独立,$\bar{A}$ 与 B 独立,$\bar{A}$ 与 $\bar{B}$ 独立.

注 当 $P(A)>0$,$P(B)>0$ 时,"A 与 B 相互独立"与"A 与 B 互不相容"不能同时成立.

3. 3 个事件相互独立的定义

设 A,B,C 是 3 个事件,如果满足

$$P(AB) = P(A)P(B),$$
$$P(BC) = P(B)P(C),$$
$$P(CA) = P(C)P(A),$$
$$P(ABC) = P(A)P(B)P(C),$$

则称 A,B,C **相互独立**.

4. 3 个事件相互独立的性质

(1) 若 A,B,C 相互独立,将其中任意 i 个($i=1,2,3$)换成其对立事件,得到的 3 个事件仍然相互独立.

(2) 若 A,B,C 相互独立,则 $A\cup B$,AB,$A-B$ 均与 C 相互独立.

一般地,如果事件 $A_1,A_2,\cdots,A_n$ 对于其中任意 i($i=2,3,\cdots,n$)个事件都满足积事件

的概率等于各事件概率相乘,则称事件 $A_1,A_2,\cdots,A_n$ **相互独立**. 将 $A_1,A_2,\cdots,A_n$ 中任意多个事件换成它们的对立事件,得到的 n 个事件仍然相互独立.

1.1.7 概率模型

概率模型描述了一类随机试验的特点,并给出事件概率的计算公式.

1. 古典概型(等可能概型)

古典概型满足:样本空间中样本点有限,并且基本事件均等可能发生. 设样本空间 S 中的样本点总数为 n,事件 A 中包含的样本点数为 n_A,则

$$P(A) = \frac{n_A}{n} = \frac{A \text{ 中的基本事件数}}{S \text{ 中的基本事件总数}}.$$

2. 几何概型

设样本空间是一个测度(如长度、面积、体积等)有限的区域(如长度有限的线段,面积有限的区域等),事件 A 中的样本点为区域的子集,若事件 A 发生的可能性大小与 A 的测度成正比. 记样本空间 S 的测度为 $L(S)$,事件 A 的测度为 $L(A)$,则

$$P(A) = \frac{L(A)}{L(S)}.$$

这个概率模型称为**几何概型**.

3. 伯努利概型

如果试验 E 只有两个结果 A 与 $\overline{A}$,则称 E 为**伯努利试验**,将试验 E 在相同条件下独立地重复进行 n 次所构成的试验称为 n **重伯努利试验**. 设 $P(A)=p, P(\overline{A})=1-p (0<p<1)$,将 n 重伯努利试验中事件 A 发生 k 次的概率记为 $P_n(k)$,则

$$P_n(k) = C_n^k p^k (1-p)^{n-k}, \quad k=0,1,2,\cdots,n.$$

这个概率模型称为**伯努利概型**.

1.2 典型例题分析

1.2.1 题型一 事件的运算及事件的概率

本题型要求读者正确使用事件的运算形式来表达事件,熟练使用事件的运算规律进行事件的运算,熟练使用概率性质进行运算. 另外,在事件的运算中差事件 $A-B$ 可以使用其等价事件 $A\overline{B}$ 表示.

例 1.1 设 A,B,C 为 3 个事件,用 A,B,C 的运算关系表示下列各事件:

(1) A 发生,B 与 C 不发生;

(2) A 与 B 都发生,而 C 不发生;

(3) A,B,C 中至少有一个发生;

(4) A,B,C 都不发生；

(5) A,B,C 中不多于两个发生；

(6) A,B,C 中至少有两个发生.

解 (1) $AB\bar{C}$；(2) $AB\bar{C}$；(3) $A\cup B\cup C$；(4) $\overline{ABC}$；(5) $\bar{A}\cup\bar{B}\cup\bar{C}$；(6) $(AB)\cup(AC)\cup(BC)$.

例 1.2 设 A,B,C 为 3 个事件，且满足
$$P(A)=P(B)=P(C)=1/4, P(AB)=P(BC)=0, P(AC)=1/8,$$
求 A,B,C 中至少有一个发生的概率.

解 由于 $ABC\subset AB$，有
$$0\leqslant P(ABC)\leqslant P(AB)=0,$$
可得 $P(ABC)=0$，故
$$P(A\cup B\cup C) = P(A)+P(B)+P(C)-P(AB)-P(AC)-P(BC)+P(ABC)$$
$$=\frac{1}{4}+\frac{1}{4}+\frac{1}{4}-0-\frac{1}{8}-0+0=\frac{5}{8}.$$

例 1.3 设 $P(A)=\frac{1}{2}, P(B)=\frac{1}{3}, P(C)=\frac{1}{5}, P(AB)=\frac{1}{10}, P(AC)=\frac{1}{15}, P(BC)=\frac{1}{20}, P(ABC)=\frac{1}{30}$，求事件 $A\cup B\cup C, \overline{ABC}, \bar{A}\bar{B}C, (\bar{A}\bar{B})\cup C$ 发生的概率.

解 $P(A\cup B\cup C)=P(A)+P(B)+P(C)-P(AB)-P(AC)-P(BC)+P(ABC)$
$$=\frac{1}{2}+\frac{1}{3}+\frac{1}{5}-\frac{1}{10}-\frac{1}{15}-\frac{1}{20}+\frac{1}{30}=\frac{17}{20},$$
$$P(\overline{ABC})=1-P(\overline{\overline{ABC}})=1-P(A\cup B\cup C)=\frac{3}{20},$$
由于 $\bar{A}\bar{B}=(\bar{A}\bar{B}C)\cup(\bar{A}\bar{B}\bar{C})$，且 $\bar{A}\bar{B}C$ 与 $\bar{A}\bar{B}\bar{C}$ 互不相容，从而有
$$P(\bar{A}\bar{B}C)=P(\bar{A}\bar{B})-P(\bar{A}\bar{B}\bar{C})=\frac{4}{15}-\frac{3}{20}=\frac{7}{60},$$
$$P((\bar{A}\bar{B})\cup C)=P(\bar{A}\bar{B})+P(C)-P(\bar{A}\bar{B}C)=\frac{4}{15}+\frac{1}{5}-\frac{7}{60}=\frac{7}{20}.$$

例 1.4 设 $P(A\cup B)=0.6$，且 $P(A\bar{B})=0.3$，求 $P(\bar{A})$.

解 由 $P(A\cup B)=P(A)+P(B)-P(AB)=P(A)+P(A\bar{B})$，有
$$P(A)=P(A\cup B)-P(A\bar{B})=0.6-0.3=0.3,$$
故
$$P(\bar{A})=1-P(A)=1-0.3=0.7.$$

例 1.5 证明 $[(A\cup B)(A\cup\bar{B})]\cup[(\bar{A}\cup B)(\bar{A}\cup\bar{B})]=S$，其中 S 为样本空间.

证 由分配律有
$$[(A\cup B)(A\cup\bar{B})]\cup[(\bar{A}\cup B)(\bar{A}\cup\bar{B})]$$
$$=[A\cup(B\bar{B})]\cup[\bar{A}\cup(B\bar{B})]=(A\cup\varnothing)\cup(\bar{A}\cup\varnothing)=A\cup\bar{A}=S.$$

例 1.6 证明 $\overline{(AB)\cup(CD)}=(\bar{A}\cup\bar{B})\cap(\bar{C}\cup\bar{D})$.

证 由德摩根律有
$$\overline{(AB)\cup(CD)}=\overline{AB}\cap\overline{CD}=(\bar{A}\cup\bar{B})\cap(\bar{C}\cup\bar{D}).$$

例 1.7 证明 $A-BC=(A-B)\cup(A-C)$.

证 $(A-B)\cup(A-C)=(A\bar{B})\cup(A\bar{C})=A(\bar{B}\cup\bar{C})=A\overline{BC}=A-BC.$

例1.8 设 A 与 B 为对立事件，证明 $\bar{A}$ 与 $\bar{B}$ 也为对立事件.

证 由 A 与 B 为对立事件，有 $AB=\varnothing$ 且 $A\cup B=S$，从而 $\overline{AB}=S$ 且 $\overline{A\cup B}=\varnothing$，从而有 $\bar{A}\cup\bar{B}=S,\bar{A}\cap\bar{B}=\varnothing$，故 $\bar{A}$ 与 $\bar{B}$ 为对立事件.

例1.9 设 A,B 为任意两个事件，则（　　）.

(A) $P(AB)\leqslant P(A)P(B)$；　　　　　(B) $P(AB)\geqslant P(A)P(B)$；

(C) $P(AB)\leqslant \dfrac{P(A)+P(B)}{2}$；　　(D) $P(AB)\geqslant \dfrac{P(A)+P(B)}{2}$.

解 由于 $AB\subset A,AB\subset B$，有 $P(AB)\leqslant P(A),P(AB)\leqslant P(B)$，从而有
$$[P(AB)]^2\leqslant P(A)P(B),P(AB)\leqslant \sqrt{P(A)P(B)}\leqslant \frac{P(A)+P(B)}{2},$$
故选(C).

1.2.2 题型二 古典概型、几何概型的计算

在古典概型的计算中，要注意分析试验的全部基本事件是什么，以及要计算概率的事件中含有哪些基本事件；几何概型常与高等数学的知识相结合.

例1.10 袋中有 5 只球，其中只有 1 只红球，现从袋中取球，每次取 1 只球，取出后不放回，(1)求前 3 次取到的球中有红球的概率；(2)求第 3 次取到的球是红球的概率.

解 (1)对袋子中的球进行编号，考虑取出 3 只球的所有可能情况，样本空间 S 中的样本点数为 A_5^3（排列数），设 $A=\{$前 3 次取到的球中有红球$\}$，则 A 中的样本点数为 $3C_4^1C_3^1$，由古典概型有
$$P(A)=\frac{3C_4^1C_3^1}{A_5^3}.$$

(2) 设 $B=\{$第 3 次取到的球是红球$\}$，则 B 中的样本点数为 $C_4^1C_3^1$，由古典概型有
$$P(B)=\frac{C_4^1C_3^1}{A_5^3}.$$

注 本题中(1)的计算也可以在压缩的样本空间上进行，S 中的样本点数为 C_5^3（组合数），A 中的样本点数为 C_4^2，由古典概型有
$$P(A)=\frac{C_4^2}{C_5^3}.$$

但(2)的计算不能在压缩的样本空间上进行，因为若使用 C_5^3（组合数）计算 S 中的样本点数，则 B 不是 S 子集，即 B 不是事件.

例1.11 墙上挂着 5 张字母卡片，其顺序为"$abcba$"，现掉落了两个，捡起后随机的挂回，求顺序仍然为"$abcba$"的概率.

解 由于卡片可能掉落的情况有 C_5^2 种，则随机挂回的情况即样本空间中的点数为 $2C_5^2$，显然其中有一半的挂回方式是正确的（顺序仍然为"$abcba$"），再注意到当两个 a 或两个 b 同时掉落时，不论怎么挂回都能使得顺序为"$abcba$"，故令 $A=\{$顺序仍然为"$abcba$"$\}$，则 A 中的点数为 C_5^2+2，由古典概型有

$$P(A) = \frac{C_5^2 + 2}{2C_5^2}.$$

例 1.12 一批产品共有 50 件,其中含有 3 件次品。现对产品进行不放回抽样检查,若被抽查到的 5 件产品中至少有一件是次品,则认为这批产品不合格,求这批产品不合格的概率.

解 对产品按次品与非次品分别编号,则样本空间中样本点总数为 C_{50}^5,取到的 5 件产品中没有次品的样本点数为 C_{47}^5,设 $A=\{$这批产品不合格$\}$,则

$$P(A) = \frac{C_{50}^5 - C_{47}^5}{C_{50}^5} = 1 - \frac{C_{47}^5}{C_{50}^5}.$$

注 计算复杂事件中的样本点数,可利用样本空间中的样本点数减去其对立事件中的样本点数,这种方法在计算含"至少"这样的事件点数时常常很方便.

例 1.13 袋中有 10 只球,其中 4 只白球、6 只红球,从中任取 3 只,求这 3 球中至少有一只白球的概率.

解 按球的颜色对球分别进行编号,取到 3 只球作为一个试验结果,从而样本空间中样本点总数为 C_{10}^3. 设 $A=\{$取到的 3 只球中至少有一只白球$\}$,则 $\overline{A}=\{$取到的 3 只球中都是红球$\}$,而 $\overline{A}$ 中包含的点数为 C_6^3,故

$$P(A) = \frac{C_{10}^3 - C_6^3}{C_{10}^3} = 1 - \frac{C_6^3}{C_{10}^3}.$$

例 1.14 在区间 $[0,1]$ 上任取两个数(见图 1.1),求两数之和小于 $\frac{3}{2}$ 的概率,两数之和等于 $\frac{3}{2}$ 的概率.

解 用 x, y 分别表示取得的两个数,则样本空间为

$$S = \{(x, y) \mid 0 \leqslant x \leqslant 1, 0 \leqslant y \leqslant 1\},$$

令 $A = \left\{两数之和小于 \frac{3}{2}\right\}, B = \left\{两数之和等于 \frac{3}{2}\right\}$,则有

$$A = \left\{(x, y) \mid x + y < \frac{3}{2}, (x, y) \in S\right\},$$

$$B = \left\{(x, y) \mid x + y = \frac{3}{2}, (x, y) \in S\right\},$$

如图 1.1 将 S, A, B 几何化后,由几何概型有

$$P(A) = \frac{L(A)}{L(S)} = \frac{7}{8}, \quad P(B) = \frac{L(B)}{L(S)} = 0,$$

其中 $L(A), L(B)$ 与 $L(S)$ 分别表示区域 A, B 与 S 的面积.

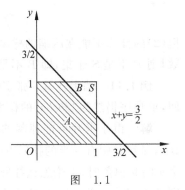

图 1.1

注 由几何概型可以看到,并不是只有不可能事件 $\varnothing$ 的概率才为零.

例 1.15 设 A, B 为两个事件,且 $0 < P(B) < 1$,若 $P(A|B) = 1$,则 A 与 B 的关系可能是( ).

(A) $A = B$;   (B) $A \supset B$;   (C) $A \subset B$;

(D) (A),(B),(C)均有可能.

解 若 $A=B$ 或 $A\supset B$，有 $AB=B$，从而

$$P(A\mid B)=\frac{P(AB)}{P(B)}=\frac{P(B)}{P(B)}=1,$$

若 $A\subset B$，也有可能使得 $P(A\mid B)=1$，如在例 1.14 中令 $A=\{$两数之和小于 $\frac{3}{2}\}$，$B=\{$两数之和不大于 $\frac{3}{2}\}$，显然 $A\subset B$，由几何概型可知

$$P(B)=\frac{L(B)}{L(S)}=\frac{7}{8},$$

从而有

$$P(A\mid B)=\frac{P(AB)}{P(B)}=\frac{P(A)}{P(B)}=1,$$

故此题选(D).

1.2.3 题型三 条件概率问题

关于条件概率有如下几个方面的问题需要注意：①在计算或证明中一般可以将条件概率问题转化为无条件概率问题进行；②与实际问题相结合时应注意分清条件概率与积事件的概率；③若试验的总过程可以分解为若干个分过程时，可用乘法公式计算积事件概率；④样本空间中样本点若有不同属性，这时计算常与全概率公式、贝叶斯公式的计算有关.

例 1.16 已知 $P(A)=\frac{1}{4}$，$P(B\mid A)=\frac{1}{3}$，$P(A\mid B)=\frac{1}{2}$，求 $P(A\bigcup B)$.

解 由已知

$$P(B\mid A)=\frac{P(AB)}{P(A)}=\frac{1}{3},\quad P(A\mid B)=\frac{P(AB)}{P(B)}=\frac{1}{2},$$

有

$$P(AB)=\frac{1}{3}P(A)=\frac{1}{3}\times\frac{1}{4}=\frac{1}{12},\quad P(B)=2P(AB)=2\times\frac{1}{12}=\frac{1}{6},$$

故

$$P(A\bigcup B)=P(A)+P(B)-P(AB)=\frac{1}{4}+\frac{1}{6}-\frac{1}{12}=\frac{1}{3}.$$

例 1.17 $P(\overline{A})=0.3$，$P(B)=0.4$，$P(A\overline{B})=0.5$，求条件概率 $P(B\mid(A\bigcup\overline{B}))$.

解 由 $P(\overline{A})=0.3$，有 $P(A)=1-P(\overline{A})=0.7$，再由 $P(A\overline{B})=0.5$，有

$$P(AB)=P(A)-P(A\overline{B})=0.7-0.5=0.2,$$

从而

$$P(B\mid(A\bigcup\overline{B}))=\frac{P(B(A\bigcup\overline{B}))}{P(A\bigcup\overline{B})}=\frac{P((BA)\bigcup(B\overline{B}))}{P(A\bigcup\overline{B})}=\frac{P(BA)}{P(A)+P(\overline{B})-P(A\overline{B})}$$
$$=\frac{P(BA)}{P(AB)+P(\overline{B})}=\frac{P(BA)}{P(AB)+1-P(B)}=\frac{0.2}{0.2+1-0.4}=\frac{1}{4}.$$

例 1.18 若 $P(A\mid B)=1$，证明 $P(\overline{B}\mid\overline{A})=1$.

证 由 $P(A|B) = \dfrac{P(AB)}{P(B)} = 1$,有 $P(B) = P(AB)$,从而

$$P(A \cup B) = P(A) + P(B) - P(AB) = P(A),$$

故

$$P(\overline{B} \mid \overline{A}) = \dfrac{P(\overline{B}\,\overline{A})}{P(\overline{A})} = \dfrac{1 - P(A \cup B)}{1 - P(A)} = \dfrac{1 - P(A)}{1 - P(A)} = 1.$$

例 1.19 设有 N 件产品,其中包括 $n(N \geqslant n)$ 件次品,现从中任取 2 件,求

(1) 取出的两件产品中有一件是次品的条件下,另一件也是次品的概率;

(2) 取出的两件产品中有一件不是次品的条件下,另一件是次品的概率;

(3) 取出的两件产品中至少有一件是次品的概率.

解 (1) 令 $A=\{$取出的两件产品中有一件是次品$\}$,$B=\{$另一件是次品$\}$,则 $AB=\{$取出的两件产品都是次品$\}$,从而

$$P(B \mid A) = \dfrac{P(AB)}{P(A)} = \dfrac{\dfrac{C_n^2}{C_N^2}}{\dfrac{C_{N-n}^1 C_n^1 + C_n^2}{C_N^2}} = \dfrac{C_n^2}{C_{N-n}^1 C_n^1 + C_n^2}.$$

(2) 令 $C=\{$取出的两件产品中有一件不是次品$\}$,则 $CB=\{$取出的两件产品中有一件是次品,另一件是非次品$\}$,从而

$$P(B \mid C) = \dfrac{P(CB)}{P(C)} = \dfrac{\dfrac{C_{N-n}^1 C_n^1}{C_N^2}}{\dfrac{C_{N-n}^1 C_n^1 + C_{N-n}^2}{C_N^2}} = \dfrac{C_{N-n}^1 C_n^1}{C_{N-n}^1 C_n^1 + C_{N-n}^2}.$$

(3) 令 $D=\{$取出的两件产品中至少有一件是次品$\}$,则 $\overline{D}=\{$取出的两件产品均为非次品$\}$,从而

$$P(D) = 1 - P(\overline{D}) = 1 - \dfrac{C_{N-n}^2}{C_N^2}.$$

例 1.20 袋中装有 n 只红球,m 只白球,每次从袋中任取 1 只球,观察颜色后将其放回,并再放入 a 只与所取的那只球同颜色的球,现连续进行 3 次,试求前两次取到白球并且第三次取到红球的概率.

解 设 $A=\{$第一次取到白球$\}$,$B=\{$第二次取到白球$\}$,$C=\{$第三次取到红球$\}$,则按试验的先后顺序,应用乘法公式有

$$P(ABC) = P(C \mid AB)P(B \mid A)P(A) = \dfrac{C_n^1}{C_{n+m+2a}^1} \dfrac{C_{m+a}^1}{C_{n+m+a}^1} \dfrac{C_m^1}{C_{n+m}^1}.$$

例 1.21 现有两个箱子,第一个箱子装有 10 只球,其中 8 只为白色,第二个箱子装有 20 只球,其中 4 只为白色,现从每个箱子任取一球,然后再从这两只球中任取一只,求取到球为白色的概率.

解 设 $A=\{$取到的球为白色$\}$,$B_1=\{$取到的球来自第一个箱子$\}$,$B_2=\{$取到的球来自第二个箱子$\}$,由古典概型有

$$P(A \mid B_1) = \dfrac{C_8^1}{C_{10}^1}, \quad P(A \mid B_2) = \dfrac{C_4^1}{C_{20}^1},$$

再由已知有 $P(B_1) = P(B_2) = \dfrac{1}{2}$，从而根据全概率公式有

$$P(A) = P(A \mid B_1)P(B_1) + P(A \mid B_2)P(B_2) = \dfrac{1}{2}\left(\dfrac{C_8^1}{C_{10}^1} + \dfrac{C_4^1}{C_{20}^1}\right) = \dfrac{1}{2}.$$

例 1.22 已知仓库中存放的某种元件是由编号为 1,2,3 的 3 个工厂提供的，提供的份额分别是 15%、80%、5%，又知 3 个工厂生产产品的次品率分别是 0.02、0.01、0.03，现从仓库中随机取出一只元件，经检验取到的是次品，求该产品是由第 2 个厂家生产的概率.

解 设 $A = \{$取到的产品是次品$\}$，$B_i = \{$取到的产品是由第 i 个厂家生产的$\}$，$i = 1, 2, 3$，由已知有

$$P(B_1) = 15\%, P(B_2) = 80\%, P(B_3) = 5\%, P(A \mid B_1) = 0.02,$$
$$P(A \mid B_2) = 0.01, P(A \mid B_3) = 0.03,$$

故

$$P(B_2 \mid A) = \dfrac{P(A \mid B_2)P(B_2)}{\sum\limits_{i=1}^{3} P(A \mid B_i)P(B_i)} = \dfrac{0.01 \times 0.8}{0.02 \times 0.15 + 0.01 \times 0.8 + 0.03 \times 0.05} = \dfrac{8}{53}.$$

1.2.4 题型四 独立性与伯努利概型

在本题型中需要注意事件相互独立与事件互不相容的区别，事件组相互独立与事件组中事件两两相互独立的区别；独立重复试验序列与伯努利概型的关系，等等.

例 1.23 设事件 A, B, C 两两相互独立，并且 $ABC = \varnothing$，$P(A) = P(B) = P(C) < \dfrac{1}{2}$，$P(A \cup B \cup C) = \dfrac{9}{16}$，求事件 A 的概率.

解 由题意有

$$\begin{aligned}P(A \cup B \cup C) &= P(A) + P(B) + P(C) - P(AB) - P(AC) - P(BC) + P(ABC) \\ &= P(A) + P(B) + P(C) - P(A)P(B) - P(A)P(C) - P(B)P(C) \\ &= 3P(A) - 3[P(A)]^2 = \dfrac{9}{16},\end{aligned}$$

解得 $P(A) = \dfrac{1}{4}$ 或 $P(A) = \dfrac{3}{4}$（舍）.

例 1.24 设事件 A, B 相互独立，已知仅有 A 发生的概率为 $\dfrac{1}{4}$，仅有 B 发生的概率为 $\dfrac{1}{4}$，求 $P(A)$ 和 $P(B)$.

解 依题意，$P(A\overline{B}) = \dfrac{1}{4} = P(\overline{A}B)$，从而有

$$P(A) = P(A\overline{B}) + P(AB) = P(\overline{A}B) + P(AB) = P(B),$$

再由 A, B 相互独立，可知 $A, \overline{B}$ 也相互独立，于是

$$P(A\overline{B}) = P(A)P(\overline{B}) = P(A)[1 - P(B)] = P(A)[1 - P(A)] = \dfrac{1}{4},$$

解得 $P(A) = P(B) = \frac{1}{2}$.

例 1.25 将一枚均匀硬币独立地掷两次，令 $A_1 = \{$第一次出现正面$\}$，$A_2 = \{$第二次出现正面$\}$，$A_3 = \{$正、反面各出现一次$\}$，$A_4 = \{$正面出现两次$\}$，则（　　）.

(A) A_1, A_2, A_3 相互独立；   (B) A_2, A_3, A_4 相互独立；
(C) A_1, A_2, A_3 两两独立；   (D) A_2, A_3, A_4 两两独立.

解 由题意有

$$P(A_1) = \frac{1}{2}, \quad P(A_2) = \frac{1}{2}, \quad P(A_3) = \frac{1}{2}, \quad P(A_4) = \frac{1}{4},$$

$$P(A_1 A_2) = \frac{1}{4}, \quad P(A_1 A_3) = \frac{1}{4}, \quad P(A_2 A_3) = \frac{1}{4},$$

$$P(A_2 A_4) = \frac{1}{4}, \quad P(A_1 A_2 A_3) = 0,$$

从而有

$$P(A_1 A_2) = P(A_1) P(A_2), \quad P(A_1 A_3) = P(A_1) P(A_3),$$
$$P(A_2 A_3) = P(A_2) P(A_3), \quad P(A_1 A_2 A_3) \neq P(A_1) P(A_2) P(A_3),$$
$$P(A_2 A_4) \neq P(A_2) P(A_4),$$

故选(C).

例 1.26 对产品进行放回式抽样检查，若抽取的 200 件产品中有 4 件是次品，问能否由此认为该厂生产产品的次品率不超过 0.005.

解 若产品的次品率为 0.005，则由伯努利概型，200 次抽样中取到 k 件次品的概率为

$$P_{200}(k) = C_{200}^k \, 0.005^k (1-0.005)^{200-k}, \quad k = 0, 1, 2, \cdots, 200,$$

从而

$$P(k \geq 4) = 1 - P(k < 4) = 1 - \sum_{k=0}^{3} P_{200}(k)$$
$$= 1 - \sum_{k=0}^{3} C_{200}^k \, 0.005^k (1-0.005)^{200-k} \approx 0.019,$$

由小概率事件原理，不能认为产品的次品率不超过 0.005.

例 1.27 袋中装有大小相同的白球 3 只，黑球若干只，放回式地摸球 3 次，若至少摸到 2 只白球的概率为 7/27，求袋中黑球的个数.

解 设摸到白球的概率为 p，由伯努利概型可知，3 次摸到的球中恰有 k 只白球的概率为

$$P_3(k) = C_3^k p^k (1-p)^{3-k}, \quad k = 0, 1, 2, 3,$$

因此

$$P\{\text{至少摸到 2 只白球}\} = P_3(2) + P_3(3) = C_3^2 p^2 (1-p) + C_3^3 p^3 = 3p^2 - 2p^3 = \frac{7}{27},$$

解得 $p = \frac{1}{3}$，由古典概型可知袋中黑球的个数是 6 个.

1.3 习题精选

1. 填空题.

(1) 设 A, B, C 为 3 个事件,则 A, B, C 中至多有一个发生可以表示为_____.

(2) 已知 $P(A)=a, P(B)=b, P(AB)=c$,则 $P(\overline{A}\overline{B})=$_____.

(3) 从编号为 1,2,3,4,5 的 5 张卡片中随机取抽出 3 张,最小编号是 2 的概率等于_____.

(4) 现有边长为 1 的正方体无盖容器,内部装有 1/4 的液体,若侧面或底面随机的出现一个漏洞,最后液体漏光的概率是_____.

(5) 设事件 A, B 相互独立,且 $P(A)=0.3, P(A \cup B)=0.5$,则 $P(B)=$_____.

(6) 设 10 件产品中有 4 件不合格品,现从中任取两件,已知两件产品中有一件是不合格品,则另一件也是不合格品的概率为_____.

(7) 袋中装有大小相同的白球 3 只,黑球若干只,放回式摸球 3 次,若至少摸到一只白球的概率为 19/27,则袋中黑球的个数为_____.

(8) 已知 3 个射手击中目标的概率分别为 1/2, 1/3, 1/4,若 3 个人各射击一次,则至少有一个人能击中目标的概率是_____.

2. 单项选择题.

(1) 在三局两胜制的比赛中,若以 $A_i, i=1,2,3$ 表示甲赢得第 i 局,则甲取胜这一事件可以表示为(   ).

    (A) $A_1 \cup A_2 \cup A_3$;   (B) $A_1 A_2 \cup \overline{A}_1 A_2 A_3 \cup \overline{A}_1 \overline{A}_2 A_3$;

    (C) $A_1 A_2 A_3$;   (D) $A_1 \cup A_2$.

(2) 设事件 A, B 满足 $P(AB)=0$,则(   ).

    (A) A 与 B 未必是不可能事件;   (B) A 与 B 对立;

    (C) $AB=\varnothing$;   (D) A 与 B 互不相容.

(3) 若事件 A, B 同时发生导致事件 C 必然发生,则(   )

    (A) $P(C)=P(AB)$;   (B) $P(C) \geqslant P(A)+P(B)-1$;

    (C) $P(ABC) \neq 0$;   (D) $P(C) \leqslant P(A)+P(B)-1$.

(4) 设 A, B 为任意两个事件,则 $P(A-B)=$(   ).

    (A) $P(A)-P(A\overline{B})$;   (B) $P(A)-P(B)+P(AB)$;

    (C) $P(A)-P(B)$;   (D) $P(A)-P(AB)$.

(5) 将一枚均匀的硬币独立地抛掷 3 次,恰有两次正面的概率为(   ).

    (A) 1/2;   (B) 1/4;   (C) 1/8;   (D) 3/8.

(6) 设事件 A 与 B 互不相容,则下列选项正确的是(   ).

    (A) $P(\overline{A}\overline{B})=0$;   (B) $P(AB)=P(A)P(B)$;

    (C) $P(A)=1-P(B)$;   (D) $P(\overline{A} \cup \overline{B})=1$.

(7) 设 $0<P(B)<1$,且 $P(A|B)+P(\overline{A}|\overline{B})=1$,则下列选项正确的是(   ).

    (A) A 与 B 互不相容;   (B) A 与 B 对立;

(C) A 与 B 独立； (D) A 与 B 不独立．

(8) 某人向同一目标独立重复射击,若每次击中目标的概率为 $p(0<p<1)$,则此人第 2 次击中目标时恰好射击 4 次的概率为（　　）．

(A) $3p(1-p)^2$； (B) $6p(1-p)^2$；
(C) $3p^2(1-p)^2$； (D) $6p^2(1-p)^2$．

(9) 设每次试验失败的概率为 $p(0<p<1)$,将试验独立重复的进行下去,则直到第 n 次才取得首次成功的概率为（　　）．

(A) $C_n^1 p(1-p)^{n-1}$； (B) $C_n^1(1-p)p^{n-1}$；
(C) $p(1-p)^{n-1}$； (D) $(1-p)p^{n-1}$．

3. 设事件 A 与 B 互不相容,且 $P(A)=0.3, P(B)=0.6$,求 $P(\overline{AB})$．

4. 设 3 个事件 A, B, C 满足
$$P(A)=P(B)=P(C)=1/4, P(AB)=0, P(AC)=P(BC)=1/16,$$
求 A, B, C 都不发生的概率．

5. 若事件 A 与 B 相互独立,且 $P(B)=0.5, P(A-B)=0.3$,求 $P(B-A)$．

6. 证明(1) $A-BC=(A-B)\cup(A-C)$；(2) $(AB)\cup(\overline{A}B)\cup(A\overline{B})\cup(\overline{AB})-\overline{AB}=AB$．

7. 从编号为 1～10 的 10 张卡片中不放回抽取 2 次,求:两次取到的卡片编号都是偶数的概率；第 2 次取到的卡片编号是偶数的概率．

8. 从 6 双不同的鞋子中随机取出 4 只,求恰有一双配对的概率．

9. 将 4 个人等可能的分配到 5 个房间,求房间中人数最多为 2 的概率(假定每个房间都可以容下 4 个人)．

10. 在区间 $(0,1)$ 上随机取两个数,求两个数差的绝对值小于 $1/2$ 的概率．

11. 在区间 $[0,1]$ 上任取两个数,求两个数的乘积不小于 $3/16$,并且和不大于 1 的概率．

12. 设有两个盒子,第一个盒子中装有 3 只红球、3 只绿球、2 只白球；第二个盒子中装有 2 只红球、3 只绿球、4 只白球．现分别从两个盒子中各取一只球．

(1) 求至少有一只红球的概率；
(2) 求有一只红球一只白球的概率；
(3) 已知两只球中有一只为红色,求另一只球为白色的概率．

13. 发射一枚鱼雷击中潜艇致命部位的概率为 $1/4$,击中非致命部位的概率为 $1/2$,没击中的概率为 $1/4$,若潜艇被击中致命部位一次即被击毁,非致命部位被击中 2 次被击毁的概率为 $5/9$,非致命部位被击中一次被击毁的概率 $1/9$,求同时发射 2 枚鱼雷潜艇被击毁的概率．

14. 工厂使用的某种元件是由 4 个厂家提供的,4 个厂家的供货量分别占工厂使用总量的 15%、20%、30% 和 35%,又知 4 个厂家生产的元件次品率分别为 0.05、0.04、0.03 和 0.02．

(1) 求任取一个元件为次品的概率；
(2) 若取到的产品为次品,求其是第 4 个厂家提供的概率．

15. 设事件 A, B, C 满足, A, C 互不相容, $P(AB)=1/2, P(C)=1/3$,求 $P((AB)|\overline{C})$．

16. 设事件 A,B,C 满足 $P(A|C) \geqslant P(B|C), P(A|\overline{C}) \geqslant P(B|\overline{C})$,证明 $P(A) \geqslant P(B)$.

17. 已知 $P(A) > 0$,证明 $P((AB)|A) \geqslant P((AB)|A \cup B)$.

18. 袋中装有 2 只红球,3 只白球,每次任取一只,观察颜色后放回,如此进行下去,求首次取到白球之前取到红球的概率.

**19. 某人有两盒火柴,每盒都有 n 根,每次使用火柴时他在两盒火柴中任取一盒,并从中抽出一根,求他用完一盒时另一盒中还有 $r(1 \leqslant r \leqslant n)$ 根火柴的概率.

20. 证明事件 A,B 相互独立的充要条件是 $P(A|B) = P(A|\overline{B})$.

21. 若事件 A,B,C 相互独立,证明 C 与 AB 相互独立,C 与 $A \cup B$ 相互独立.

1.4 习题详解

1. 填空题.

(1) $(\overline{AB}) \cup (\overline{AC}) \cup (\overline{BC})$;(2) $1-a-b+c$;(3) $3/10$;(4) $1/5$;(5) $2/7$;

(6) $1/5$;**提示** 取到的两件产品均为不合格品的样本点数为 C_4^2,恰有一件不合格品的样本点数为 $C_4^1 C_6^1$,从而概率为 $\dfrac{C_4^2}{C_4^2 + C_4^1 C_6^1}$.

(7) 6;**提示** 依题意,3 次摸到的球全为黑色的概率为 $8/27$,由于各次摸球相互独立,从而摸到黑球的概率为 $2/3$,故袋中黑球数为 6.

(8) $3/4$.

2. 单项选择题.

(1) (B);(2) (A);(3) (B);(4) (D);(5) (D);

(6) (D);**提示** 由于 $P(\overline{AB}) = 1 - P(A \cup B)$,但 $P(A \cup B)$ 不一定等于 1,故选项(A)错误;因为事件独立与互不相容不能同时成立,故选项(B)错误;若 $P(A) = 1 - P(B)$,则 $P(A) = P(\overline{B})$,但 A,B 不一定互逆,故选项(C)错误;由于 $P(\overline{A} \cup \overline{B}) = 1 - P(AB) = 1$,因此选(D).

(7) (C);(8) (C);(9) (D).

3. 因为 A 与 B 互不相容,有 $AB = \varnothing$,故 $P(AB) = 0$,从而
$$P(\overline{A}\,\overline{B}) = 1 - P(\overline{\overline{A}\,\overline{B}}) = 1 - P(A \cup B) = 1 - [P(A) + P(B) - P(AB)]$$
$$= 1 - (0.3 + 0.6 - 0) = 0.1.$$

4. 由于 $ABC \subset AB$,有
$$0 \leqslant P(ABC) \leqslant P(AB) = 0,$$
可得 $P(ABC) = 0$,从而有 A,B,C 都不发生的概率为
$$P(\overline{A}\,\overline{B}\,\overline{C}) = 1 - P(\overline{\overline{A}\,\overline{B}\,\overline{C}}) = 1 - P(A \cup B \cup C)$$
$$= 1 - [P(A) + P(B) + P(C) - P(AB) - P(AC) - P(BC) + P(ABC)]$$
$$= 1 - \left(\frac{1}{4} + \frac{1}{4} + \frac{1}{4} - 0 - \frac{1}{16} - \frac{1}{16} + 0\right) = \frac{3}{8}.$$

5. 由 A 与 B 相互独立,有 A 与 $\overline{B}$ 相互独立,从而由
$$P(A - B) = P(A\overline{B}) = P(A)P(\overline{B}) = P(A)[1 - P(B)] = 0.3,$$

可解得 $P(A)=0.6$,进而
$$P(B-A) = P(B\bar{A}) = P(B)P(\bar{A}) = P(B)[1-P(A)] = 0.2.$$

6. (1) $(A-B)\cup(A-C)=(A\bar{B})\cup(A\bar{C})=A(\bar{B}\cup\bar{C})=A(\overline{BC})=A-BC.$

(2) $(AB)\cup(\bar{A}B)\cup(A\bar{B})\cup(\overline{AB})-\overline{AB}=[(A\cup\bar{A})B]\cup[(A\cup\bar{A})\bar{B}]-\overline{AB}$
$=B\cup\bar{B}-\overline{AB}=S-\overline{AB}=AB.$

7. 考虑到从 10 张卡片中取出两张的所有可能情况,样本空间中的样本点数为 $C_{10}^1 C_9^1$,令 $A=\{$两次取到的卡片编号都是偶数$\}$,则 A 含有的样本点数为 $C_5^1 C_4^1$,故
$$P(A) = \frac{C_5^1 C_4^1}{C_{10}^1 C_9^1},$$
令 $B=\{$第二次取到的卡片编号是偶数$\}$,则 B 含有的样本点数为 $C_9^1 C_5^1$,故
$$P(A) = \frac{C_9^1 C_5^1}{C_{10}^1 C_9^1}.$$

8. 由于只关心是否能配对,可以不考虑取出鞋的次序,因此样本空间中的样本点数为 C_{12}^4,而能配对的一双鞋为 6 双中的任意一双,再从其余的 5 双中任选两双,并且每双中各取一只,按乘法原理,恰有一双能配对的点数为 $C_6^1 C_5^2 C_2^1 C_2^1$,所以恰有一双能配对的概率为
$$\frac{C_6^1 C_5^2 C_2^1 C_2^1}{C_{12}^4}.$$

9. 将 4 个人分配到 5 个房间的全部分配方法为 5^4,而人数最多的房间中恰有 1 人的分配方法为 $C_5^1 C_4^1 C_3^1 C_2^1$,人数最多的房间中恰有 2 人分配方法为 $C_5^1 C_4^2 C_4^1 C_3^1 + C_4^2 C_2^2 C_5^2$,从而由古典概型有房间中人数最多为 2 的概率为
$$\frac{C_5^1 C_4^1 C_3^1 C_2^1}{5^4} + \frac{C_5^1 C_4^2 C_4^1 C_3^1 + C_4^2 C_2^2 C_5^2}{5^4} = \frac{108}{125}.$$

10. 用 x,y 表示在区间 $(0,1)$ 取得的两个数,则
$$S = \{(x,y) \mid 0 < x,y < 1\},$$
令 $A=\{$两数之差的绝对值小于 $1/2\}$,则 $A=\{(x,y)\mid |x-y|<1/2, (x,y)\in S\}$,由几何概型有
$$P(A) = \frac{L(A)}{L(S)} = \frac{3}{4}.$$

11. 用 x,y 表示取得的两个数,则样本空间为
$$S = \{(x,y) \mid 0 \leqslant x,y \leqslant 1\},$$
令 $A=\{$两个数的乘积不小于 $3/16$,且两数之和不大于 $1\}$,则
$$A = \{(x,y) \mid xy \geqslant 3/16, x+y \leqslant 1, (x,y) \in S\},$$
由几何概型有
$$P(A) = \frac{L(A)}{L(S)} = \int_{1/4}^{3/4}(1-x)\mathrm{d}x - \int_{1/4}^{3/4}\frac{3}{16x}\mathrm{d}x = \frac{1}{4} - \frac{3}{16}\ln 3.$$

12. 令 $A=\{$至少有一只红球$\}$,$B=\{$一只红球和一只白球$\}$,

(1) 由独立性可知,取到的球都不是红球的概率为 $\frac{C_5^1}{C_8^1} \cdot \frac{C_7^1}{C_9^1}$,从而

$$P(A) = 1 - \frac{C_5^1}{C_8^1} \cdot \frac{C_7^1}{C_9^1} = 1 - \frac{35}{72} = \frac{37}{72},$$

(2) 令 $C_1 = \{$从第一个盒子中取到红球并且从第二个盒子中取到白球$\}$,$C_2 = \{$从第一个盒子中取到白球并且从第二个盒子中取到红球$\}$,则 $B = C_1 \cup C_2$,从而

$$P(B) = \frac{C_3^1}{C_8^1} \cdot \frac{C_4^1}{C_9^1} + \frac{C_2^1}{C_8^1} \cdot \frac{C_2^1}{C_9^1} = \frac{2}{9},$$

(3) 由条件概率有

$$P(B \mid A) = \frac{P(AB)}{P(A)} = \frac{P(B)}{P(A)} = \frac{2/9}{37/72} = \frac{16}{37}.$$

13. 令 $A = \{$潜艇被摧毁$\}$,$B_1 = \{$两枚鱼雷至少有一枚命中致命部位$\}$,$B_2 = \{$两枚都击中非致命部位$\}$,$B_3 = \{$一枚击中非致命部位并且另一枚没击中$\}$,$B_4 = \{$两枚都没有击中$\}$,则由全概率公式有

$$P(A) = P(A \mid B_1)P(B_1) + P(A \mid B_2)P(B_2) + P(A \mid B_3)P(B_3) + P(A \mid B_4)P(B_4)$$

$$= 1 \times P(B_1) + \frac{5}{9} \times P(B_2) + \frac{1}{9} \times P(B_3) + 0 \times P(B_4)$$

$$= \left(1 - \frac{3}{4} \times \frac{3}{4}\right) + \frac{5}{9} \times \frac{1}{2} \times \frac{1}{2} + \frac{1}{9} \times \frac{1}{2} \times \frac{1}{4} \times 2$$

$$= \frac{7}{16} + \frac{5}{36} + \frac{1}{36} = \frac{29}{48}.$$

14. (1) 令 $A = \{$取到的一个元件为次品$\}$,$B_i = \{$取到的一个元件由第 i 个厂家供货$\}$,$i = 1,2,3,4$,由全概率公式有

$$P(A) = \sum_{i=1}^{4} P(B_i)P(A \mid B_i) = 0.10 \times 0.05 + 0.2 \times 0.04 + 0.3 \times 0.03 + 0.35 \times 0.02$$

$$= 0.0325,$$

(2) 由贝叶斯公式有

$$P(B_4 \mid A) = \frac{P(B_4)P(A \mid B_4)}{\sum\limits_{i=1}^{4} P(B_i)P(A \mid B_i)} = \frac{0.35 \times 0.02}{0.0325} \approx 0.215.$$

15. 由 A,C 互不相容,有 $P(AC) = 0$,再由 $(ABC) \subset (AC)$,有 $P(ABC) = 0$,从而

$$P((AB) \mid \overline{C}) = \frac{P(AB\overline{C})}{P(\overline{C})} = \frac{P(AB) - P(ABC)}{1 - P(C)} = \frac{\frac{1}{2}}{1 - \frac{1}{3}} = \frac{3}{4}.$$

16. 由 $P(A \mid C) \geqslant P(B \mid C)$,有 $\frac{P(AC)}{P(C)} \geqslant \frac{P(BC)}{P(C)}$,即 $P(AC) \geqslant P(BC)$,类似地,由 $P(A \mid \overline{C}) \geqslant P(B \mid \overline{C})$,有 $P(A\overline{C}) \geqslant P(B\overline{C})$,从而

$$P(AC) + P(A\overline{C}) \geqslant P(BC) + P(B\overline{C}),$$

故 $P(A) \geqslant P(B)$.

17. 由 $(A \cup B) \supset A$,有 $0 < P(A) \leqslant P(A \cup B)$,从而有

$$P((AB) \mid A \cup B) = \frac{P(AB(A \cup B))}{P(A \cup B)} = \frac{P((ABA) \cup (ABB))}{P(A \cup B)} = \frac{P(AB)}{P(A \cup B)}$$

$$\leqslant \frac{P(ABA)}{P(A)} = P((AB) \mid A).$$

18. 令 $A_i = \{$第 i 次取到的球为红球$\}$ $i=1,2,\cdots$，$B_j = \{$第 j 次取到的球为白球$\}$ $j=1,2,\cdots$，$A = \{$取到白球之前取到红球$\}$，则由独立性有

$$\begin{aligned}
P(A) &= P(A_1) + P(A_1 B_2) + P(A_1 A_2 B_3) + \cdots \\
&= P(A_1) + P(A_1)P(B_2) + P(A_1)P(A_2)P(B_3) + \cdots \\
&= \frac{2}{5} + \frac{2}{5} \times \frac{3}{5} + \frac{2}{5} \times \frac{2}{5} \times \frac{3}{5} + \cdots \\
&= \frac{2}{5} + \frac{3}{5}\left[\frac{2}{5} + \left(\frac{2}{5}\right)^2 + \left(\frac{2}{5}\right)^3 + \cdots\right] \\
&= \frac{2}{5} + \frac{3}{5} \times \frac{\frac{2}{5}}{1 - \frac{2}{5}} = \frac{4}{5}.
\end{aligned}$$

19. 用完一盒时另一盒中还有 r 根，表明此人取了 $2n-r$ 次火柴，若两盒火柴分别标记为 A, B，则事件"A 用完，B 中还有 r 根"包含的样本点具有特点

这类点的总数为 C_{2n-r-1}^{n-r}，而由独立性有每个样本点对应基本事件的概率均为 $\left(\frac{1}{2}\right)^{2n-r}$，所以事件"$A$ 用完，B 中还有 r 根"的概率为 $C_{2n-r-1}^{n-r}\left(\frac{1}{2}\right)^{2n-r}$，由对称性有事件"$B$ 用完，A 中还有 r 根"的概率与之相等，因此用完一盒时另一盒中还有 r 根火柴的概率为

$$2C_{2n-r-1}^{n-r}\left(\frac{1}{2}\right)^{2n-r} = C_{2n-r-1}^{n-r}\left(\frac{1}{2}\right)^{2n-r-1}.$$

20. 必要性. 若 A, B 相互独立，有 $A, \bar{B}$ 也相互独立，从而有

$$P(A \mid B) = \frac{P(AB)}{P(B)} = \frac{P(A)P(B)}{P(B)} = P(A) = \frac{P(A)P(\bar{B})}{P(\bar{B})} = \frac{P(A\bar{B})}{P(\bar{B})} = P(A \mid \bar{B}),$$

充分性. 由 $P(A \mid B) = P(A \mid \bar{B})$，有

$$\frac{P(AB)}{P(B)} = \frac{P(A\bar{B})}{P(\bar{B})} = \frac{P(A) - P(AB)}{1 - P(B)},$$

整理有 $P(AB) = P(A)P(B)$，故事件 A, B 相互独立.

21. 由 A, B, C 相互独立，有

$$P(AB) = P(A)P(B), P(ABC) = P(A)P(B)P(C),$$

从而 $P((AB)C) = P(AB)P(C)$，即 C 与 AB 相互独立. 而

$$\begin{aligned}
P((A \cup B)C) &= P((AC) \cup (BC)) = P(AC) + P(BC) - P(ABC) \\
&= [P(A) + P(B) - P(AB)]P(C) = P(A \cup B)P(C),
\end{aligned}$$

故 C 与 $A \cup B$ 相互独立.

第2章 随机变量及其分布

2.1 内容提要

2.1.1 随机变量

设随机试验的样本空间为 $S=\{e\}$，$X=X(e)$ 是定义在样本空间 S 上实值单值函数，称 $X=X(e)$ 为**随机变量**.

由定义可以看出随机变量是由样本空间到实数域上的一个映射，但并不是所有的这种映射都是随机变量，能称为随机变量的映射应满足对于任意的实数 x，$\{X\leqslant x\}=\{e\mid X(e)\leqslant x\}$ 是随机试验的事件.

注意随机变量的两个特点，首先随机变量是一个映射，这使得随机变量取不同值对应的事件互不相容，其次引入随机变量后，事件可以用随机变量的取值来表达，因此随机变量的取值伴随着一个概率.

2.1.2 随机变量的分布函数及性质

设 X 是一个随机变量，x 是任意实数，定义函数
$$F(x)=P\{X\leqslant x\},\quad -\infty<x<\infty,$$
为 X 的**分布函数**. 分布函数的性质：

(1) 对 $\forall x\in\mathbf{R}$，$0\leqslant F(x)\leqslant 1$；

(2) $F(x)$ 是单调不减函数；

(3) $F(x)$ 是右连续的，即 $F(x+0)=F(x)$.

利用分布函数求解事件概率的计算公式

(1) $P\{X<b\}=F(b-0)$；

(2) $P\{a<X<b\}=F(b-0)-F(a)$；

(3) $P\{X>b\}=1-P\{X\leqslant b\}=1-F(b)$；

(4) $P\{X\geqslant b\}=1-P\{X<b\}=1-F(b-0)$；

(5) $P\{a < X \leqslant b\} = F(b) - F(a)$;

(6) $P\{a \leqslant X < b\} = F(b-0) - F(a-0)$;

(7) $P\{X = b\} = F(b) - F(b-0)$.

2.1.3 离散型随机变量及其分布律

若随机变量 X 全部可能的取值为有限个或可列无限个,则称 X 为**离散型随机变量**. 设离散型随机变量 X 全部可能的取值为 $x_i (i=1,2,\cdots)$,对应的概率为 $P\{X=x_i\}=p_i$,则表达式

$$P\{X = x_i\} = p_i, \quad i = 1, 2, \cdots.$$

称为离散型随机变量 X 的**分布律**. 分布律也可以表示为图表的形式(见表 2.1).

表 2.1

X	x_1	x_2	$\cdots$	x_n	$\cdots$
p_i	p_1	p_2	$\cdots$	p_n	$\cdots$

或更简单的

$$\begin{pmatrix} x_1 & x_2 & \cdots & x_n & \cdots \\ p_1 & p_1 & \cdots & p_n & \cdots \end{pmatrix}.$$

分布律的性质

随机变量 X 的分布律 $p_i, i=1,2,\cdots$ 满足:

(1) $p_i \geqslant 0, i=1,2,\cdots$;   (2) $\sum_{i=1}^{\infty} p_i = 1$.

分布律与分布函数的关系

设随机变量 X 的分布律 $p_i, i=1,2,\cdots$,分布函数为 $F(x)$,则有

(1) $F(x) = \sum_{x_i \leqslant x} P\{X \leqslant x\} = \sum_{x_i \leqslant x} p_i$.

(2) $P\{a < X \leqslant b\} = F(b) - F(a) = \sum_{a < x_i \leqslant b} p_i$.

注 离散型随机变量通过累加分布律的形式得到分布函数(阶梯函数);反之,分布函数的跳跃点为随机变量可能的取值,而跳跃度为取该值的概率,我们也可以由分布函数得到分布律. 图 2.1、图 2.2 直观地说明了上述特点.

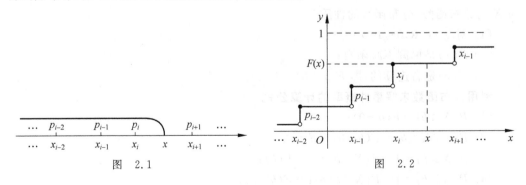

图 2.1   图 2.2

2.1.4 常见的离散型随机变量

1. (0-1)分布,两点分布

若随机变量 X 的分布律是
$$P\{X=k\} = p^k(1-p)^{1-k}, \quad k=0,1,$$
其中 $0<p<1$ 为常数,则称 X 服从参数为 p 的**(0-1)分布**或**两点分布**.

2. 二项分布

若随机变量 X 的分布律是
$$P\{X=k\} = C_n^k p^k(1-p)^{1-k}, \quad k=0,1,2,\cdots,n,$$
其中 $0<p<1$ 为常数,则称 X 服从参数为 p 的**二项分布**,记为 $X \sim b(n,p)$.

3. 泊松分布

若随机变量 X 的分布律是
$$P\{X=k\} = \frac{\lambda^k e^{-\lambda}}{k!}, \quad k=0,1,2,\cdots,$$
其中 $\lambda>0$ 为常数,则称 X 服从参数为 λ 的**泊松分布**,记 $X \sim \pi(\lambda)$.

2.1.5 连续型随机变量

设随机变量 X 的分布函数为 $F(x)$,若存在非负函数 $f(x)$,使对任意的实数 x,都有
$$F(x) = \int_{-\infty}^{x} f(t)dt,$$
则称 X 为**连续型随机变量**,其中函数 $f(x)$ 称为 X 的**概率密度函数**,简称**概率密度**.

概率密度的性质

(1) $f(x) \geqslant 0, \forall x \in \mathbf{R}$;   (2) $\int_{-\infty}^{\infty} f(x)dx = 1$.

概率密度与分布函数的关系

(1) 在 $f(x)$ 的连续点处,有 $F'(x) = f(x)$;

(2) $P\{a < X \leqslant b\} = \int_a^b f(x)dx$.

2.1.6 常见的连续型随机变量及性质

1. 均匀分布

若随机变量 X 的概率密度为
$$f(x) = \begin{cases} \dfrac{1}{b-a}, & a<x<b, \\ 0, & \text{其他}, \end{cases}$$

则称 X 服从区间 (a,b) 上的**均匀分布**,记为 $X \sim U(a,b)$. 其分布函数为

$$F(x) = \begin{cases} 0, & x < a, \\ \dfrac{x-a}{b-a}, & a \leqslant x < b, \\ 1, & x \geqslant b. \end{cases}$$

2. 指数分布

若随机变量 X 的概率密度为

$$f(x) = \begin{cases} \dfrac{1}{\theta} e^{-x/\theta}, & x > 0 \\ 0, & \text{其他} \end{cases}$$

其中 $\theta > 0$ 为常数,则称 X 服从参数为 θ 的**指数分布**. 其分布函数为

$$F(x) = \begin{cases} 1 - e^{-x/\theta}, & x > 0, \\ 0, & \text{其他} \end{cases}$$

指数分布具有**无记忆性**,即

$$P\{X > t+s \mid X > t\} = P\{X > s\}.$$

3. 正态分布

若随机变量 X 的概率密度为

$$f(x) = \frac{1}{\sqrt{2\pi}\sigma} e^{-\frac{(x-\mu)^2}{2\sigma^2}}, \quad -\infty < x < \infty,$$

其中 $\mu, \sigma (\sigma > 0)$ 为常数,则称 X 服从参数为 μ, σ 的**正态分布**或**高斯分布**,记为 $X \sim N(\mu, \sigma^2)$. 其分布函数为

$$F(x) = \int_{-\infty}^{x} \frac{1}{\sqrt{2\pi}\sigma} e^{-\frac{(t-\mu)^2}{2\sigma^2}} dt, \quad -\infty < x < \infty,$$

特别地,称 $\mu = 0, \sigma = 1$ 时的正态分布为**标准正态分布**,其概率密度表达式为

$$\phi(x) = \frac{1}{\sqrt{2\pi}} e^{-\frac{x^2}{2}}, \quad -\infty < x < \infty,$$

分布函数为

$$\Phi(x) = \int_{-\infty}^{x} \frac{1}{\sqrt{2\pi}} e^{-\frac{t^2}{2}} dt, \quad -\infty < x < \infty.$$

正态分布概率密度的性质

(1) $f(x)$ 的图像关于直线 $x = \mu$ 对称(见图 2.3)

(2) $\left(\mu, \dfrac{1}{\sqrt{2\pi}\sigma}\right)$ 为 $f(x)$ 的极大值点.

(3) $\lim\limits_{x \to \infty} f(x) = 0$.

(4) $f(x)$ 在区间 $(-\infty, \mu)$ 上单调递增,在区间 (μ, ∞) 上单调递减.

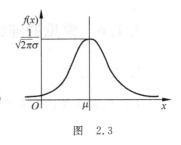

图 2.3

正态随机变量概率的计算

一般地,非标准正态随机变量概率的计算要先标准化,再查表,使用的结论主要有

(1) 随机变量 $X \sim N(\mu, \sigma^2)$, 令 $Z = \dfrac{X-\mu}{\sigma}$, 则 $Z \sim N(0,1)$.

(2) 设随机变量 $X \sim N(\mu, \sigma^2)$, 分布函数为 $F(x)$, 则
$$F(x) = P\{X \leqslant x\} = \Phi\left(\dfrac{x-\mu}{\sigma}\right),$$

(3) $\Phi(-a) = 1 - \Phi(a)$.

2.1.7 随机变量函数的分布

一般地, 若 X 为随机变量, $g(x)$ 为连续函数, 则 $g(X)$ 仍为随机变量.

定理 设 X 为连续型随机变量, 其概率密度为 $f_X(x)$, $-\infty < x < \infty$, $g(x)$ 为连续函数, 且满足 $g'(x) > 0$ (或 $g'(x) < 0$), 则 $Y = g(X)$ 为连续型随机变量, 其概率密度为
$$f_Y(y) = \begin{cases} f_X[g^{-1}(y)] \cdot |[g^{-1}(y)]'|, & \alpha < y < \beta \\ 0, & \text{其他} \end{cases},$$
其中 $\alpha = g(-\infty)$ (或 $g(+\infty)$), $\beta = g(+\infty)$ (或 $g(-\infty)$).

2.1.8 分位点

设连续型随机变量的分布函数为 $F(x)$, 概率密度函数为 $f(x)$, $0 < \alpha < 1$, 如果存在 x_α, 使得
$$P\{X \geqslant x_\alpha\} = \int_{x_\alpha}^{\infty} f(x) \mathrm{d}x = \alpha,$$
则称 x_α 是 $F(x)$ 的**上 α 分位点**(见图 2.4).

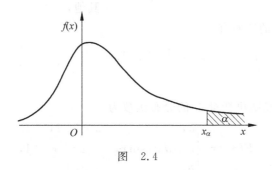

图 2.4

标准正态分布 $N(0,1)$ 关于 α 的上分位点, 记作 z_α (或 u_α). 由于标准正态分布关于 y 轴对称, 因此上 α 分位点满足
$$z_\alpha = -z_{1-\alpha}.$$

2.2 典型例题分析

2.2.1 题型一 随机变量分布的有关问题

本题型主要包含两类问题: 一是使用分布律, 概率密度, 分布函数的性质确定分布中

的未知参数;二是使用分布函数的定义讨论分布函数的性质.

例 2.1 设随机变量 X 的分布律如表 2.2 所示.

表 2.2

X	-4	-1	1	2	3
p_i	$9/20$	a	$1/20$	$2a$	$3/20$

其中 a 为未知常数,求 a 的值.

解 由随机变量分布律的性质可知

$$\frac{9}{20}+a+\frac{1}{20}+2a+\frac{3}{20}=1,$$

解得 $a=\dfrac{7}{60}$.

例 2.2 设随机变量 X 的分布律为 $P\{X=k\}=a\dfrac{\lambda^k}{k!}, k=0,1,2,\cdots$. 其中 a,λ 均为正常数,求 a 的值.

解 由随机变量分布律的性质有

$$1=\sum_{k=0}^{\infty}P\{X=k\}=\sum_{k=0}^{\infty}a\frac{\lambda^k}{k!}=a\sum_{k=0}^{\infty}\frac{\lambda^k}{k!}=a\mathrm{e}^{\lambda},$$

解得 $a=\mathrm{e}^{-\lambda}$.

例 2.3 设 X 的概率密度为 $f(x)=\begin{cases}\dfrac{1}{a}x^2, & 0<x<3,\\ 0, & \text{其他},\end{cases}$ 试求 a 的值.

解 由概率密度的性质有

$$1=\int_{-\infty}^{\infty}f(x)\mathrm{d}x=\int_{0}^{3}\frac{1}{a}x^2\mathrm{d}x=\frac{1}{a}\frac{x^3}{3}\Big|_{0}^{3}=\frac{1}{a}\times 9,$$

解得 $a=9$.

例 2.4 设连续型随机变量 X 的分布函数为

$$F(x)=\begin{cases}a, & x<-1,\\ c+d\arcsin x, & -1\leqslant x<1,\\ b, & x\geqslant 1.\end{cases}$$

其中的 a,b,c,d 为常数,求 a,b,c,d 的值.

解 由分布函数的性质有

$$1=\lim_{x\to\infty}F(x)=b,\quad 0=\lim_{x\to-\infty}F(x)=a,$$

再由 X 为连续型随机变量,因此其分布函数 $F(x)$ 为连续函数,特别在 -1 和 1 处左连续,即有

$$F(-1-0)=F(-1)\quad \text{及}\quad F(1-0)=F(1),$$

可推出

$$c-\frac{\pi}{2}d=0,\quad c+\frac{\pi}{2}d=1.$$

解得 $c=\dfrac{1}{2}, d=\dfrac{1}{\pi}$.

例 2.5 设 $f_1(x)$ 为标准正态分布的概率密度, $f_2(x)$ 为 $[-1,3]$ 上的均匀分布的概率密度, 若 $f(x)=\begin{cases}af_1(x), & x\leqslant 0,\\ bf_2(x), & x>0,\end{cases}$ $(a>0,b>0)$ 为概率密度, 求 a,b 应满足的条件.

解 由随机变量概率密度的性质可知

$$1=\int_{-\infty}^{\infty}f(x)\mathrm{d}x=\int_{-\infty}^{0}af_1(x)\mathrm{d}x+\int_{0}^{\infty}bf_2(x)\mathrm{d}x=\dfrac{a}{2}+b\cdot\int_{0}^{3}\dfrac{1}{4}\mathrm{d}x=\dfrac{a}{2}+\dfrac{3b}{4},$$

故 a,b 应满足的条件是 $2a+3b=4$.

例 2.6 设 $F_1(x)$ 和 $F_2(x)$ 分别为随机变量 X 和 Y 的分布函数, 非负常数 a,b 满足 $a+b=1$. 若令 $F(x)=aF_1(x)+bF_2(x)$, 证明 $F(x)$ 也可以是随机变量的分布函数.

证 (1) 由分布函数具有单调不减的性质, 以及 a,b 非负, 有对于任意的 $x_1<x_2$,

$$\begin{aligned}F(x_2)-F(x_1)&=aF_1(x_2)+bF_2(x_2)-[aF_1(x_1)+bF_2(x_1)]\\ &=a[F_1(x_2)-F_1(x_1)]+b[F_2(x_2)-F_2(x_1)]\geqslant 0,\end{aligned}$$

因此 $F(x)$ 单调不减.

(2) 由分布函数极限的性质, 以及 $a+b=1$, 有

$$\lim_{x\to\infty}F(x)=\lim_{x\to\infty}[aF_1(x)+bF_2(x)]=a\lim_{x\to\infty}F_1(x)+b\lim_{x\to\infty}F_2(x)=a+b=1,$$

$$\lim_{x\to-\infty}F(x)=\lim_{x\to-\infty}[aF_1(x)+bF_2(x)]=a\lim_{x\to-\infty}F_1(x)+b\lim_{x\to-\infty}F_2(x)=0+0=0,$$

(3) 由分布函数右连续的性质, 对于任意的 x_0, 有

$$F(x_0+0)=aF_1(x_0+0)+bF_2(x_0+0)=aF_1(x_0)+bF_2(x_0)=F(x_0),$$

因此 $F(x)$ 右连续, 综上所述, $F(x)$ 可以为某一个随机变量的分布函数.

例 2.7 若随机变量 X 取任何值的概率均为零, 证明 X 的分布函数为连续函数.

证 设 $F(x)$ 为 X 的分布函数, a 为任意实数, 依题意有

$$P\{X=a\}=F(a)-F(a-0)=0,$$

故 $F(x)$ 在 a 处左连续, 又由分布函数的性质, $F(x)$ 在 a 处必右连续, 因此 $F(x)$ 为连续函数.

2.2.2 题型二 随机变量分布的求解及用分布计算概率

该类问题需要读者注意以下三个问题:

(1) 求随机变量的分布时, 应该首先分析随机变量的可能取值范围.

(2) 随机变量的不同分布表达形式之间的转换, 离散型随机变量的分布函数为阶梯形的分段函数, 注意自变量的分段形式. 连续型随机变量的概率密度函数并不唯一.

(3) 对于实际问题注意找好与随机变量取值对应的等价事件.

例 2.8 设每次试验成功的概率为 p, 将试验独立重复地进行下去, 直到第二次成功为止, 以 X 表示第一次成功时试验进行的次数, Y 表示第二次成功时试验进行的次数, 试求 X,Y 的分布.

解 由题意, X 可能取值为 $1,2,\cdots$, 而 $\{X=m\}$ 等价于"前 $m-1$ 次试验均不成功, 第

m 次试验成功",故 X 的分布律为
$$P\{X=m\} = (1-p)^{m-1}p, \quad m=1,2,\cdots,$$
Y 的可能取值为 $2,3,\cdots$,而 $\{Y=n\}$ 等价于"前 $n-1$ 次试验中只有一次成功并且第 n 次试验成功",故 Y 的分布律为
$$P\{Y=n\} = C_{n-1}^1 p(1-p)^{n-2}p = C_{n-1}^1 p^2(1-p)^{n-2}, \quad n=2,3,\cdots.$$

例 2.9 将两个骰子各抛掷一次,观察其点数,以 X 表示两次抛掷出现的最大点数,求 X 的分布.

解 由题意,X 的可能取值为 $1,2,3,4,5,6$,而 $\{X=k\}$ 等价于"两个骰子中的最大点数为 k"。

事件 $\{X=1\}$ 中的样本点为 $(1,1)$,即第一次抛掷出现点数 1,第二次抛掷也出现点数 1,样本点数为 $2C_1^1-1$;类似地,事件 $\{X=2\}$ 中的样本点为 $(1,2),(2,1),(2,2)$,样本点数为 $2C_2^1-1$;事件 $\{X=k\}$ 中的样本点数为 $2C_k^1-1$,由古典概型可知 X 的分布律为
$$P\{X=k\} = \frac{2C_k^1-1}{C_6^1 C_6^1}, \quad k=1,2,3,4,5,6.$$

例 2.10 设有边长为 1 的正方体无盖容器,内部装有 $\frac{3}{4}$ 的液体,四个侧面及底部随机的出现一个漏洞,液体从漏洞漏出,若以 X 表示液面最后的高度,求 X 的分布函数 $F(x)$.

解 由题意,随机变量 X 可能的取值是 $\left[0,\frac{3}{4}\right]$,并且 $\{X=0\}$ 等价于"漏洞出现在容器的底部",$0<x<\frac{3}{4}$ 时,$\{X\leqslant x\}$ 等价于"漏洞出现在容器的底部,或四个侧面的高度小于 x 部分",从而由几何概型有

当 $x<0$ 时,$F(x)=P\{X\leqslant x\}=0$,当 $0\leqslant x<\frac{3}{4}$ 时,
$$F(x)=P\{X\leqslant x\}=P\{X=0\}+P\{0<X<x\}=\frac{1}{5}+\frac{4x}{5}=\frac{1+4x}{5},$$
当 $x\geqslant \frac{3}{4}$ 时,$F(x)=P\{X\leqslant x\}=P\left\{0\leqslant X\leqslant \frac{3}{4}\right\}=1.$

所以随机变量 X 的分布函数为
$$F(x)=\begin{cases}0, & x<0,\\ \dfrac{1+4x}{5}, & 0\leqslant x<\dfrac{3}{4},\\ 1, & x\geqslant \dfrac{3}{4}.\end{cases}$$

例 2.11 设随机变量 X 的分布律如表 2.3 所示.

表 2.3

X	-1	2	3
p_i	1/4	1/4	1/2

求：(1) X 的分布函数；(2)$P\left\{\frac{1}{5}<X\leqslant\frac{7}{2}\right\}$.

解　(1) 由分布函数的定义,并结合图 2.5 有

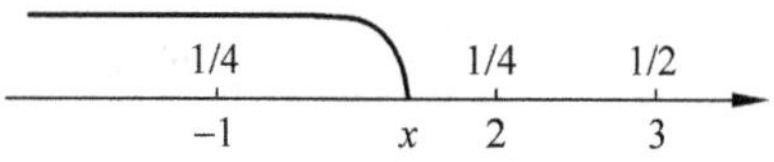

图　2.5

当 $x<-1$ 时,$F(x)=0$.

当 $-1\leqslant x<2$ 时,

$F(x)=P\{X\leqslant x\}=P\{X=-1\}=1/4$.

当 $2\leqslant x<3$ 时,

$$F(x)=P\{X\leqslant x\}=P\{X=-1\}+P\{X=2\}=1/4+1/4=1/2.$$

当 $x\geqslant 3$ 时,

$$\begin{aligned}F(x)&=P\{X\leqslant x\}=P\{X=-1\}+P\{X=2\}+P\{X=3\}\\&=1/4+1/4+1/2=1.\end{aligned}$$

故 X 的分布函数为

$$F(x)=\begin{cases}0, & x<-1,\\ \frac{1}{4}, & -1\leqslant x<2,\\ \frac{1}{2}, & 2\leqslant x<3,\\ 1, & x\geqslant 3.\end{cases}$$

(2) $P\{1/5<X\leqslant 7/2\}=F(7/2)-F(1/5)=1-1/4=3/4$.

例 2.12　设随机变量 X 的概率密度为

$$f(x)=\begin{cases}x, & 0\leqslant x<1,\\ 2-x, & 1\leqslant x<2,\\ 0, & \text{其他}.\end{cases}$$

求随机变量 X 的分布函数.

解　由分布函数的定义,并结合图 2.6,当 $x<0$ 时,

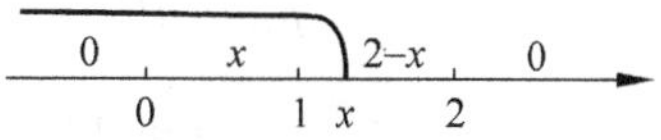

图　2.6

$$F(x)=P\{X\leqslant x\}=\int_{-\infty}^{x}0\mathrm{d}x=0,$$

当 $0\leqslant x<1$ 时,

$$F(x)=P\{X\leqslant x\}=\int_{-\infty}^{0}0\mathrm{d}x+\int_{0}^{x}t\mathrm{d}t=0+\left.\frac{t^2}{2}\right|_0^x=\frac{x^2}{2},$$

当 $1\leqslant x<2$ 时,

$$\begin{aligned}F(x)&=P\{X\leqslant x\}=\int_{-\infty}^{0}0\mathrm{d}x+\int_{0}^{1}x\mathrm{d}x+\int_{1}^{x}(2-t)\mathrm{d}t\\&=0+\frac{1}{2}+\left.\left(2t-\frac{t^2}{2}\right)\right|_1^x=-\frac{x^2}{2}+2x-1,\end{aligned}$$

当 $x\geqslant 2$ 时,$F(x)=P\{X\leqslant x\}=1$,

故 X 的分布函数为

$$F(x)=\begin{cases} 0, & x<0, \\ \dfrac{x^2}{2}, & 0\leqslant x<1, \\ -\dfrac{x^2}{2}+2x-1, & 1\leqslant x<2, \\ 1, & x\geqslant 2. \end{cases}$$

2.2.3 题型三 正态随机变量的概率计算问题

正态随机变量的概率计算问题一般采用转化为标准正态,并结合查表的方式进行求解;对于标准正态分布函数 $\Phi(x)$,若自变量小于零,或函数值小于 0.5,在查表前要用公式 $\Phi(-x)=1-\Phi(x)$ 进行转化.

例 2.13 设随机变量 $X\sim N(3,2^2)$,求 $P\{-3\leqslant X\leqslant 5\}$,$P\{|X|\geqslant 2\}$.

解 由题意并结合查表有

$$P\{-3\leqslant X\leqslant 5\}=P\left\{\dfrac{-3-3}{2}\leqslant \dfrac{X_1-3}{2}\leqslant \dfrac{5-3}{2}\right\}$$
$$=\Phi(1)-\Phi(-3)=\Phi(1)+\Phi(3)-1$$
$$=0.8413+0.9987-1=0.84.$$
$$P\{|X|\geqslant 2\}=1-P\{-2<X<2\}=1-P\left\{\dfrac{-2-3}{2}\leqslant \dfrac{X-3}{2}\leqslant \dfrac{2-3}{2}\right\}$$
$$=1-[\Phi(-0.5)-\Phi(-2.5)]=1-[1-\Phi(0.5)]+[1-\Phi(2.5)]$$
$$=0.6915+1-0.9938=0.6977.$$

例 2.14 设随机变量 $X_1\sim N(0,2^2)$,$X_2\sim N(1,3^2)$,若 $p_j=P\{-2\leqslant X_j\leqslant 2\}$,$j=1,2$,讨论 p_1,p_2 的大小关系.

解 由题意

$$p_1=P\{-2\leqslant X_1\leqslant 2\}=P\left\{\dfrac{-2-0}{2}\leqslant \dfrac{X_1-0}{2}\leqslant \dfrac{2-0}{2}\right\}$$
$$=\Phi(1)-\Phi(-1)=2\Phi(1)-1,$$
$$p_2=P\{-2\leqslant X_2\leqslant 2\}=P\left\{\dfrac{-2-1}{3}\leqslant \dfrac{X_2-1}{3}\leqslant \dfrac{2-1}{3}\right\}$$
$$=\Phi\left(\dfrac{1}{3}\right)-\Phi(-1)=\Phi(1)+\Phi\left(\dfrac{1}{3}\right)-1,$$

由于标准正态分布函数 $\Phi(x)$ 严格单调递增,从而有 $\Phi(1)>\Phi\left(\dfrac{1}{3}\right)$,因此 $p_1>p_2$.

2.2.4 题型四 求解随机变量函数的概率分布

从题型上来看,求解随机变量函数的分布问题主要有离散型随机变量的函数和连续型随机变量的函数两种情形;从计算的方法上来看,主要有分布函数法、公式法,其中分布函数法适用于一般题型,这种方法的关键在于熟练掌握分布函数的定义及能够找出等价事件,公式法的使用需要满足一定的条件,要求随机变量为连续型,并且函数要求严格单调,并可导.

例 2.15 设随机变量 X 的分布律如表 2.4 所示.

表 2.4

X	-1	0	1
p	1/4	1/4	1/2

求随机变量 $2X+1, X^2$ 的分布律.

解 由题意,$2X+1$ 的可能取值为 $-1,1,3$,并且
$$P\{2X+1=-1\} = P\{X=-1\} = 1/4,$$
$$P\{2X+1=1\} = P\{X=0\} = 1/4,$$
$$P\{2X+1=3\} = P\{X=1\} = 1/2,$$
故 $2X+1$ 的分布律如表 2.5 所示.

表 2.5

$2X+1$	-1	1	3
p	1/4	1/4	1/2

而 X^2 的可能取值为 $0,1$,且
$$P\{X^2=0\} = P\{X=0\} = 1/4,$$
$$P\{X^2=1\} = P\{X=-1\} + P\{X=1\} = 1/4 + 1/2 = 3/4,$$
故 X^2 的分布律如表 2.6 所示.

表 2.6

X^2	0	1
p	1/4	3/4

例 2.16 设随机变量 X 服从区间 $(1,2)$ 上的均匀分布,求:(1)$Y=\mathrm{e}^{2X}$ 的概率密度,(2)$Z=-\ln X$ 的概率密度.

解 (1) 由题意,Y 的可能取值范围是 $(\mathrm{e}^2, \mathrm{e}^4)$,再由 $y=h(x)=\mathrm{e}^{2x}$ 严格单调递增且可导,其反函数 $h^{-1}(y)=\ln(\sqrt{y})=\frac{1}{2}\ln y$,及 X 的概率密度为
$$f_X(x) = \begin{cases} 1, & 1<x<2, \\ 0, & \text{其他}, \end{cases}$$
由公式可求得 Y 的概率密度为
$$f_Y(y) = \begin{cases} f_X[h^{-1}(y)] \cdot |[h^{-1}(y)]'|, & \mathrm{e}^2 < y < \mathrm{e}^4, \\ 0, & \text{其他} \end{cases}$$
$$= \begin{cases} \dfrac{1}{2y}, & \mathrm{e}^2 < y < \mathrm{e}^4, \\ 0, & \text{其他} \end{cases}.$$

(2) Z 的可能取值范围是 $(-\ln 2, 0)$，且 $z = g(x) = -\ln x$ 严格单调递减且可导，其反函数 $g^{-1}(z) = e^{-z}$，从而 Z 的概率密度为

$$f_Z(z) = \begin{cases} f_X[g^{-1}(z)] \cdot |[g^{-1}(z)]'|, & -\ln 2 < z < 0, \\ 0, & \text{其他} \end{cases}$$

$$= \begin{cases} e^{-z}, & -\ln 2 < z < 0, \\ 0, & \text{其他} \end{cases}$$

例 2.17 设随机变量 X 服从区间 $[0, \pi]$ 上的均匀分布，若令 $Y = A\sin X$，其中 A 为大于零的常数，求 Y 的概率密度（见图 2.7）.

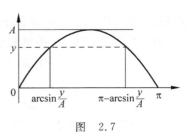

图 2.7

解 由题意，Y 可取值的范围在 $[0, A]$，当 $y < 0$ 时，$F_Y(y) = P\{Y \leqslant y\} = 0$，当 $0 \leqslant y < A$ 时，结合图 2.7，有

$$F_Y(y) = P\{Y \leqslant y\} = P\{A\sin X \leqslant y\}$$
$$= P\left\{0 \leqslant X \leqslant \arcsin \frac{y}{A}\right\} + P\left\{\pi - \arcsin \frac{y}{A} \leqslant X \leqslant \pi\right\}$$
$$= F_X\left(\arcsin \frac{y}{A}\right) - F_X(0) + F_X(\pi) - F_X\left(\pi - \arcsin \frac{y}{A}\right),$$

当 $y \geqslant A$ 时，$F_Y(y) = P\{Y \leqslant y\} = 1$，

从而 Y 的概率密度为

$$f_Y(y) = \begin{cases} \dfrac{2}{\pi \sqrt{A^2 - y^2}} & 0 < y < A, \\ 0, & \text{其他} \end{cases}$$

**例 2.18 设随机变量 X 满足 $P\{X=1\} = P\{X=2\} = 1/2$，若给定 $X = i$ 的条件下，随机变量 Y 服从均匀分布 $U(0, i)$，$i = 1, 2$，求 Y 的分布函数 $F_Y(y)$ 及概率密度 $f_Y(y)$.

解 由题意，Y 的可取值范围为 $(0, 2)$，结合全概率公式有

当 $y < 0$ 时，$F_Y(y) = P\{Y \leqslant y\} = 0$；

当 $0 \leqslant y < 1$ 时，

$$F_Y(y) = P\{Y \leqslant y\} = P\{Y \leqslant y \mid X = 1\}P\{X = 1\} + P\{Y \leqslant y \mid X = 2\}P\{X = 2\}$$
$$= \frac{1}{2}P\{Y \leqslant y \mid X = 1\} + \frac{1}{2}P\{Y \leqslant y \mid X = 2\}$$
$$= \frac{1}{2}\int_0^y 1 dy + \frac{1}{2}\int_0^y \frac{1}{2} dy = \frac{1}{2}y + \frac{1}{4}y = \frac{3}{4}y;$$

当 $1 \leqslant y < 2$ 时，

$$F_Y(y) = P\{Y \leqslant y\} = P\{Y \leqslant y \mid X = 1\}P\{X = 1\} + P\{Y \leqslant y \mid X = 2\}P\{X = 2\}$$
$$= \frac{1}{2}P\{Y \leqslant y \mid X = 1\} + \frac{1}{2}P\{Y \leqslant y \mid X = 2\}$$
$$= \frac{1}{2}\int_0^1 1 dy + \frac{1}{2}\int_0^y \frac{1}{2} dy = \frac{1}{2} + \frac{1}{4}y;$$

当 $y \geqslant 2$ 时，$F_Y(y) = P\{Y \leqslant y\} = 1$.

故 Y 的分布函数 $F_Y(y)$ 及概率密度 $f_Y(y)$ 分别为

$$F_Y(y) = \begin{cases} 0, & y < 0, \\ \dfrac{3}{4}y, & 0 \leqslant y < 1, \\ \dfrac{1}{2}\left(1 + \dfrac{1}{2}y\right), & 1 \leqslant y < 2, \\ 1, & y \geqslant 2, \end{cases} \quad f_Y(y) = \begin{cases} \dfrac{3}{4}, & 0 < y < 1, \\ \dfrac{1}{4}, & 1 \leqslant y < 2, \\ 0, & 其他. \end{cases}$$

例 2.19 若随机变量 X 的分布函数为 $F(x)$, 求随机变量 $-X, 1-X, X^2$ 的分布函数.

解 设 $G_1(x), G_2(x), G_3(x)$ 分别为 $-X, 1-X, X^2$ 的分布函数, 由题意有
$G_1(x) = P\{-X \leqslant x\} = P\{X \geqslant -x\} = 1 - P\{X < -x\} = 1 - F(-x - 0),$
$G_2(x) = P\{1-X \leqslant x\} = P\{X \geqslant 1-x\} = 1 - P\{X < 1-x\} = 1 - F((1-x) - 0),$
而随机变量 X^2 的取值为非负数, 从而

当 $x < 0$ 时, $G_3(x) = P\{X^2 \leqslant x\} = 0$.

当 $x \geqslant 0$ 时, $P\{X^2 \leqslant x\} = P\{-\sqrt{x} \leqslant X \leqslant \sqrt{x}\} = F(\sqrt{x}) - F(-\sqrt{x} - 0)$.

故

$$G_3(x) = \begin{cases} F(\sqrt{x}) - F(-\sqrt{x} - 0), & x \geqslant 0, \\ 0, & x < 0. \end{cases}$$

**例 2.20 若随机变量 $X \sim N(\mu, \sigma^2)$, 其分布函数记为 $F(x)$, 求随机变量 $F(X)$ 的分布函数.

解法 1 由题意, 随机变量 $F(X)$ 的可能取值范围为 $(0,1)$, 记 $F(X)$ 的分布函数为 $G(y)$,
当 $y < 0$ 时, $G(y) = P\{F(X) \leqslant y\} = 0$,
当 $0 \leqslant y < 1$ 时, $G(y) = P\{F(X) \leqslant y\} = P\{X \leqslant F^{-1}(y)\} = F[F^{-1}(y)] = y$,
当 $y \geqslant 1$ 时, $G(y) = P\{F(X) \leqslant y\} = 1$,
故

$$G(y) = \begin{cases} 0, & y \leqslant 0, \\ y, & 1 < y < 0, \\ 1, & y \geqslant 1. \end{cases}$$

解法 2 由于 X 服从正态分布, 可知其分布函数 $F(x)$ 在 $(-\infty, +\infty)$ 上严格单调递增且可导, 记 X 的概率密度函数为 $f(x)$, $F(X)$ 的概率密度为 $g(y)$, 则当 $0 < y < 1$ 时,
$g(y) = f[F^{-1}(y)] \,|\, [F^{-1}(y)]' \,| = f[F^{-1}(y)][F^{-1}(y)]' = [F(F^{-1}(y))]' = y' = 1$,
从而

$$g(y) = \begin{cases} 1, & 0 < y < 1, \\ 0, & 其他, \end{cases}$$

故随机变量 $F(X)$ 的分布函数为

$$G(y) = \begin{cases} 0, & y \leqslant 0, \\ y, & 1 < y < 0, \\ 1, & y \geqslant 1. \end{cases}$$

2.3 习题精选

1. 填空题.

(1) 一枚均匀的硬币,独立地抛掷 5 次,若以 X 表示正面连续出现的次数,则 $P\{X=3\}=$ _____.

(2) 设随机变量 $X \sim \pi(\lambda)$,并且 $P\{X=1\}=P\{X=2\}$,则 $\lambda=$ _____.

(3) 设随机变量 $X \sim b(2,p)$,并且 $P\{X \geqslant 1\}=5/9$,则 $p=$ _____.

(4) 已知某型号电子产品的寿命服从参数为 3 的指数分布,抽取 50 件产品进行寿命试验,以 X 表示产品寿命大于 3 的件数,则 X 服从的分布是_____.

(5) 设随机变量 X 的概率密度为
$$f(x)=\begin{cases} 1/3, & 0 \leqslant x \leqslant 1, \\ 2/9, & 3 \leqslant x \leqslant 6, \\ 0, & \text{其他}, \end{cases}$$
若存在 k,使得 $P\{X \geqslant k\}=2/3$,则 k 的取值范围是_____.

(6) 设随机变量 X 服从参数为 1 的指数分布,a 为正常数,则 $P\{X \leqslant a+1 \mid X>a\}=$ _____.

(7) 设随机变量 $X \sim N(2,4^2)$,令 $Y=\dfrac{X-2}{4}$,则 $P\{Y \geqslant 0\}=$ _____.

(8) 若随机变量 X 的分布函数为 $F(x)$,则 X^3 的分布函数为_____.

2. 单项选择题.

(1) 设 a 是分布函数 $F(x)$ 的一个间断点,则下列表述错误的是( ).
　　(A) $F(x)$ 可能为离散型随机变量的分布函数;
　　(B) $F(x)$ 可能为连续型随机变量的分布函数;
　　(C) a 为 $F(x)$ 的跳跃间断点;
　　(D) $P\{X=a\} \neq 0$.

(2) 设 $f(x)$ 为随机变量的概率密度,则其必满足的性质是( ).
　　(A) 单调不减函数;　　　　　　(B) 连续函数;
　　(C) 非负函数;　　　　　　　　(D) $\lim\limits_{x \to \infty} f(x)=1$.

(3) 可以使 $f(x)=-\sin x$ 成为概率密度的 x 取值范围是( )
　　(A) $[-\pi/2, 0]$;　　　　　　　(B) $[0, \pi/2]$;
　　(C) $[-\pi/2, \pi/2]$;　　　　　　(D) $[-\pi/2, 3\pi/2]$.

(4) 设连续型随机变量 X 的概率密度 $f(x)$ 为偶函数,其分布函数为 $F(x)$,则对任意常数 $a>0$,$F(-a)=$ ( ).
　　(A) $2F(a)-1$;　　(B) $1-F(a)$;　　(C) $\dfrac{1}{2}-F(a)$;　　(D) $F(a)$.

(5) 下列函数中可以作为分布函数的是( ).

(A) $F(x)=\begin{cases}0, & x\leqslant 0,\\ 0.3, & 0<x\leqslant 1,\\ 0.5, & 1<x<2,\\ 1, & x\geqslant 2\end{cases}$; (B) $F(x)=\begin{cases}0, & x<0,\\ 0.3, & 0\leqslant x<3,\\ 0.2, & 3\leqslant x<4,\\ 1, & x\geqslant 4\end{cases}$;

(C) $F(x)=\begin{cases}0, & x\leqslant 0,\\ 0.5, & 0<x\leqslant 2,\\ 0.25, & 2<x\leqslant 3,\\ 1, & x>3\end{cases}$; (D) $F(x)=\begin{cases}0, & x<0,\\ 0.3, & 0\leqslant x<1,\\ 0.4, & 1\leqslant x<2,\\ 1, & x\geqslant 2\end{cases}$.

(6) 设 $a,b(a\leqslant b)$ 为常数,随机变量 X 的分布函数为 $F(x)$,下列选项不正确的是( ).
(A) $P(X=a)=F(a)-F(a-0)$; (B) $P(a<X<b)=F(b-0)-F(a)$;
(C) $P(a\leqslant X<b)=F(b-0)-F(a-0)$; (D) $P(X=a)=0$.

(7) 设有边长为 1 的正方体无盖容器,内部装有 $\dfrac{3}{4}$ 的液体,四个侧面及底部随机的出现一个漏洞,液体从漏洞漏出,若以 X 表示液面最后的高度,则 X 的分布函数 $F(x)$ 满足( ).
(A) 恰有一个间断点; (B) 至少有两个间断点;
(C) 恰有两个间断点; (D) 不能确定.

(8) 设随机变量 X 服从正态分布 $N(0,1)$,对给定的 $\alpha\in(0,1)$,数 z_α 满足 $P\{X>z_\alpha\}=\alpha$,若 $P\{|X|<x\}=\alpha$,则 x 等于( ).
(A) $z_{\frac{\alpha}{2}}$; (B) $z_{1-\frac{\alpha}{2}}$; (C) $z_{\frac{1-\alpha}{2}}$; (D) $z_{1-\alpha}$.

3. 已知连续型随机变量 X 的分布函数为
$$F(x)=\begin{cases}c+de^{-x/2}, & x\geqslant 0,\\ 0, & x<0,\end{cases}$$
其中 c,d 为未知常数,求:(1)c,d 的值;(2)X 的概率密度;(3)$P\{\ln 9\leqslant X\leqslant \ln 16\}$.

4. 设随机变量 X 的概率密度为
$$f(x)=\begin{cases}k/x, & 1\leqslant x<e,\\ 0, & \text{其他},\end{cases}$$
其中 k 为未知常数,求:(1)k 的值;(2)X 的分布函数;(3)$P\{1/2\leqslant X\leqslant 3/2\}$.

5. 设随机变量 $X\sim N(\mu,4^2)$,$Y\sim N(\mu,5^2)$,令 $p_1=P\{X\leqslant \mu-4\}$,$p_2=P\{Y\geqslant \mu+5\}$,试比较 p_1,p_2 的大小.

6. 设随机变量 $X\sim N(\mu,\sigma^2)$,且 $P\{X<9\}=0.975$,$P\{X<2\}=0.062$,求 $P\{X>6\}$.

7. 设随机变量 X 的分布律如表 2.7 所示.

表 2.7

X	-3	-1	0	1	3
p	$1/5$	$1/6$	$1/5$	$1/15$	$11/30$

求 $Y=X^2+1$ 的分布律及 $P\{Y\leqslant 2\}$.

8. 设随机变量 X 服从区间 $[0,1]$ 上均匀分布,求 $Y=\mathrm{e}^X$ 的分布.

9. 设随机变量 X 的概率密度为

$$f(x) = \begin{cases} \dfrac{1}{3\sqrt[3]{x^2}}, & 1<x<8, \\ 0, & \text{其他} \end{cases},$$

若其分布函数为 $F(x)$,求 $Y=F(X)$ 的分布函数.

10. 已知某设备开机后无故障工作的时间 X 服从参数为 5 的指数分布,设备定时开机,若出现故障则自动关机,而在无故障的情况下工作 2 小时便关机,试求该设备每次开机后无故障工作时间 Y 的分布函数.

11. 设连续型随机变量 X 的概率密度 $f(x)$ 为偶函数,其分布函数为 $F(x)$,对于任意的常数 $a>0$,证明:
(1) $F(-a)=1-F(a)$;(2) $P\{|X|<a\}=2F(a)-1$.

12. 设 $F(x)$ 是连续型随机变量的分布函数,对于任意的常数 $a>0$,证明

$$\int_{-\infty}^{\infty}[F(x+a)-F(x)]\mathrm{d}x = a.$$

2.4 习题详解

1. 填空题.
(1) $5/2^5$;(2) 2;(3) $1/3$;(4) $b(50, \mathrm{e}^{-1})$;(5) $[1,3]$;
(6) $1-\mathrm{e}^{-1}$;**提示** 由于指数分布的无记忆性,故
$$P\{Y\leqslant a+1 \mid Y>a\} = 1-P\{Y>a+1 \mid Y>a\} = 1-P\{Y>1\}$$
$$= P\{Y\leqslant 1\} = F(1) = 1-\mathrm{e}^{-1}.$$
(7) $1/2$;
(8) $F(\sqrt[3]{x})$;**提示** 设 X^3 的分布函数为 $G(x)$,则
$$G(x) = P\{X^3\leqslant x\} = P\{X\leqslant\sqrt[3]{x}\} = F(\sqrt[3]{x}).$$

2. 单项选择题.
(1) (B);(2) (C);(3) (A);(4) (B);(5) (D);(6)(D);(7) (C);(8) (C).

3. (1) 由连续型随机变量分布函数的性质,有
$$1 = \lim_{x\to\infty}F(x) = \lim_{x\to\infty}(c+d\mathrm{e}^{-x/2}) = c,$$
$$c+d = F(0) = F(0-0) = \lim_{x\to 0^-}F(x) = 0,$$
可解得 $c=1, d=-1$,从而 X 的分布函数为
$$F(x) = \begin{cases} 1-\mathrm{e}^{-x/2}, & x\geqslant 0, \\ 0, & x<0, \end{cases}$$
(2) 由分布函数与概率密度的关系,X 的概率密度为
$$f(x) = \begin{cases} \dfrac{1}{2}\mathrm{e}^{-x/2}, & x\geqslant 0, \\ 0, & x<0, \end{cases}$$

(3) $P\{\ln 9 \leqslant X \leqslant \ln 16\} = 1 - e^{-(\ln 16)/2} - [1 - e^{-(\ln 9)/2}] = \dfrac{1}{3} - \dfrac{1}{4} = \dfrac{1}{12}$.

4. (1) 由概率密度的性质有

$$1 = \int_{-\infty}^{\infty} f(x)\mathrm{d}x = \int_{1}^{e} \dfrac{k}{x}\mathrm{d}x = k\ln x \Big|_{1}^{e} = k(\ln e - \ln 1) = k,$$

解得 $k=1$.

(2) 由分布函数的定义有，

$$F(x) = \begin{cases} 0, & x < 1, \\ \int_{1}^{x} \dfrac{1}{t}\mathrm{d}t, & 1 \leqslant x < e, \\ 1, & x \geqslant e \end{cases} = \begin{cases} 0, & x < 1, \\ \ln x, & 1 \leqslant x < e, \\ 1, & x \geqslant e. \end{cases}$$

(3) $P\{1/2 \leqslant X \leqslant 3/2\} = P\{1/2 < X \leqslant 3/2\} = F(3/2) - F(1/2) = \ln 3/2 = \ln 3 - \ln 2$.

5. 由于 X,Y 服从正态分布，从而

$$p_1 = P\{X \leqslant \mu - 4\} = \Phi\left(\dfrac{\mu-4-\mu}{4}\right) = \Phi(-1) = 1 - \Phi(1),$$

$$p_2 = P\{Y \geqslant \mu + 5\} = 1 - P\{Y < \mu + 5\} = 1 - \Phi\left(\dfrac{\mu+5-\mu}{5}\right) = 1 - \Phi(1),$$

故 $p_1 = p_2$.

6. 由于 X 服从正态分布，从而有

$$P\{X < 9\} = \Phi\left(\dfrac{9-\mu}{\sigma}\right) = 0.975, \quad P\{X < 2\} = \Phi\left(\dfrac{2-\mu}{\sigma}\right) = 0.062,$$

再由标准正态分布的性质有

$$\Phi\left(\dfrac{\mu-2}{\sigma}\right) = 1 - \Phi\left(\dfrac{2-\mu}{\sigma}\right) = 1 - 0.062 = 0.938,$$

经查表 $\dfrac{9-\mu}{\sigma} = 1.96, \dfrac{\mu-2}{\sigma} = 1.54$，联立方程组，可解得 $\mu = 5.08, \sigma = 2$，因此

$$P\{X > 6\} = 1 - P\{X \leqslant 6\} = 1 - \Phi\left(\dfrac{6-5.08}{2}\right) = 1 - \Phi(0.46) = 0.3228.$$

7. 由题意可知，Y 的可能取值为 $1,2,10$，并且

$$P\{Y=1\} = P\{X^2+1=1\} = P\{X^2=0\} = P\{X=0\} = 1/5,$$

$$P\{Y=2\} = P\{X^2+1=2\} = P\{X^2=1\}$$
$$\quad = P\{X=-1\} + P\{X=1\} = 1/6 + 1/15 = 7/30,$$

$$P\{Y=10\} = P\{X^2+1=10\} = P\{X^2=9\}$$
$$\quad = P\{X=-3\} + P\{X=3\} = 1/5 + 11/30 = 17/30,$$

故 Y 的分布律如表 2.8 所示.

表 2.8

Y	1	2	10
p	1/5	7/30	17/30

从而
$$P\{Y \leqslant 2\} = P\{Y=1\} + P\{Y=2\} = 1/5 + 7/30 = 13/30.$$

8. 由题意,Y 的可能取值范围是 $[1, e]$,再由 $y = h(x) = e^x$ 严格单调递增且可导,其反函数 $h^{-1}(y) = \ln y$,及 X 的概率密度为

$$f_X(x) = \begin{cases} 1, & 0 < x < 1, \\ 0, & \text{其他}, \end{cases}$$

因此 Y 的概率密度为

$$f_Y(y) = \begin{cases} f_X[h^{-1}(y)] \mid [h^{-1}(y)]' \mid, & 1 < y < e, \\ 0, & \text{其他}, \end{cases} = \begin{cases} 1/y, & 1 < y < e, \\ 0, & \text{其他}. \end{cases}$$

9. 由分布函数的定义有

$$F(x) = \begin{cases} 0, & x < 1, \\ \int_1^x \frac{1}{3y^{2/3}} \mathrm{d}y, & 1 \leqslant x < 8, \\ 1, & x \geqslant 8 \end{cases} = \begin{cases} 0, & x < 1, \\ x^{1/3} - 1 & 1 \leqslant x < 8, \\ 1, & x \geqslant 8, \end{cases}$$

再由 $Y = F(X)$,可知 Y 的可能取值范围是 $(0,1)$,设随机变量 Y 的分布函数为 $F_Y(y)$,则

当 $y < 0$ 时,$F_Y(y) = P\{Y \leqslant y\} = 0$;

当 $0 \leqslant y < 1$ 时,
$$F_Y(y) = P\{Y \leqslant y\} = P\{F(X) \leqslant y\} = P\{X^{1/3} - 1 \leqslant y\}$$
$$= P\{X \leqslant (y+1)^3\} = F[(y+1)^3] = y;$$

当 $y \geqslant 1$ 时,$F_Y(y) = P\{Y \leqslant y\} = 1$.

故 Y 的分布函数为

$$F_Y(y) = \begin{cases} 0, & y < 0, \\ y, & 0 \leqslant y < 1, \\ 1, & y \geqslant 1. \end{cases}$$

10. 由题意,设备无故障工作时间 Y 的可能取值范围是 $(0, 2]$,设其分布函数为 $F_X(x)$,则

当 $y < 0$ 时,$F(y) = P\{Y \leqslant y\} = 0$,

当 $0 \leqslant y < 2$ 时,$F(y) = P\{Y \leqslant y\} = P\{X \leqslant y\} = F_X(y) = 1 - e^{-y/5}$,

当 $y \geqslant 2$ 时,$F(y) = P\{Y \leqslant y\} = 1$,

故 Y 的分布函数为

$$F(y) = \begin{cases} 0, & y < 0, \\ 1 - e^{-y/5}, & 0 \leqslant y < 2, \\ 1, & y \geqslant 2. \end{cases}$$

11. (1) 由 $f(x)$ 为偶函数,有 $f(x) = f(-x)$,从而

$$F(-a) = \int_{-\infty}^{-a} f(x) \mathrm{d}x = \int_{-\infty}^{-a} f(-x) \mathrm{d}x \xrightarrow{\diamondsuit t = -x} \int_{\infty}^{a} f(t) \mathrm{d}(-t) = \int_{a}^{\infty} f(t) \mathrm{d}(t)$$
$$= 1 - \int_{-\infty}^{a} f(t) \mathrm{d}(t) = 1 - F(a),$$

(2) 由(1)有
$$P\{|X|<a\} = P\{-a<X<a\} = P\{-a<X\leqslant a\} = F(a)-F(-a)$$
$$= F(a)-[1-F(a)] = 2F(a)-1.$$

12. 设随机变量的概率密度为 $f(x)$,由概率密度的性质有
$$\int_{-\infty}^{\infty}[F(x+a)-F(x)]\mathrm{d}x = \int_{-\infty}^{\infty}\mathrm{d}x\int_{x}^{x+a}f(y)\mathrm{d}y \xrightarrow{\diamondsuit t=y-x} \int_{-\infty}^{\infty}\mathrm{d}x\int_{0}^{a}f(t+x)\mathrm{d}t$$
$$= \int_{0}^{a}\mathrm{d}t\int_{-\infty}^{\infty}f(t+x)\mathrm{d}x \xrightarrow{\diamondsuit u=x+t} \int_{0}^{a}\left[\int_{-\infty}^{\infty}f(u)\mathrm{d}u\right]\mathrm{d}t$$
$$= \int_{0}^{a}1\mathrm{d}t = a.$$

第3章

多维随机变量及其分布

3.1 内容提要

3.1.1 随机向量

设 $S=\{e\}$ 是随机试验 E 的样本空间,$X_1(e),X_2(e),\cdots,X_n(e)$ 是定义在 S 上的 n 个随机变量,称由 $X_1,X_2,\cdots,X_n$ 构成的向量 $(X_1,X_2,\cdots,X_n)$ 为 n **维随机变量**或 n **维随机向量**,其中 $X_i(i=1,2,\cdots,n)$ 称为随机向量的第 i 个分量.

3.1.2 分布函数

设 (X,Y) 是二维随机变量,x,y 为任意实数,称定义在全平面 $\{(x,y)\mid -\infty<x<+\infty, -\infty<y<+\infty\}$ 上的二元函数

$$F(x,y) = P\{X \leqslant x, Y \leqslant y\}$$

为 (X,Y) 的**分布函数**,或 X 与 Y 的**联合分布函数**.

分布函数 $F(x,y)$ 具有以下的**基本性质**:

(1) $0 \leqslant F(x,y) \leqslant 1$,且对于任意固定的 y,$\lim\limits_{x\to -\infty} F(x,y)=0$;对于任意固定的 x,$\lim\limits_{y\to -\infty} F(x,y)=0$;以及 $\lim\limits_{\substack{x\to -\infty \\ y\to -\infty}} F(x,y)=0$,$\lim\limits_{\substack{x\to +\infty \\ y\to +\infty}} F(x,y)=1$.

(2) $F(x,y)$ 是 x 和 y 的不减函数,即对于任意固定的 y,当 $x_2 > x_1$ 时,$F(x_2,y) \geqslant F(x_1,y)$;对于任意固定的 x,当 $y_2 > y_1$ 时,$F(x,y_2) \geqslant F(x,y_1)$.

(3) $F(x,y)$ 分别关于 x,y 是右连续的.

(4) 对于任意的 $x_1 < x_2, y_1 < y_2$,有

$$F(x_2,y_2) - F(x_2,y_1) + F(x_1,y_1) - F(x_1,y_2) \geqslant 0.$$

3.1.3 二维离散型随机变量

如果二维随机变量 (X,Y) 全部可能取到的不相同的值是有限对或可列无限多对,则称 (X,Y) 是**二维离散型随机变量**.

设二维离散型随机变量(X,Y)所有可能取的值为(x_i,y_j),$i,j=1,2,\cdots$,称
$$P\{X=x_i,Y=y_j\}=p_{ij}, i,j=1,2,\cdots$$
为离散型随机变量(X,Y)的**分布律**或X与Y的**联合分布律**,或记为如表3.1所示的形式.

表 3.1

Y \ X	x_1	x_2	$\cdots$	x_i	$\cdots$
y_1	p_{11}	p_{21}	$\cdots$	p_{i1}	$\cdots$
y_2	p_{12}	p_{22}	$\cdots$	p_{i2}	$\cdots$
$\vdots$	$\vdots$	$\vdots$		$\vdots$	
y_j	p_{1j}	p_{2j}	$\cdots$	p_{ij}	$\cdots$
$\vdots$	$\vdots$	$\vdots$		$\vdots$	

离散型随机变量(X,Y)的分布律的性质:$p_{ij}\geqslant 0$,$\sum_{i=1}^{\infty}\sum_{j=1}^{\infty}p_{ij}=1$.

3.1.4 二维连续型随机变量

设二维随机变量(X,Y)的分布函数为$F(x,y)$,如果存在非负函数$f(x,y)$,使得对于任意实数x,y,有
$$F(x,y)=\int_{-\infty}^{y}\int_{-\infty}^{x}f(u,v)\mathrm{d}u\mathrm{d}v,$$
则称(X,Y)是**二维连续型随机变量**,函数$f(x,y)$称为二维随机变量(X,Y)的**概率密度函数**,简称**概率密度**,或称为随机变量X与Y的**联合概率密度函数**.

随机变量X与Y的联合概率密度$f(x,y)$具有如下性质:

(1) $f(x,y)\geqslant 0$,$x\in\mathbf{R}$,$y\in\mathbf{R}$;

(2) $\int_{-\infty}^{+\infty}\int_{-\infty}^{+\infty}f(x,y)\mathrm{d}x\mathrm{d}y=1$;

(3) 设G是xOy平面上的区域,点(X,Y)落在G内的概率为
$$P\{(X,Y)\in G\}=\iint_{G}f(x,y)\mathrm{d}x\mathrm{d}y;$$

(4) 若$f(x,y)$在点(x,y)处连续,则有
$$\frac{\partial^2 F(x,y)}{\partial x\partial y}=f(x,y).$$

3.1.5 边缘分布

设二维离散型随机变量(X,Y)的概率分布为$P\{X=x_i,Y=y_j\}=p_{ij}(i,j=1,2,\cdots)$,称
$$P\{X=x_i\}=\sum_j p_{ij}\quad(i=1,2,\cdots)$$
为(X,Y)关于X的**边缘分布律**,记作$p_{i\cdot}(i=1,2,\cdots)$;称
$$P\{Y=y_j\}=\sum_i p_{ij}\quad(j=1,2,\cdots)$$

为 (X,Y) 关于 Y 的**边缘分布律**，记作 $p_{\cdot j}(j=1,2,\cdots)$，或记为

$$\begin{array}{c|ccccc} X & x_1 & x_2 & \cdots & x_i & \cdots \\ \hline p_{i\cdot} & p_{1\cdot} & p_{2\cdot} & \cdots & p_{i\cdot} & \cdots \end{array},$$

$$\begin{array}{c|ccccc} Y & y_1 & y_2 & \cdots & y_j & \cdots \\ \hline p_{\cdot j} & p_{\cdot 1} & p_{\cdot 2} & \cdots & p_{\cdot j} & \cdots \end{array}.$$

设二维连续型随机变量 (X,Y) 的概率密度为 $f(x,y)$，称

$$F_X(x) = F(x,+\infty) = \int_{-\infty}^{x}\left[\int_{-\infty}^{+\infty} f(x,y)\mathrm{d}y\right]\mathrm{d}x$$

为 (X,Y) 关于 X 的**边缘分布函数**；称

$$f_X(x) = \int_{-\infty}^{+\infty} f(x,y)\mathrm{d}y \quad (-\infty < x < +\infty)$$

为 (X,Y) 关于 X 的**边缘概率密度**；类似地，称

$$F_Y(y) = F(+\infty, y) = \int_{-\infty}^{y}\left[\int_{-\infty}^{+\infty} f(x,y)\mathrm{d}x\right]\mathrm{d}y$$

为 (X,Y) 关于 Y 的**边缘分布函数**；称

$$f_Y(y) = \int_{-\infty}^{+\infty} f(x,y)\mathrm{d}x \quad (-\infty < y < +\infty)$$

为 (X,Y) 关于 Y 的**边缘概率密度**.

3.1.6 条件分布

设二维离散型随机变量 (X,Y) 的分布律为 $P\{X=x_i, Y=y_j\} = p_{ij}$，$i,j=1,2,\cdots$，对于固定的 j，若 $P\{Y=y_j\}>0$，则称

$$P\{X=x_i \mid Y=y_j\} = \frac{P\{X=x_i, Y=y_j\}}{P\{Y=y_j\}} = \frac{p_{ij}}{p_{\cdot j}}, \quad i=1,2,\cdots$$

为在 $\{Y=y_j\}$ 条件下随机变量 X 的**条件分布律**. 同样，对于固定的 i，若 $P\{X=x_i\}>0$，则称

$$P\{Y=y_j \mid X=x_i\} = \frac{P\{X=x_i, Y=y_j\}}{P\{X=x_i\}} = \frac{p_{ij}}{p_{i\cdot}}, \quad j=1,2,\cdots$$

为在 $\{X=x_i\}$ 条件下随机变量 Y 的**条件分布律**.

设二维连续型随机变量 (X,Y) 的概率密度函数为 $f(x,y)$，(X,Y) 关于随机变量 Y 的边缘概率密度为 $f_Y(y)$，若 $f_Y(y)>0$，则在 $Y=y$ 的条件下 X 的**条件概率密度**和**条件分布函数**分别为

$$f_{X|Y}(x \mid y) = \frac{f(x,y)}{f_Y(y)}, \quad F_{X|Y}(x \mid y) = \int_{-\infty}^{x} f_{X|Y}(x \mid y)\mathrm{d}x = \int_{-\infty}^{x} \frac{f(x,y)}{f_Y(y)}\mathrm{d}x.$$

类似地，在 $X=x$ 的条件下 Y 的**条件概率密度**和**条件分布函数**分别为

$$f_{Y|X}(y \mid x) = \frac{f(x,y)}{f_X(x)}; \quad F_{Y|X}(y \mid x) = \int_{-\infty}^{y} f_{Y|X}(y \mid x)\mathrm{d}y = \int_{-\infty}^{y} \frac{f(x,y)}{f_X(x)}\mathrm{d}y.$$

3.1.7 随机变量的独立性

设 $F(x,y), F_X(x), F_Y(y)$ 分别是二维随机变量 (X,Y) 的分布函数及边缘分布函数，如果对于任意实数 x,y 都有

$$F(x,y) = F_X(x)F_Y(y),$$

则称随机变量 X 与 Y 相互独立.

具体的,对于离散型随机变量 (X,Y),如果对任何一组可能的取值 (x_i, y_j),都有

$$P\{X=x_i, Y=y_j\} = P\{X=x_i\}P\{Y=y_j\},$$

则随机变量 X 与 Y 相互独立.

对于连续型随机变量 (X,Y),设 $f(x,y), f_X(x), f_Y(y)$ 分别为 (X,Y) 的概率密度和边缘概率密度,若对于任意的实数 x,y,都有

$$f(x,y) = f_X(x)f_Y(y),$$

则随机变量 X 与 Y 相互独立.

3.1.8 随机变量函数的分布

(1) **和的分布** 设 X 与 Y 的联合概率密度为 $f(x,y)$,随机变量 $Z=X+Y$ 的密度函数为

$$f_Z(z) = \int_{-\infty}^{+\infty} f(x, z-x)\,\mathrm{d}x \quad \text{或} \quad f_Z(z) = \int_{-\infty}^{+\infty} f(z-y, y)\,\mathrm{d}y.$$

(2) **商的分布** 设 X 与 Y 的联合概率密度为 $f(x,y)$,随机变量 $Z=\dfrac{Y}{X}$ 的密度函数为

$$f_Z(z) = \int_{-\infty}^{+\infty} |x| f(x, zx)\,\mathrm{d}x.$$

(3) **积的分布** 设 X 与 Y 的联合概率密度为 $f(x,y)$,随机变量 $Z=XY$ 的密度函数为

$$f_Z(z) = \int_{-\infty}^{+\infty} \frac{1}{|x|} f\left(x, \frac{z}{x}\right)\mathrm{d}x.$$

(4) $Z=\max(X,Y)$ **的分布** 设 X,Y 是两个相互独立的随机变量,它们的分布函数分别为 $F_X(x)$ 与 $F_Y(y)$,$Z=\max(X,Y)$ 的分布函数为

$$F_Z(z) = P\{X \leqslant z\}P\{Y \leqslant z\} = F_X(z)F_Y(z).$$

(5) $K=\min(X,Y)$ **的分布** 设 X,Y 是两个相互独立的随机变量,其分布函数分别为 $F_X(x)$ 与 $F_Y(y)$,$K=\min(X,Y)$ 的分布函数为

$$F_K(z) = 1 - [1-F_X(z)][1-F_Y(z)].$$

3.1.9 常见的二维连续型分布

(1) **均匀分布** 如果二维随机变量 (X,Y) 的概率密度为

$$f(x,y) = \begin{cases} \dfrac{1}{S_D}, & (x,y) \in D, \\ 0, & \text{其他}, \end{cases}$$

其中 S_D 为区域 D 的面积,则称 (X,Y) 服从区域 D 上的**均匀分布**,记作 $(X,Y) \sim U(D)$.

(2) **二维正态分布** 如果二维随机变量 (X,Y) 的概率密度为

$$f(x,y) = \frac{1}{2\pi\sigma_1\sigma_2\sqrt{1-\rho^2}} \exp\left\{-\frac{1}{2(1-\rho^2)}\left[\frac{(x-\mu_1)^2}{\sigma_1^2} - \frac{2\rho(x-\mu_1)(y-\mu_2)}{\sigma_1\sigma_2} + \frac{(y-\mu_2)^2}{\sigma_2^2}\right]\right\},$$

其中 $\mu_1,\mu_2,\sigma_1,\sigma_2,\rho$ 都是常数,且 $\sigma_1>0,\sigma_2>0,|\rho|\leqslant 1$,则称 (X,Y) 服从参数为 $\mu_1,\mu_2,\sigma_1,\sigma_2,\rho$ 的二维正态分布,记作 $(X,Y)\sim N(\mu_1,\mu_2;\sigma_1^2,\sigma_2^2;\rho)$.

若二维随机变量 $(X,Y)\sim N(\mu_1,\mu_2;\sigma_1^2,\sigma_2^2;\rho)$,则有

(1) 边缘分布仍为正态分布,且 $X\sim N(\mu_1,\sigma_1^2),Y\sim N(\mu_2,\sigma_2^2)$;

(2) X 与 Y 相互独立 $\Leftrightarrow \rho=0$;

(3) X 与 Y 的线性组合仍服从正态分布,且

$$aX+bY\sim N(a\mu_1+b\mu_2,a^2\sigma_1^2+b^2\sigma_2^2+2ab\sigma_1\sigma_2\rho).$$

3.2 典型例题分析

3.2.1 题型一 离散型随机向量的概率分布问题

例 3.1 一个袋里有 5 只白球和 3 只红球,第一次从袋中任取一球,不放回.第二次又从袋中任取两球.设 X 表示第一次取得的白球数,Y 表示第二次取得的白球数.试求:

(1) (X,Y) 的分布律;(2) X 与 Y 的边缘分布律;(3) $P\{X+Y<2\}$.

解 (1) $P\{X=0,Y=0\}=P\{X=0\}P\{Y=0|X=0\}=\dfrac{3}{8}\cdot\dfrac{C_2^2}{C_7^2}=\dfrac{1}{56}$,

$P\{X=0,Y=1\}=P\{X=0\}P\{Y=1|X=0\}=\dfrac{3}{8}\cdot\dfrac{C_2^1 C_5^1}{C_7^2}=\dfrac{5}{28}$,

$P\{X=0,Y=2\}=P\{X=0\}P\{Y=2|X=0\}=\dfrac{3}{8}\cdot\dfrac{C_5^2}{C_7^2}=\dfrac{5}{28}$,

$P\{X=1,Y=0\}=P\{X=1\}P\{Y=0|X=1\}=\dfrac{5}{8}\cdot\dfrac{C_3^2}{C_7^2}=\dfrac{5}{56}$,

$P\{X=1,Y=1\}=P\{X=1\}P\{Y=1|X=1\}=\dfrac{5}{8}\cdot\dfrac{C_3^1 C_4^1}{C_7^2}=\dfrac{5}{14}$,

$P\{X=1,Y=2\}=P\{X=1\}P\{Y=2|X=1\}=\dfrac{5}{8}\cdot\dfrac{C_4^2}{C_7^2}=\dfrac{5}{28}$.

(X,Y) 的分布律见表 3.2 所示.

表 3.2

Y \ X	0	1
0	1/56	5/56
1	5/28	5/14
2	5/28	5/28

(2) X 的边缘分布律为

X	0	1
$p_{i\cdot}$	$\dfrac{3}{8}$	$\dfrac{5}{8}$

Y 的边缘分布律为

Y	0	1	2
$p_{.j}$	$\dfrac{3}{28}$	$\dfrac{15}{28}$	$\dfrac{5}{14}$

(3) $P\{X+Y<2\}=P\{X=0,Y=0\}+P\{X=1,Y=0\}+P\{X=0,Y=1\}$
$$=\frac{1}{56}+\frac{5}{56}+\frac{5}{28}=\frac{2}{7}.$$

例 3.2 设随机变量 (X,Y) 的分布律见表 3.3 所示.

表 3.3

Y \ X	0	1	2
-1	a	1/5	2/15
1	1/15	1/15	1/3

试求:(1)未知参数 a;(2)$P\{X+Y\leqslant 0|Y<1\}$;(3)$X=1$ 时,Y 的条件分布律.

解 (1) 由分布律的性质有
$$a+\frac{1}{15}+\frac{1}{5}+\frac{1}{15}+\frac{2}{15}+\frac{1}{3}=1,$$
故 $a=\dfrac{1}{5}$;

(2) $P\{X+Y\leqslant 0|Y<1\}=\dfrac{P\{X+Y\leqslant 0,Y<1\}}{P\{Y<1\}}$
$$=\frac{P\{X=0,Y=-1\}+P\{X=1,Y=-1\}}{P\{X=0,Y=-1\}+P\{X=1,Y=-1\}+P\{X=2,Y=-1\}}$$
$$=\frac{\dfrac{2}{5}}{\dfrac{8}{15}}=\frac{3}{4};$$

(3) $X=1$ 时,Y 的条件分布律为 $\begin{pmatrix} -1 & 1 \\ 3/4 & 1/4 \end{pmatrix}$.

例 3.3 设随机变量 (X,Y) 的分布律见表 3.4 所示.

表 3.4

Y \ X	0	2	4	6
-1	a	0.15	0.2	0.05
1	0.18	0.2	0.02	b

又已知 Y 的边缘分布律为 $\begin{array}{c|cc} Y & -1 & 1 \\ \hline p_{.j} & 0.6 & 0.4 \end{array}$,试求:(1)未知参数 a,b;(2)$P\{X\leqslant 2|Y=-1\}$;(3)判断 X 与 Y 是否相互独立.

解 (1) 由已知有
$$\begin{cases} a+0.15+0.2+0.05=0.6, \\ 0.18+0.2+0.02+b=0.4, \end{cases}$$
故 $a=0.2, b=0$.

(2) $P\{X\leqslant 2|Y=-1\} = \dfrac{P\{X\leqslant 2, Y=-1\}}{P\{Y=-1\}}$

$= \dfrac{P\{X=0, Y=-1\}+P\{X=2, Y=-1\}}{P\{Y=-1\}}$

$= \dfrac{0.2+0.15}{0.6} = \dfrac{7}{12};$

(3) 由于 $P\{X=0, Y=1\} \neq P\{X=0\}P\{Y=1\}$, 故 X 与 Y 不相互独立.

例 3.4 随机变量 X 与 Y 的取值都是 $-1, 1$, 且满足
$$P\{X=1\}=\dfrac{1}{2}, \quad P\{Y=1|X=1\}=P\{Y=-1|X=-1\}=\dfrac{1}{3}.$$
试求: (1)(X,Y) 的分布律; (2)关于 t 的方程 $t^2+Xt+Y=0$ 有实根的概率.

解 (1) $P\{X=-1, Y=-1\} = P\{X=-1\} \times P\{Y=-1|X=-1\} = \dfrac{1}{2} \times \dfrac{1}{3} = \dfrac{1}{6}$,

$P\{X=1, Y=1\} = P\{X=1\} \times P\{Y=1|X=1\} = \dfrac{1}{2} \times \dfrac{1}{3} = \dfrac{1}{6}$,

$P\{X=-1, Y=1\} = P\{X=-1\} - P\{X=-1, Y=-1\} = \dfrac{1}{2} - \dfrac{1}{6} = \dfrac{1}{3}$,

$P\{X=1, Y=-1\} = P\{X=1\} - P\{X=1, Y=1\} = \dfrac{1}{2} - \dfrac{1}{6} = \dfrac{1}{3}$,

故 (X,Y) 的分布律见表 3.5 所示.

表 3.5

Y \ X	−1	1
−1	1/6	1/3
1	1/3	1/6

(2) 关于 t 的方程 $t^2+Xt+Y=0$ 有实根等价于 $X^2-4Y\geqslant 0$, 因此
$$P\{X^2-4Y\geqslant 0\} = P\{X=-1, Y=-1\}+P\{X=1, Y=-1\} = \dfrac{1}{2}.$$

例 3.5 设随机变量 X 与 Y 相互独立, 分布律分别为

X	−2	0	1
p	0.3	0.2	0.5

Y	−1	0
p	0.2	0.8

试求: (1)(X,Y) 的分布律; (2)$P\{X>Y\}$; (3)$Y=0$ 时, X 的条件分布律.

解 (1) (X,Y) 的分布律见表 3.6 所示.

(2) $P\{X>Y\} = P\{X=0, Y=-1\}+P\{X=1, Y=-1\}+P\{X=1, Y=0\}$

$= 0.04+0.1+0.4 = 0.54;$

(3) $Y=0$ 时,X 的条件分布律为 $\begin{bmatrix} -2 & 0 & 1 \\ 0.3 & 0.2 & 0.5 \end{bmatrix}$.

表 3.6

Y \ X	-2	0	1	$p_{\cdot j}$
-1	0.06	0.04	0.1	0.2
0	0.24	0.16	0.4	0.8
$p_{i\cdot}$	0.3	0.2	0.5	

例 3.6 某人练习射击,设每次射击击中目标的概率为 $p(0<p<1)$,一直射击下去直到击中目标两次为止. 设 $X=$ "首次击中目标所进行的射击次数",$Y=$ "总共进行的射击次数". 求 (X,Y) 的分布律及条件分布律.

解 (X,Y) 的分布律为
$$P\{X=m, Y=n\} = p^2(1-p)^{n-2}, \quad n=2,3,\cdots; m=1,2,\cdots,n-1.$$
由分布律有
$$P\{X=m\} = \sum_{n=m+1}^{\infty} P\{X=m, Y=n\}$$
$$= \sum_{n=m+1}^{\infty} p^2(1-p)^{n-2} = p(1-p)^{m-1}, \quad m=1,2,\cdots,$$
$$P\{Y=n\} = \sum_{m=1}^{n-1} P\{X=m, Y=n\}$$
$$= \sum_{m=1}^{n-1} p^2(1-p)^{n-2} = (n-1)p^2(1-p)^{n-2}, \quad n=2,3,\cdots,$$
因此 X 的条件分布律为
$$P\{X=m \mid Y=n\} = \frac{P\{X=m, Y=n\}}{P\{Y=n\}}$$
$$= \frac{p^2(1-p)^{n-2}}{(n-1)p^2(1-p)^{n-2}} = \frac{1}{n-1}, \quad m=1,2,\cdots,n-1;$$
Y 的条件分布律为
$$P\{Y=n \mid X=m\} = \frac{P\{X=m, Y=n\}}{P\{X=m\}} = \frac{p^2(1-p)^{n-2}}{p(1-p)^{m-1}}$$
$$= p(1-p)^{n-m-1}, \quad n=m+1, m+2,\cdots.$$

3.2.2 题型二 连续型随机向量的概率分布问题

例 3.7 设二维随机变量 (X,Y) 的概率密度为
$$f(x,y) = \begin{cases} x^2 + \dfrac{xy}{k}, & 0<x<1, 0<y<2, \\ 0, & \text{其他.} \end{cases}$$
试求:(1)常数 k 的值;(2)$P\{X+Y>1\}$;(3)$P\left\{Y>1 \mid X<\dfrac{1}{2}\right\}$.

解 (1) 如图 3.1 所示，由概率密度函数的性质，有

$$\int_{-\infty}^{+\infty}\int_{-\infty}^{+\infty} f(x,y)\mathrm{d}x\mathrm{d}y = \int_0^1 \mathrm{d}x \int_0^2 \left(x^2 + \frac{xy}{k}\right)\mathrm{d}y = \int_0^1 \left(2x^2 + \frac{2x}{k}\right)\mathrm{d}x = 1,$$

因此 $k=3$.

(2) 如图 3.2 所示，

$$P\{X+Y>1\} = 1 - P\{X+Y \leqslant 1\} = 1 - \iint_{x+y\leqslant 1} f(x,y)\mathrm{d}x\mathrm{d}y$$

$$= 1 - \int_0^1 \mathrm{d}x \int_0^{1-x}\left(x^2 + \frac{xy}{3}\right)\mathrm{d}y = \frac{65}{72}.$$

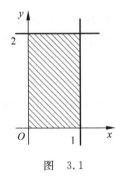
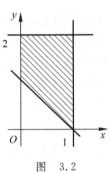

图 3.1　　　　　　　　　图 3.2

(3) $P\left\{Y>1 \mid X<\dfrac{1}{2}\right\} = \dfrac{P\left\{X<\dfrac{1}{2}, Y>1\right\}}{P\left\{X<\dfrac{1}{2}\right\}}$

$$= \frac{\iint_{x<\frac{1}{2},y>1} f(x,y)\mathrm{d}x\mathrm{d}y}{\iint_{x<\frac{1}{2}} f(x,y)\mathrm{d}x\mathrm{d}y} = \frac{\int_0^{\frac{1}{2}}\mathrm{d}x \int_1^2 \left(x^2 + \frac{xy}{3}\right)\mathrm{d}y}{\int_0^{\frac{1}{2}}\mathrm{d}x \int_0^2 \left(x^2 + \frac{xy}{3}\right)\mathrm{d}y} = \frac{5}{8}.$$

例 3.8 设二维随机变量 (X,Y) 的分布函数为

$$F(x,y) = \begin{cases} \dfrac{k}{12}(1-\mathrm{e}^{-x})(1-\mathrm{e}^{-y}), & 0<x, 0<y, \\ 0, & 其他. \end{cases}$$

试求：(1) 常数 k 的值；(2) (X,Y) 的概率密度函数 $f(x,y)$.

解 (1) 由分布函数的性质有

$$\lim_{\substack{y\to+\infty \\ x\to+\infty}} F(x,y) = \lim_{\substack{x\to+\infty \\ y\to+\infty}} \frac{k}{12}(1-\mathrm{e}^{-x})(1-\mathrm{e}^{-y}) = 1,$$

故 $k=12$.

(2) $f(x,y) = \dfrac{\partial^2 F(x,y)}{\partial x \partial y} = \begin{cases} \mathrm{e}^{-(x+y)}, & x>0, y>0, \\ 0, & 其他. \end{cases}$

例 3.9 设二维随机变量 (X,Y) 的概率密度为

$$f(x,y) = \begin{cases} cxy, & 0<x<1, 0<y<2(1-x), \\ 0, & 其他. \end{cases}$$

试求：(1)常数 c 的值；(2)边缘概率密度 $f_Y(y)$ 和 $f_X(x)$(见图 3.3).

解 (1) 由概率密度函数的性质,有
$$\int_{-\infty}^{+\infty}\int_{-\infty}^{+\infty}f(x,y)\mathrm{d}x\mathrm{d}y=\int_0^1\mathrm{d}x\int_0^{2(1-x)}cxy\mathrm{d}y=\int_0^1[2cx(1-x)^2]\mathrm{d}x=1,$$
故 $c=6$.

(2) X 的边缘概率密度为
$$f_X(x)=\int_{-\infty}^{+\infty}f(x,y)\mathrm{d}y=\begin{cases}\int_0^{2(1-x)}6xy\mathrm{d}y=12x(1-x)^2,&0<x<1,\\0,&\text{其他},\end{cases}$$

如图 3.3 所示,由于 (X,Y) 的取值范围可表示为：$0<y<2,0<x<1-\dfrac{y}{2}$,因此 Y 的边缘概率密度为
$$f_Y(y)=\int_{-\infty}^{+\infty}f(x,y)\mathrm{d}x=\begin{cases}\int_0^{1-\frac{y}{2}}6xy\mathrm{d}y=3y\left(1-\dfrac{y}{2}\right)^2,&0<y<2,\\0,&\text{其他}.\end{cases}$$

例 3.10 设二维随机变量 (X,Y) 的概率密度为
$$f(x,y)=\begin{cases}6,&x^2\leqslant y\leqslant x,\\0,&\text{其他}.\end{cases}$$
试求：(1)边缘分布函数 $F_X(x),F_Y(y)$；(2)条件概率密度 $f_{Y|X}(y|x),f_{X|Y}(x|y)$.

解 (1) 如图 3.4 所示,
$$F_X(x)=\int_{-\infty}^x\left[\int_{-\infty}^{+\infty}f(t,y)\mathrm{d}y\right]\mathrm{d}t$$
$$=\begin{cases}0,&x\leqslant 0,\\\int_0^x\mathrm{d}t\int_{t^2}^t 6\mathrm{d}y=\int_0^x 6(t-t^2)\mathrm{d}t=3x^2-2x^3,&0<x<1,\\1,&x\geqslant 1.\end{cases}$$
$$F_Y(y)=\int_{-\infty}^y\left[\int_{-\infty}^{+\infty}f(x,s)\mathrm{d}x\right]\mathrm{d}s$$
$$=\begin{cases}0,&y\leqslant 0,\\\int_0^y\mathrm{d}s\int_s^{\sqrt{s}}6\mathrm{d}x=\int_0^y 6(\sqrt{s}-s)\mathrm{d}s=4y^{\frac{3}{2}}-3y^2,&0<y<1,\\1,&y\geqslant 1.\end{cases}$$

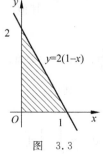

图 3.3

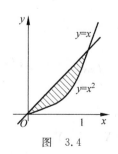

图 3.4

(2) 由(1)可得 X 的边缘概率密度为

$$f_X(x) = \frac{\mathrm{d}F_X(x)}{\mathrm{d}x} = \begin{cases} 6x - 6x^2, & 0 < x < 1, \\ 0, & \text{其他}. \end{cases}$$

故当 $0 < x < 1$ 时,$f_{Y|X}(y|x) = \dfrac{f(x,y)}{f_X(x)} = \begin{cases} \dfrac{1}{x - x^2}, & x^2 < y < x, \\ 0, & \text{其他}. \end{cases}$

Y 的边缘概率密度为

$$f_Y(y) = \frac{\mathrm{d}F_Y(y)}{\mathrm{d}y} = \begin{cases} 6\sqrt{y} - 6y, & 0 < x < 1, \\ 0, & \text{其他}. \end{cases}$$

故当 $0 < y < 1$ 时,$f_{X|Y}(x|y) = \dfrac{f(x,y)}{f_Y(y)} = \begin{cases} \dfrac{1}{\sqrt{y} - y}, & y < x < \sqrt{y}, \\ 0, & \text{其他}. \end{cases}$

例 3.11 设二维随机变量 (X,Y) 的概率密度为

$$f(x,y) = \begin{cases} \mathrm{e}^{-y}, & 0 < x < y, \\ 0, & \text{其他}. \end{cases}$$

试求:(1) $P\{Y < 2 | X = 1\}$,$P\{X > 1 | Y = 4\}$;(2) 判断 X 与 Y 是否相互独立。

解 (1) 如图 3.5 所示,X 的边缘概率密度为

$$f_X(x) = \int_{-\infty}^{+\infty} f(x,y) \mathrm{d}y = \begin{cases} \int_x^{+\infty} \mathrm{e}^{-y} \mathrm{d}y = \mathrm{e}^{-x}, & x > 0, \\ 0, & x \leqslant 0. \end{cases}$$

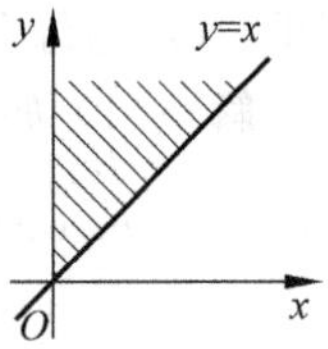

因此 $x = 1$ 时,

$$f_{Y|X}(y|1) = \frac{f(1,y)}{f_X(1)} = \begin{cases} \dfrac{\mathrm{e}^{-y}}{\mathrm{e}^{-1}} = \mathrm{e}^{1-y}, & y > 1, \\ 0, & y \leqslant 1. \end{cases}$$

图 3.5

故

$$P\{Y < 2 | X = 1\} = \int_{y<2|x=1} f_{Y|X}(y|1) \mathrm{d}y = \int_1^2 \mathrm{e}^{1-y} \mathrm{d}y = 1 - \mathrm{e}^{-1}.$$

Y 的边缘概率密度为

$$f_Y(y) = \int_{-\infty}^{+\infty} f(x,y) \mathrm{d}x = \begin{cases} \int_0^y \mathrm{e}^{-y} \mathrm{d}x = y\mathrm{e}^{-y}, & y > 0, \\ 0, & \text{其他}. \end{cases}$$

因此 $y = 4$ 时,

$$f_{X|Y}(x|4) = \frac{f(x,4)}{f_Y(4)} = \begin{cases} \dfrac{\mathrm{e}^{-4}}{4\mathrm{e}^{-4}} = \dfrac{1}{4}, & 0 < x < 4, \\ 0, & \text{其他}. \end{cases}$$

故

$$P\{X > 1 | Y = 4\} = \int_{x>1|y=4} f_{X|Y}(x|4) \mathrm{d}y = \int_1^4 \frac{1}{4} \mathrm{d}y = \frac{3}{4}.$$

(2) 由于 $f(x,y)=f_X(x)f_Y(y)$ 非几乎处处成立，故 X 与 Y 不独立.

例 3.12 设随机变量 X 与 Y 相互独立，$X \sim b(1,0.4)$，$Y \sim N(0,1)$. 试求：(1) $P\{X-Y \leqslant 1\}$；(2) $P\{XY \leqslant 1\}$.

解 (1) $P\{X-Y \leqslant 1\} = P\{X=0\}P\{X-Y \leqslant 1|X=0\} + P\{X=1\}P\{X-Y \leqslant 1|X=1\}$
$= P\{Y \geqslant -1\}P\{X=0\} + P\{Y \geqslant 0\}P\{X=1\}$
$= 0.6[1-\Phi(-1)] + 0.4[1-\Phi(0)]$
$= 0.6 \times 0.841 + 0.4 \times 0.5 = 0.7046$；

(2) $P\{XY \leqslant 1\} = P\{X=0\}P\{XY \leqslant 1|X=0\} + P\{X=1\}P\{XY \leqslant 1|X=1\}$
$= P\{-\infty < Y < +\infty\}P\{X=0\} + P\{Y \leqslant 1\}P\{X=1\}$
$= 0.6 \times 1 + 0.4\Phi(1) = 0.6 + 0.4 \times 0.841 = 0.9364$.

3.2.3 题型三 求解二维随机变量函数的分布问题

例 3.13 设相互独立的随机变量 X,Y 具有相同分布律，且 $X \sim \begin{pmatrix} 0 & 1 \\ 0.3 & 0.7 \end{pmatrix}$. 试求：(1) $Z_1 = \min\{X,Y\}$ 的分布律；(2) $Z_2 = |X-2Y|$ 的分布律.

解 由随机变量 X,Y 相互独立可得 (X,Y) 的分布律见表 3.7 所示.

表 3.7

Y \ X	0	1
0	0.09	0.21
1	0.21	0.49

(1) 由于 $p\{Z_1=1\} = p\{X=1, Y=1\} = 0.49$，$p\{Z_1=0\} = 1 - p\{Z_1=1\} = 0.51$，因此 $Z_1 = \min\{X,Y\}$ 的分布律为

Z_1	0	1
p	0.51	0.49

(2) 由于 $p\{Z_2=0\} = p\{X=0, Y=0\} = 0.09$，$p\{Z_2=2\} = p\{X=0, Y=1\} = 0.21$，$p\{Z_2=1\} = 1 - p\{Z_2=0\} - p\{Z_2=2\} = 0.7$，

因此 $Z_2 = |X-2Y|$ 的分布律为

Z_2	0	1	2
p	0.09	0.7	0.21

例 3.14 已知 X,Y 相互独立，且分别服从参数为 λ_1, λ_2 的泊松分布，试求 $Z=X+Y$ 的分布律.

解 由概率的运算法则知，对于任一非负整数 m，有

$$P\{Z=m\} = \sum_{k=0}^{m} P\{X+Y=m\} = \sum_{k=0}^{m} P\{X=k\}P\{Y=m-k\}$$

$$= \sum_{k=0}^{m} \frac{\lambda_1^k}{k!} e^{-\lambda_1} \cdot \frac{\lambda_2^{m-k}}{(m-k)!} e^{-\lambda_2} = \frac{e^{-(\lambda_1+\lambda_2)}}{m!} \sum_{k=0}^{m} \frac{m!}{k!(m-k)!} \lambda_1^k \lambda_2^{m-k}$$

$$= \frac{e^{-(\lambda_1+\lambda_2)}}{m!} (\lambda_1 + \lambda_2)^m,$$

故 $Z \sim \pi(\lambda_1 + \lambda_2), m = 0, 1, 2, \cdots$

例 3.15 设随机变量 (X, Y) 的概率密度为

$$f(x,y) = \begin{cases} 4.8y(2-x), & 0 < x < 1, 0 < y < x, \\ 0, & \text{其他}. \end{cases}$$

试求:(1)Y 的概率密度函数 $f_Y(y)$;(2)$Z = X + Y$ 的概率密度函数 $f_Z(z)$.

解 (1) 如图 3.6 所示,Y 的边缘概率密度为

$$f_Y(y) = \int_{-\infty}^{+\infty} f(x,y) dx = \begin{cases} \int_y^1 4.8y(2-x) dx = 2.4y(3 - 4y + y^2), & 0 < y < 1, \\ 0, & \text{其他}. \end{cases}$$

(2) 如图 3.7 所示,由 $f_Z(z) = \int_{-\infty}^{+\infty} f(x, z-x) dx$ 可知,

$$f(x, z-x) = \begin{cases} 4.8(z-x)(2-x), & 0 < x < 1, 0 < z - x < x, \\ 0, & \text{其他}. \end{cases}$$

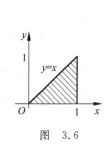

图 3.6

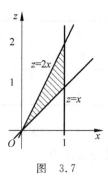

图 3.7

故 $f_Z(z) = \int_{-\infty}^{+\infty} f(x, z-x) dx$

$$= \begin{cases} \int_{\frac{z}{2}}^{z} 4.8(z-x)(2-x) dx = 1.2z^2 - 0.4z^3, & 0 < z < 1, \\ \int_{\frac{z}{2}}^{1} 4.8(z-x)(2-x) dx = 0.4z^3 - 3.6z^2 + 7.2z - 3.2, & 1 < z < 2, \\ 0, & \text{其他}. \end{cases}$$

例 3.16 设随机变量 X 与 Y 相互独立,$X \sim U(0,1)$,Y 服从参数为 1 的指数分布. 试求:(1)$P\{X > Y\}$;(2)$Z = X + Y$ 的概率密度函数 $f_Z(z)$.

解 由 X 与 Y 相互独立,可得 (X, Y) 的概率密度为

$$f(x,y) = f_X(x) f_Y(y) = \begin{cases} e^{-y}, & 0 < x < 1, 0 < y, \\ 0, & \text{其他}. \end{cases}$$

(1) 如图 3.8 所示,
$$P\{X>Y\} = \iint_{x>y} f(x,y)\mathrm{d}x\mathrm{d}y = \int_0^1\left[\int_0^x \mathrm{e}^{-y}\mathrm{d}y\right]\mathrm{d}x = \mathrm{e}^{-1}.$$

(2) 根据 $f_z(z) = \int_{-\infty}^{+\infty} f(z-y,y)\mathrm{d}y$, 而
$$f(z-y,y) = \begin{cases} \mathrm{e}^{-y}, & 0<y, 0<z-y<1, \\ 0, & \text{其他}. \end{cases}$$

故
$$f_z(z) = \int_{-\infty}^{+\infty} f(z-y,y)\mathrm{d}y$$
$$= \begin{cases} \int_0^z \mathrm{e}^{-y}\mathrm{d}y = 1-\mathrm{e}^{-z}, & 0<z<1, \\ \int_{z-1}^z \mathrm{e}^{-y}\mathrm{d}y = \mathrm{e}^{1-z}-\mathrm{e}^{-z}, & 1\leqslant z, \\ 0, & \text{其他}. \end{cases}$$

例 3.17 设二维随机变量 (X,Y) 在 $D=\{(x,y)\mid 0<x<1, 0<y<2\}$ 上服从均匀分布. 试求: (1) $U=XY$ 的概率密度函数 $f_U(u)$; (2) $V=\min(X,Y)$ 的概率密度函数 $f_V(v)$.

解 (X,Y) 的概率密度为
$$f(x,y) = \begin{cases} \dfrac{1}{2}, & 0<x<1, 0<y<2, \\ 0, & \text{其他}. \end{cases}$$

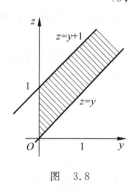
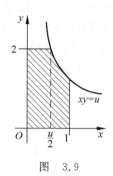

图 3.8　　　　　图 3.9

(1) 如图 3.9 所示, $U=XY$ 的分布函数为
$$F_U(u) = P\{U\leqslant u\} = P\{XY\leqslant u\} = \iint_{xy\leqslant u} f(x,y)\mathrm{d}x\mathrm{d}y$$
$$= \begin{cases} 1, & u\geqslant 2, \\ \int_0^{\frac{u}{2}}\left[\int_0^2 \dfrac{1}{2}\mathrm{d}y\right]\mathrm{d}x + \int_{\frac{u}{2}}^1\left[\int_0^{\frac{u}{x}} \dfrac{1}{2}\mathrm{d}y\right]\mathrm{d}x = \dfrac{u}{2}-\dfrac{u}{2}\ln\dfrac{u}{2}, & 0<u<2, \\ 0, & u\leqslant 0. \end{cases}$$

故
$$f_U(u) = \dfrac{\mathrm{d}F_U(u)}{\mathrm{d}u} = \begin{cases} -\dfrac{1}{2}\ln\dfrac{u}{2}, & 0<u<2, \\ 0, & \text{其他}. \end{cases}$$

(2) $V=\min(X,Y)$ 的分布函数为
$$F_V(v) = P\{V \leqslant v\} = P\{\min(X,Y) \leqslant v\} = 1 - P\{\min(X,Y) > v\}$$
$$= 1 - P\{X > v, Y > v\} = 1 - \iint\limits_{x>v,y>v} f(x,y)\mathrm{d}x\mathrm{d}y,$$

而
$$\iint\limits_{x>v,y>v} f(x,y)\mathrm{d}x\mathrm{d}y = \begin{cases} 0, & v \geqslant 1, \\ \int_v^1 \left[\int_v^2 \frac{1}{2}\mathrm{d}y\right]\mathrm{d}x = 1 - \frac{3}{2}v + \frac{v^2}{2}, & 0 \leqslant v < 1, \\ 1, & v < 0. \end{cases}$$

因此
$$F_V(v) = \begin{cases} 0, & v < 0, \\ \frac{3}{2}v - \frac{v^2}{2}, & 0 \leqslant v < 1, \\ 1, & v \geqslant 1. \end{cases}$$

故
$$f_V(v) = \frac{\mathrm{d}F_V(v)}{\mathrm{d}v} = \begin{cases} \frac{3}{2} - v, & 0 \leqslant v < 1, \\ 0, & \text{其他}. \end{cases}$$

3.2.4 题型四 综合问题

例 3.18 将一枚均匀硬币连掷 3 次,X 表示 3 次试验中出现正面的次数,Y 表示出现正面的次数与出现反面次数的差的绝对值. 试求:

(1) (X,Y) 的分布律;(2) X, Y 的边缘分布列;(3) $X=1$ 时 Y 的分布列,$Y=1$ 时 X 的分布列;(4) $P\{X+Y>2\}$;(5) 判断 X 与 Y 是否相互独立;(6) $\min(X,Y)$ 的分布列.

解 (1) (X,Y) 的分布律见表 3.8 所示.

表 3.8

X \ Y	1	3
0	0	1/8
1	3/8	0
2	3/8	0
3	0	1/8

(2) X 和 Y 的边缘分布列分别为:

X	0	1	2	3
$p_{i\cdot}$	1/8	3/8	3/8	3/8

,

Y	1	3
$p_{\cdot j}$	3/4	1/4

.

(3) $X=1$ 时 Y 的分布列为 $\begin{pmatrix} 1 & 3 \\ 1 & 0 \end{pmatrix}$, $Y=1$ 时 X 的分布列 $\begin{pmatrix} 0 & 1 & 2 & 3 \\ 0 & 1/2 & 1/2 & 0 \end{pmatrix}$;

(4) $P\{X+Y>3\} = P\{X=1,Y=3\} + P\{X=2,Y=3\}$
$\qquad + P\{X=3,Y=1\} + P\{X=3,Y=3\} = 1/8$;

(5) 由于 $P\{X=0,Y=1\} \neq P\{X=0\}P\{Y=1\}$, 故 X 与 Y 不相互独立;

(6) $\min(X,Y)$ 的分布列为

$\min(X,Y)$	0	1	2	3
p	1/8	6/8	0	1/8

例 3.19 设二维随机变量 (X,Y) 的概率密度为

$$f(x,y) = \begin{cases} cx^2 y, & x^2 \leqslant y \leqslant 1, \\ 0, & \text{其他}. \end{cases}$$

试求:(1)常数 c 的值;(2) $P\{X>Y\}$;(3)边缘概率密度;(4)求条件概率密度 $f_{Y|X}(y|x)$ 和 $f_{X|Y}(x|y)$;(5)判断 X 与 Y 是否相互独立.

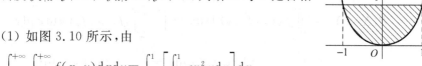

图 3.10

解 (1) 如图 3.10 所示,由

$$\int_{-\infty}^{+\infty} \int_{-\infty}^{+\infty} f(x,y) \mathrm{d}x \mathrm{d}y = \int_{-1}^{1} \left[\int_{x^2}^{1} cx^2 y \mathrm{d}y \right] \mathrm{d}x$$
$$= \int_{-1}^{1} \left[\frac{cx^2}{2}(1-x^4) \right] \mathrm{d}x = \frac{4}{21} c = 1,$$

解得 $c = \frac{21}{4}$;

(2) $P\{X>Y\} = \iint_{x>y} f(x,y) \mathrm{d}x \mathrm{d}y = \int_{0}^{1} \left[\int_{x^2}^{x} \frac{21}{4} x^2 y \mathrm{d}y \right] \mathrm{d}x$
$\qquad = \int_{0}^{1} \left[\frac{21}{4} \cdot x^2 \frac{1}{2} (x^2 - x^4) \right] \mathrm{d}x = \frac{3}{20}$;

(3) $f_X(x) = \int_{-\infty}^{+\infty} f(x,y) \mathrm{d}y = \begin{cases} \int_{x^2}^{1} \frac{21}{4} x^2 y \mathrm{d}y \\ 0, \end{cases} = \begin{cases} \frac{21}{8} x^2 (1-x^4), & -1 \leqslant x \leqslant 1, \\ 0, & \text{其他}. \end{cases}$

$f_Y(y) = \int_{-\infty}^{+\infty} f(x,y) \mathrm{d}x = \begin{cases} \int_{-\sqrt{y}}^{\sqrt{y}} \frac{21}{4} x^2 y \mathrm{d}x \\ 0, \end{cases} = \begin{cases} \frac{7}{2} y^{\frac{5}{2}}, & 0 \leqslant y \leqslant 1, \\ 0, & \text{其他}. \end{cases}$

(4) 当 $-1 < x < 1$ 时,

$$f_{Y|X}(y|x) = \frac{f(x,y)}{f_X(x)} = \begin{cases} \dfrac{\frac{21}{4} x^2 y}{\frac{21}{8} x^2 (1-x^4)} = \dfrac{2y}{1-x^4}, & x^2 < y < 1, \\ 0, & \text{其他}. \end{cases}$$

当 $0 < y < 1$ 时,

$$f_{X|Y}(x\mid y)=\frac{f(x,y)}{f_Y(y)}=\begin{cases}\dfrac{\frac{21}{4}x^2 y}{\frac{7}{2}y^{\frac{5}{2}}}=\dfrac{3}{2}x^2 y^{-\frac{3}{2}},& -\sqrt{y}<x<\sqrt{y},\\ 0,& \text{其他}.\end{cases}$$

(5) 由于 $f(x,y)=f_X(x)f_Y(y)$ 非几乎处处成立，故 X 与 Y 不独立.

3.2.5 题型五 证明题

例 3.20 已知 X,Y 为非负的连续型随机变量，且它们相互独立，试证明

$$P\{X<Y\}=\int_0^{+\infty}F_X(y)f_Y(y)\mathrm{d}y,$$

其中 $F_X(x)$ 为 X 的分布函数，$f_Y(y)$ 为 Y 的概率密度函数.

证 设 $f_X(x)$ 为 X 的概率密度函数，由于 X,Y 相互独立，因此 (X,Y) 的概率密度为

$$f(x,y)=f_X(x)f_Y(y),$$

故

$$P\{X<Y\}=\iint_{x<y}f_X(x)f_Y(y)\mathrm{d}x\mathrm{d}y=\int_0^{+\infty}\left[\int_0^y f_X(x)f_Y(y)\mathrm{d}x\right]\mathrm{d}y$$

$$=\int_0^{+\infty}f_Y(y)\mathrm{d}y\int_0^y f_X(x)\mathrm{d}x=\int_0^{+\infty}f_Y(y)F_X(y)\mathrm{d}y.$$

3.3 习题精选

1. 填空题

(1) 已知 X,Y 为两个随机变量，且 $P\{X\geqslant 0,Y\geqslant 0\}=\dfrac{3}{7}$，$P\{X\geqslant 0\}=P\{Y\geqslant 0\}=\dfrac{4}{7}$，则 $P\{\max(X,Y)\geqslant 0\}=$_____.

(2) X 与 Y 的联合分布律见表 3.9 所示.

表 3.9

Y \ X	-1	1
-1	0.35	0.15
1	a	0.24

则 $a=$_____.

(3) X 与 Y 的联合分布律见表 3.10 所示.

表 3.10

Y \ X	-1	1
-1	0.3	b
1	a	0.2

且 $P\{Y=1\}=0.5$. 则 $a=$ _____ , $b=$ _____ .

(4) X 与 Y 的联合分布律见表 3.11 所示.

表 3.11

Y \ X	0	1
0	0.4	B
1	A	0.1

且 $\{X=0\}$ 与 $\{X+Y=1\}$ 相互独立. 则 $A=$ _____ , $B=$ _____ .

(5) $F(x,y)$ 是二维随机变量 (X,Y) 的分布函数,则 $P\{x_1<X\leqslant x_2,y_1<Y\leqslant y_2\}=$ _____ .

(6) 设 X 与 Y 为相互独立的两个随机变量,它们的分布函数分别为 $F_X(x),F_Y(y)$,则 $Z=\min(X,Y)$ 的分布函数 $F_Z(z)=$ _____ .

(7) 设随机变量 X 与 Y 相互独立且均服从正态分布 $N(0,\sigma^2)$,则概率 $P\{XY<0\}=$ _____ .

(8) 二维随机变量 $(X,Y)\sim N(\mu_1,\mu_2;\sigma_1^2,\sigma_2^2;\rho)$,则 X 的概率密度函数为 $f_X(x)$ _____ ; Y 的概率密度函数为 $f_Y(y)$ _____ ; 当且仅当 _____ 时, X 与 Y 为相互独立.

2. 单项选择题

(1) 设随机变 X 与 Y 相互独立且同分布. 已知 $P\{X=1\}=P\{Y=1\}=\frac{1}{3}$, $P\{X=2\}=P\{Y=2\}=\frac{2}{3}$,则有( ).

(A) $P\{X=Y\}=\frac{1}{3}$;   (B) $P\{X=Y\}=\frac{2}{3}$;

(C) $P\{X=Y\}=1$;   (D) $P\{X=Y\}=\frac{5}{9}$.

(2) 离散型随机变量 X 与 Y 的联合分布律见表 3.12 所示.

表 3.12

(X,Y)	(1,1)	(1,2)	(1,3)	(2,1)	(2,2)	(2,3)
p	1/6	1/9	1/18	1/3	a	b

若 X 与 Y 相互独立,则 a、b 的值为( ).

(A) $a=2/9,b=1/9$;   (B) $a=1/9,b=2/9$;

(C) $a=1/6,b=1/6$;   (D) $a=5/18,b=1/18$.

(3) 设两个相互独立的随机变量 X 与 Y 分别服从正态分布 $N(0,1)$ 和 $N(1,1)$,则下列结论正确的是( ).

(A) $P\{X+Y\leqslant 0\}=1/2$;   (B) $P\{X+Y\leqslant 1\}=1/2$;

(C) $P\{X-Y\leqslant 0\}=1/2$;   (D) $P\{X-Y\leqslant 1\}=1/2$.

(4) 设 $X \sim N(\mu_1, \sigma_1^2)$, $Y \sim N(\mu_2, \sigma_2^2)$, 且 X 与 Y 相互独立, 设 $Z = \dfrac{X+Y}{2}$, 则 Z 服从 (　　).

(A) $N(\mu_1 + \mu_2, \sigma_1^2 + \sigma_2^2)$; 　　(B) $N\left(\mu_1 + \mu_2, \dfrac{\sigma_1^2 + \sigma_2^2}{2}\right)$;

(C) $N\left(\dfrac{\mu_1 + \mu_2}{2}, \dfrac{\sigma_1^2 + \sigma_2^2}{2}\right)$; 　　(D) $N\left(\dfrac{\mu_1 + \mu_2}{2}, \dfrac{\sigma_1^2 + \sigma_2^2}{4}\right)$.

(5) 设 X 与 Y 为相互独立的两个随机变量, 它们的分布函数分别为 $F_X(x)$, $F_Y(y)$, 则 $Z = \max(X, Y)$ 的分布函数为 (　　).

(A) $F_Z(z) = \max\{F_X(z), F_Y(z)\}$;

(B) $F_Z(z) = \max\{|F_X(z)|, |F_Y(z)|\}$;

(C) $F_Z(z) = F_X(z) F_Y(z)$;

(D) 以上结论都不对.

3. 设随机变量 X 在 1, 2, 3, 4 四个整数中等可能地取值, 另一随机变量 Y 在 $1 \sim X$ 中等可能地取一整数值. 试求: (1) (X, Y) 的分布律; (2) X, Y 的边缘分布率; (3) $P\{2X - Y > 4\}$.

4. 设 (X, Y) 是二维离散型随机变量, 其分布律由如下函数给出

$$f(x, y) = \begin{cases} c|x - y|, & x, y = -2, 0, 1, \\ 0, & \text{其他}. \end{cases}$$

试求: (1) 常数 c 的值; (2) $P\{|X - Y| \leqslant 1\}$, $P\{|X + Y| = 1\}$; (3) $X = 0$ 时, Y 的条件分布.

5. 设随机变量 (X, Y) 的分布律见表 3.13 所示.

表 3.13

Y \ X	0	1
-1	0.12	0.06
1	a	0.3
2	0.2	0.24

试求: (1) 常数 a 的值; (2) $P\{X + Y \geqslant 2 \mid Y > 1\}$; (3) 判断 X 与 Y 的独立性.

6. 设随机变量 X 与 Y 相互独立, 表 3.14 列出了二维随机变量 (X, Y) 分布律及关于 X 和 Y 的边缘分布律中的部分数值. 试将其余数值填入表 3.14 中的空白处.

表 3.14

X \ Y	y_1	y_2	y_3	$P\{X = x_i\} = p_{i\cdot}$
x_1		1/8		
x_2	1/8			
$P\{Y = y_j\} = p_{\cdot j}$	1/6			1

7. 设某班车在起点站的上客人数 X 服从参数为 λ ($\lambda > 0$) 的泊松分布, 每位乘客在中途下车的概率为 p ($0 < p < 1$), 且乘客中途下车与否相互独立, 以 Y 表示在中途下车的乘

客人数. 试求: (1)在发车时有 n 个乘客的条件下, 中途有 m 人下车的概率; (2)二维随机变量 (X,Y) 的分布律.

8. 设随机变量 (X,Y) 的概率密度为
$$f(x,y) = \begin{cases} k(6-x-y), & 0<x<2, 2<y<4, \\ 0, & \text{其他}. \end{cases}$$
试求: (1)常数 k; (2)$P\{X<1, Y<3\}$; (3)$P\{X<1.5\}$; (4)$P\{X+Y\leqslant 4\}$.

9. 设随机变量 (X,Y) 的概率密度为
$$f(x,y) = \begin{cases} kx^2, & 0<y<1-x^2, \\ 0, & \text{其他}. \end{cases}$$
试求: (1)常数 k; (2)边缘概率密度 $f_X(x)$; (3)关于 t 方程 $0.25t^2 - \sqrt{X}t + (1-Y) = 0$ 有实根的概率.

10. 设随机变量 (X,Y) 的概率密度为
$$f(x,y) = \begin{cases} 24(1-x)y, & 0<x<1, 0<y<x, \\ 0, & \text{其他}. \end{cases}$$
求条件概率密度 $f_{Y|X}(y|x)$ 和 $f_{X|Y}(x|y)$.

11. 设随机变量 (X,Y) 的概率密度为
$$f(x,y) = \begin{cases} 1, & |y|<x, 0<x<1, \\ 0, & \text{其他}. \end{cases}$$
试求: (1)条件概率密度 $f_{Y|X}(y|x)$ 和 $f_{X|Y}(x|y)$; (2)判断 X 与 Y 的独立性.

12. 设二维随机变量 (X,Y) 的分布函数为
$$F(x,y) = \begin{cases} 1 - Ae^{-x} - e^{-y} + e^{-x-y}, & x>0, y>0, \\ 0, & \text{其他}. \end{cases}$$
试求: (1)常数 A 的值; (2)(X,Y) 的分布密度.

13. 设 (X,Y) 的概率密度为
$$f(x,y) = \begin{cases} 2e^{-2x}, & x \geqslant 0, 1 \geqslant y \geqslant 0, \\ 0, & \text{其他}. \end{cases}$$
则: (1)求边缘分布函数 $F_X(x), F_Y(y)$; (2)判断 X 与 Y 的独立性.

14. 二维随机变量 (X,Y) 在区域 $D = \left\{(x,y) \mid 1<x<e^2, 0<y<\dfrac{1}{x}\right\}$ 上服从均匀分布, 试求: (1)$P\left\{Y>\dfrac{1}{2} \mid X<2\right\}$; (2)$P\{Y>0.25 \mid X=2\}$.

15. 设随机变量 X 的概率密度函数为
$$f_X(x) = \begin{cases} 3x^2, & 0<x<1, \\ 0, & \text{其他}. \end{cases}$$
当观测到 $X=x(0<x<1)$ 时, 数 Y 在区间 $(0,x)$ 上随机取值. 试求: (1)(X,Y) 的概率密度函数; (2)Y 的概率密度函数 $f_Y(y)$.

16. 设两元件 A 和 B 的寿命 X 与 Y 相互独立,且 X 服从参数为 $\dfrac{1}{3}$ 的指数分布,Y 服从参数为 $\dfrac{1}{2}$ 的指数分布. 问哪个元件的寿命长的可能性大.

17. 设二维随机变量 (X,Y) 的分布律如表 3.15 所示.

表 3.15

Y \ X	−1	0	1
−1	a	0	0.2
0	0.1	b	0.2
1	0	0.1	c

其中 a,b,c 为常数,且 $a-c=0.1$,$P\{Y\leqslant 0|X\leqslant 0\}=0.8$,记 $Z=X+Y$. 试求:(1)a,b,c 的值;(2)Z 的概率分布;(3)$P\{X=Z\}$.

18. 设随机变量 X 和 Y 相互独立,且 X 与 Y 的分布律分别为

X	−3	−1
p	0.75	0.25

,

Y	1	2	3
p	0.4	0.2	0.4

,

试求:(1)(X,Y) 的分布律;(2)$Z=|2X+Y|$ 的分布律;(3)$P\{X+Y>0\}$.

19. 已知独立随机变量 X 与 Y 分别服从二项分布 $b(n_1,p)$ 和 $b(n_2,p)$,试求 $Z=X+Y$ 的分布律.

20. 设 (X,Y) 的概率密度

$$f(x,y)=\begin{cases}6xy^2, & 0<x<1, 0<y<1,\\ 0, & 其他.\end{cases}$$

试求:(1)X 与 Y 至少有一个大于 0.5 的概率;(2)$Z=X+Y$ 的概率密度函数 $f_Z(z)$.

21. 设 X 与 Y 是两个相互独立的随机变量,X 在 $(0,1)$ 上服从均匀分布,Y 的概率密度为

$$f_Y(y)=\begin{cases}\dfrac{1}{2}e^{-y/2}, & y>0,\\ 0, & 其他.\end{cases}$$

试求:(1)$U=\max(X,Y)$ 的概率密度函数 $f_U(u)$;(2)$Z=X+Y$ 的概率密度函数 $f_Z(z)$.

22. 设某种型号的电子管的寿命(以小时计)近似地服从 $N(160,20^2)$. 随机地选取 4 只,求其中没有一只寿命小于 180 小时的概率.

23. 设随机变量 $X_1,X_2,\cdots X_n$ 相互独立且都服从指数分布,参数分别为 $\lambda_1,\lambda_2,\cdots,\lambda_n$. 试求:(1)$Z=\max(X_1,X_2,\cdots,X_n)$ 的分布函数 $F_Z(z)$;(2)$K=\min(X_1,X_2,\cdots,X_n)$ 的概率密度 $f_K(z)$.

24. 设随机变量 X 与 Y 相互独立,$X\sim\begin{pmatrix}-1 & 1\\ 0.3 & 0.7\end{pmatrix}$,$Y$ 为连续型随机变量,其概率密度函数为 $f_Y(y)$,分布函数为 $F_Y(y)$. 试求:

(1)$Z=X+Y$ 的概率密度函数 $f_Z(z)$;(2)$U=\min(X,Y)$ 的分布函数 $F_U(u)$.

25. 袋中有五个编码为 1,2,3,4,5 的形状质地相同的小球,从中任取三个,记这三个小球中最小的号码为 X,最大的号码为 Y. 则:

(1) 求 X 与 Y 的联合分布律和边缘分布律;

(2) 求 $X=1$ 时 Y 的分布列, $Y=1$ 时 X 的分布列;

(3) 求 $P\{X+Y \leqslant 5\}$;

(4) 判断 X 与 Y 是否相互独立;

(5) 求 $\max(X,Y)$ 的分布列.

26. 设二维连续型随机变量 (X,Y) 的概率密度为
$$f(x,y) = \begin{cases} kxy, & 0 \leqslant x \leqslant 1, 0 \leqslant y \leqslant 2, \\ 0, & \text{其他}. \end{cases}$$
试求:(1)系数 k;(2) $P\{(X,Y) \in D\}$,其中 $D=\{(x,y) | x+y > 1\}$;(3)边缘概率密度 $f_X(x)$、$f_Y(y)$;(4)条件概率密度 $f_{Y|X}(y|x)$,$f_{X|Y}(x|y)$;(5)判断 X 与 Y 是否相互独立;(6) $Z=X+Y$ 的概率密度函数 $f_Z(z)$.

27. 设随机变量 X 与 Y 的概率密度分别为 $f_X(x)$、$f_Y(y)$,分布函数分别为 $F_X(x)$、$F_Y(y)$. 则对任意的 $a(|a|<1)$,试证明
$$f(x,y) = f_X(x) f_Y(y) \{1 + a[2F_X(x)-1][2F_Y(y)-1]\}$$
是 (X,Y) 的联合概率密度,且边缘概率密度为 $f_X(x)$ 和 $f_Y(y)$.

3.4 习题详解

1. 填空题

(1) $\dfrac{5}{7}$;提示 $P\{\max(X,Y) \geqslant 0\} = P\{X \geqslant 0\} + P\{Y \geqslant 0\} - P\{X \geqslant 0, Y \geqslant 0\} = \dfrac{5}{7}$.

(2) 0.26;提示 由分布律的性质有 $0.35+a+0.15+0.24=1$,故 $a=0.26$.

(3) 0.3,0.2;提示 由分布律的性质有 $0.3+a+b+0.2=1$,且 $P\{Y=1\}=a+0.2=0.5$,故 $a=0.3, b=0.2$.

(4) 0.4,0.1;提示 由分布律的性质有 $0.4+A+B+0.1=1$,由 $\{X=0\}$ 与 $\{X+Y=1\}$ 相互独立有
$$P\{X=0, X+Y=1\} = P\{X=0\} P\{X+Y=1\},$$
而
$$P\{X=0, X+Y=1\} = P\{X=0, Y=1\} = A,$$
$$P\{X=0\} P\{X+Y=1\} = (0.4+A)(A+B),$$
因此 $A=0.4, B=0.1$.

(5) $F(x_2,y_2) - F(x_2,y_1) + F(x_1,y_1) - F(x_1,y_2)$;

提示 由分布函数的定义有
$$P\{x_1 < X \leqslant x_2, y_1 < Y \leqslant y_2\} = P\{X \leqslant x_2, Y \leqslant y_2\} + P\{X \leqslant x_1, Y \leqslant y_1\}$$
$$- P\{X \leqslant x_2, Y \leqslant y_1\} - P\{X \leqslant x_1, Y \leqslant y_2\}$$
$$= F(x_2,y_2) - F(x_2,y_1) + F(x_1,y_1) - F(x_1,y_2).$$

(6) $1-[1-F_X(z)][1-F_Y(z)]$；

提示 $F_Z(z)=P\{\min(X,Y)\leqslant z\}=1-P\{\min(X,Y)>z\}=1-P\{X>z,Y>z\}$
$=1-P\{X>z,Y>z\}=1-P\{X>z\}P\{Y>z\}$
$=1-(1-P\{X\leqslant z\})(1-P\{Y\leqslant z\})$
$=1-[1-F_X(z)][1-F_Y(z)]$.

(7) 0.5；**提示** $P\{XY<0\}=P\{X>0,Y<0\}+P\{X<0,Y>0\}$
$=P\{X>0\}P\{Y<0\}+P\{X<0\}P\{Y>0\}$
$=2\Phi(0)[1-\Phi(0)]=0.5$.

(8) $\dfrac{1}{\sqrt{2\pi}\sigma_1}e^{-\frac{(x-\mu_1)^2}{2\sigma_1^2}}$, $-\infty<x<+\infty$；

$\dfrac{1}{\sqrt{2\pi}\sigma_2}e^{-\frac{(y-\mu_1)^2}{2\sigma_2^2}}$, $-\infty<y<+\infty$；

$\rho=0$

2. 单项选择题

(1) (D)；**提示** $P\{X=Y\}=P\{X=1,Y=1\}+P\{X=2,Y=2\}$
$=P\{X=1\}P\{Y=1\}+P\{X=2\}P\{Y=2\}=\dfrac{5}{9}$.

(2) (A)；**提示** X 与 Y 的联合分布律见表 3.16 所示.

表 3.16

Y \ X	1	2	$p_{\cdot j}$
1	1/6	1/3	1/2
2	1/9	a	$1/9+a$
3	1/18	b	$1/18+b$
$p_{i\cdot}$	1/3	$1/3+a+b$	

由 X 与 Y 相互独立有

$$\dfrac{1}{3}\left(\dfrac{1}{9}+a\right)=\dfrac{1}{9},\dfrac{1}{3}\left(\dfrac{1}{18}+b\right)=\dfrac{1}{18},$$

因此 $a=\dfrac{2}{9}, b=\dfrac{1}{9}$.

(3) (B)；**提示** 由 X 与 Y 相互独立且服从正态分布有

$X+Y\sim N(1,2)$、$X-Y\sim N(-1,2)$, 因此 $P(X+Y\leqslant 1)=\dfrac{1}{2}$.

(4) (D)；**提示** 由 X 与 Y 相互独立且服从正态分布, 且 $E\left(\dfrac{X+Y}{2}\right)=\dfrac{\mu_1+\mu_2}{2}$,

$D\left(\dfrac{X+Y}{2}\right)=\dfrac{\sigma_1^2+\sigma_2^2}{4}$, 故

$$\dfrac{X+Y}{2}\sim N\left(\dfrac{\mu_1+\mu_2}{2},\dfrac{\sigma_1^2+\sigma_2^2}{4}\right).$$

(5)(C);提示　$F_Z(z)=P\{Z\leqslant z\}=P\{\max(X,Y)\leqslant z\}$
$\qquad\qquad\qquad=P\{X\leqslant z,Y\leqslant z\}=P\{X\leqslant z\}P\{Y\leqslant z\}=F_X(z)F_Y(z).$

3. (1) (X,Y) 的分布律见表 3.17 所示.

表 3.17

Y \ X	1	2	3	4
1	1/4	1/8	1/12	1/16
2	0	1/8	1/12	1/16
3	0	0	1/12	1/16
4	0	0	0	1/16

(2) X 的边缘分布率为 $\dfrac{X \mid 1 \quad 2 \quad 3 \quad 4}{p_{i\cdot} \mid 1/4 \quad 1/4 \quad 1/4 \quad 1/4}$,

Y 的边缘分布率为 $\dfrac{Y \mid 1 \quad 2 \quad 3 \quad 4}{p_{\cdot j} \mid 25/48 \quad 13/48 \quad 7/48 \quad 1/16}.$

(3) $P\{2X-Y>4\}=P\{X=3,Y=1\}+P\{X=4,Y=1\}+P\{X=4,Y=2\}$
$\qquad\qquad\qquad\quad+P\{X=4,Y=3\}=13/48.$

4. (1) (X,Y) 的分布律见表 3.18 所示.

表 3.18

Y \ X	−2	0	1
−2	0	$2c$	$3c$
0	$2c$	0	c
1	$3c$	c	0

根据分布律的性质有 $2c+3c+2c+c+3c+c=1$,故 $c=1/12$;

(2) $P\{|X-Y|<1\}=P\{X=-2,Y=-2\}+P\{X=0,Y=0\}+P\{X=1,Y=1\}=0$
$P\{|X+Y|=1\}=P\{X=-2,Y=1\}+P\{X=0,Y=1\}$
$\qquad\qquad\qquad+P\{X=1,Y=-2\}+P\{X=1,Y=0\}=2/3;$

(3) $X=0$ 时,Y 的条件分布律为 $\begin{pmatrix} -2 & 1 \\ 2/3 & 1/3 \end{pmatrix}.$

5. (1) 由分布律的性质有 $0.12+a+0.2+0.06+0.3+0.24=1$,故 $a=0.08$;

(2) 由条件概率的定义有

$P\{X+Y\geqslant 2 \mid Y\geqslant 1\}=\dfrac{P\{X+Y\geqslant 2,Y\geqslant 1\}}{P\{Y\geqslant 1\}},$

$P\{X+Y\geqslant 2,Y\geqslant 1\}=P\{X=0,Y=2\}+P\{X=1,Y=1\}+P\{X=1,Y=2\}$
$\qquad\qquad\qquad\quad=0.2+0.3+0.24=0.74,$

$P\{Y\geqslant 1\}=1-P\{Y<1\}=1-P\{Y=-1\}$
$\qquad\qquad=1-P\{X=0,Y=-1\}-P\{X=1,Y=-1\}$
$\qquad\qquad=1-0.12-0.06=0.82,$

故
$$P\{X+Y \geqslant 2 \mid Y \geqslant 1\} = \frac{0.74}{0.82} = 0.902;$$

(3) 由于 $P\{X=0, Y=-1\} \neq P\{X=0\}P\{Y=-1\}$，故 X 与 Y 不独立.

6. 因 $P\{Y=y_1\} = P\{X=x_1, Y=y_1\} + P\{X=x_2, Y=y_1\}$，从而
$$P\{X=x_1, Y=y_1\} = \frac{1}{6} - \frac{1}{8} = \frac{1}{24}.$$

而 X 与 Y 独立，故
$$P\{X=x_1\} \times \frac{1}{6} = P\{X=x_1, Y=y_1\} = \frac{1}{24}.$$

即
$$P\{X=x_1\} = \frac{1}{24} \times 6 = \frac{1}{4}.$$

又因为
$$P\{X=x_1\} = P\{X=x_1, Y=y_1\} + P\{X=x_1, Y=y_2\} + P\{X=x_1, Y=y_3\},$$
即
$$\frac{1}{4} = \frac{1}{24} + \frac{1}{8} + P\{X=x_1, Y=y_3\},$$

从而 $P\{X=x_1, Y=y_3\} = \frac{1}{12}$.

同理可得
$$P\{Y=y_2\} = \frac{1}{2}, P\{X=x_2, Y=y_2\} = \frac{3}{8},$$

又 $\sum_{j=1}^{3} P\{Y=y_j\} = 1$，故
$$P\{Y=y_3\} = 1 - \frac{1}{6} - \frac{1}{2} = \frac{1}{3}.$$

类似地 $P\{X=x_2\} = \frac{3}{4}$. 从而
$$P\{X=x_2, Y=y_3\} = P\{Y=y_3\} - P\{X=x_1, Y=y_3\} = \frac{1}{3} - \frac{1}{12} = \frac{1}{4}.$$

故结果见表 3.19.

表 3.19

X \ Y	y_1	y_2	y_3	$P\{X=x_i\}=p_{i\cdot}$
x_1	1/24	1/8	1/12	1/4
x_2	1/8	3/8	1/4	3/4
$P\{Y=y_j\}=p_{\cdot j}$	1/6	1/2	1/3	1

7. (1) $P\{Y=m \mid X=n\} = C_n^m p^m (1-p)^{n-m}, 0 \leqslant m \leqslant n, n=0,1,2,\cdots$.

(2) 利用(1)的结论，有
$$P\{X=n, Y=m\} = P\{X=n\}P\{Y=m \mid X=n\} = C_n^m p^m (1-p)^{n-m} \frac{\lambda^n}{n!} e^{-\lambda}$$

8.

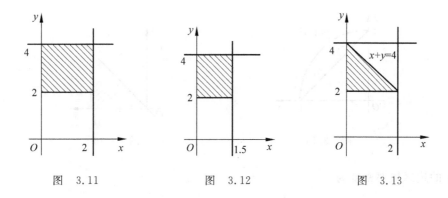

图 3.11　　　　　　　图 3.12　　　　　　　图 3.13

(1) 如图 3.11 所示,由密度函数的性质有

$$\int_{-\infty}^{+\infty}\int_{-\infty}^{+\infty} f(x,y)\mathrm{d}x\mathrm{d}y = \int_0^2 \mathrm{d}x \int_2^4 k(6-x-y)\mathrm{d}y = 8k = 1,$$

故 $k=1/8$.

(2) $P\{X<1, Y<3\} = \int_{-\infty}^1 \mathrm{d}x \int_{-\infty}^3 f(x,y)\mathrm{d}y = \int_0^1 \mathrm{d}x \int_2^3 \frac{1}{8}(6-x-y)\mathrm{d}y = \frac{3}{8}$;

(3) 如图 3.12 所示,

$$P\{X<1.5\} = \iint\limits_{x<1.5} f(x,y)\mathrm{d}x\mathrm{d}y = \int_0^{1.5}\left[\int_2^4 \frac{1}{8}(6-x-y)\mathrm{d}y\right]\mathrm{d}x = \frac{27}{32};$$

(4) 如图 3.13 所示,

$$P\{X+Y\leqslant 4\} = \iint\limits_{x+y\leqslant 4} f(x,y)\mathrm{d}x\mathrm{d}y = \int_0^2\left[\int_2^{4-x} \frac{1}{8}(6-x-y)\mathrm{d}y\right]\mathrm{d}x = \frac{2}{3}.$$

9. (1) 见图 3.14. 由 $f(x,y)$ 的性质可知

$$\int_{-\infty}^{+\infty}\int_{-\infty}^{+\infty} f(x,y)\mathrm{d}x\mathrm{d}y = \int_{-1}^1\left[\int_0^{1-x^2} kx^2\mathrm{d}y\right]\mathrm{d}x = \frac{4}{15}k = 1,$$

所以 $k=15/4$;

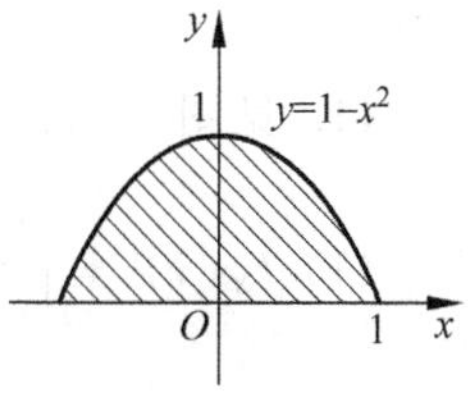

图 3.14

(2) $f_X(x) = \int_{-\infty}^{+\infty} f(x,y)\mathrm{d}y$

$$= \begin{cases} \int_0^{1-x^2} \frac{15}{4}x^2\mathrm{d}y = \frac{15}{4}(1-x^2)x^2, & -1<x<1, \\ 0, & 否则, \end{cases}$$

(3) 关于 t 方程 $0.25t^2-\sqrt{X}t+(1-Y)=0$ 有实根(见图 3.15),意味着

$$(\sqrt{X})^2 - 4\times 0.25(1-Y) \geqslant 0,$$

即 $X+Y>1$,因此

$$P\{X+Y>1\} = \iint\limits_{x+y>1} f(x,y)\mathrm{d}x\mathrm{d}y = \int_0^1\left[\int_{1-x}^{1-x^2} \frac{15}{4}x^2\mathrm{d}y\right]\mathrm{d}x = \frac{3}{16}.$$

10. 见图 3.16.

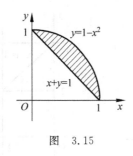
图 3.15

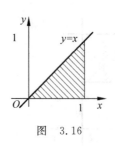
图 3.16

X 的边缘概率密度为

$$f_X(x) = \int_{-\infty}^{+\infty} f(x,y)\mathrm{d}y = \begin{cases} \int_0^x 24(1-x)y\mathrm{d}y = 12(1-x)x^2, & 0 < x < 1, \\ 0, & \text{其他}, \end{cases}$$

因此当 $0<x<1$ 时, 有

$$f_{Y|X}(y\mid x) = \frac{f(x,y)}{f_X(x)} = \begin{cases} \dfrac{24(1-x)y}{12(1-x)x^2} = \dfrac{2y}{x^2}, & 0 < y < x, \\ 0, & \text{其他}. \end{cases}$$

Y 的边缘概率密度为

$$f_Y(y) = \int_{-\infty}^{+\infty} f(x,y)\mathrm{d}x = \begin{cases} \int_y^1 24(1-x)y\mathrm{d}x = 12y(1-2y+y^2), & 0 < y < 1, \\ 0, & \text{其他}. \end{cases}$$

因此当 $0<y<1$ 时, 有

$$f_{X|Y}(x\mid y) = \frac{f(x,y)}{f_Y(y)} = \begin{cases} \dfrac{24(1-x)y}{12y(1-2y+y^2)} = \dfrac{2(1-x)}{1-2y+y^2}, & y < x < 1, \\ 0, & \text{其他}. \end{cases}$$

11. 见图 3.17.

(1) $f_X(x) = \int_{-\infty}^{+\infty} f(x,y)\mathrm{d}y = \begin{cases} \int_{-x}^{x} 1\mathrm{d}y = 2x, & 0 < x < 1, \\ 0, & \text{其他}. \end{cases}$

$$f_Y(y) = \int_{-\infty}^{+\infty} f(x,y)\mathrm{d}x = \begin{cases} \int_{-y}^{1} 1\mathrm{d}x = 1+y, & -1 < y < 0, \\ \int_{y}^{1} 1\mathrm{d}x = 1-y, & 0 \leq y < 1, \\ 0, & \text{其他}. \end{cases}$$

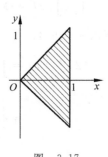
图 3.17

所以当 $0<x<1$ 时,

$$f_{Y|X}(y\mid x) = \frac{f(x,y)}{f_X(x)} = \begin{cases} \dfrac{1}{2x}, & |y| < x < 1, \\ 0, & \text{其他}. \end{cases}$$

当 $-1<y<1$ 时,

$$f_{X|Y}(x \mid y) = \frac{f(x,y)}{f_Y(y)} = \begin{cases} \dfrac{1}{1-y}, & y < x < 1, \\ \dfrac{1}{1+y}, & -y < x < 1, \\ 0, & \text{其他}. \end{cases}$$

(2) 由于 $f(x,y) = f_X(x)f_Y(y)$ 非几乎处处成立,故 X 与 Y 不独立.

12. (1) 由分布函数的性质 $\lim\limits_{\substack{x\to 0 \\ y\to 0}} F(x,y) = 0$,有

$$\lim_{\substack{x\to 0 \\ y\to 0}} F(x,y) = \lim_{\substack{x\to 0 \\ y\to 0}}(1 - Ae^{-x} - e^{-y} + e^{-x-y}) = 0,$$

故 $A = 1$.

(2) $f(x,y) = \dfrac{\partial^2 F(x,y)}{\partial x \partial y} = \begin{cases} e^{-(x+y)}, & x > 0, y > 0, \\ 0, & \text{其他}. \end{cases}$

13. (1) 由边缘分布函数的定义可得:

$$F_X(x) = \int_{-\infty}^{x}\left[\int_{-\infty}^{+\infty} f(x,y)dy\right]dx = \begin{cases} 0, & x < 0, \\ \int_0^x\left[\int_0^1 2e^{-2x}dy\right]dx, & x \geqslant 0. \end{cases}$$

$$= \begin{cases} 0, & x < 0, \\ \left(\int_0^x 2e^{-2x}dx\right)\left(\int_0^1 1dy\right), & x \geqslant 0. \end{cases} = \begin{cases} 0, & x < 0, \\ 1 - e^{-2x}, & x \geqslant 0. \end{cases}$$

同理可得

$$F_Y(y) = \int_{-\infty}^{y}\left[\int_{-\infty}^{+\infty} f(x,y)dx\right]dy = \begin{cases} 0, & y \leqslant 0, \\ \int_0^y\left[\int_0^{+\infty} 2e^{-2x}dx\right]dy = y, & 0 < y < 1, \\ 1, & y \geqslant 1. \end{cases}$$

(2) 由(1)可得 X 的边缘概率密度函数为

$$f_X(x) = \begin{cases} 2e^{-2x}, & x \geqslant 0, \\ 0, & \text{其他}. \end{cases}$$

Y 的边缘概率密度函数为

$$f_Y(y) = \begin{cases} 1, & 0 < y < 1, \\ 0, & \text{其他}. \end{cases}$$

而对任意的 $(x,y) \in R^2, f(x,y) = f_X(x)f_Y(y)$,故 X 与 Y 的独立性.

14. 区域 D 的面积(见图 3.18)为

$$S_0 = \int_1^{e^2} \frac{1}{x}dx = \ln x \Big|_1^{e^2} = 2.$$

(X,Y) 的密度函数为

$$f(x,y) = \begin{cases} \dfrac{1}{2}, & 1 \leqslant x \leqslant e^2, 0 < y \leqslant \dfrac{1}{x}, \\ 0, & \text{其他}. \end{cases}$$

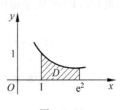

图 3.18

(1) 因为
$$P\left\{Y>\frac{1}{2}\mid X<2\right\}=\frac{P\left\{X<2,Y>\frac{1}{2}\right\}}{P\{X<2\}},$$
而
$$P\left\{X<2,Y>\frac{1}{2}\right\}=\iint_{x<2,y>\frac{1}{2}}f(x,y)\mathrm{d}x\mathrm{d}y$$
$$=\int_1^2\left[\int_{\frac{1}{2}}^{\frac{1}{x}}\frac{1}{2}\mathrm{d}y\right]\mathrm{d}x=\frac{1}{2}\ln 2-\frac{1}{4}=0.096\ 6.$$
$$P\{X<2\}=\iint_{x<2}f(x,y)\mathrm{d}x\mathrm{d}y=\int_1^2\left[\int_0^{\frac{1}{x}}\frac{1}{2}\mathrm{d}y\right]\mathrm{d}x=\frac{1}{2}\ln 2=0.466,$$
故
$$P\left\{Y>\frac{1}{2}\mid X<2\right\}=\frac{0.096\ 6}{0.346\ 6}=0.278\ 7.$$

(2) 由于
$$P\{Y>0.25\mid X=2\}=\int_{y>0.25}f_{Y\mid X}(y\mid 2)\mathrm{d}y,$$
而 X 的边缘密度函数为
$$f_X(x)=\begin{cases}\int_0^{\frac{1}{x}}\frac{1}{2}\mathrm{d}y=\frac{1}{2x},&1\leqslant x\leqslant \mathrm{e}^2,\\0,&\text{其他}.\end{cases}$$
故 $x=2$ 时,
$$f_{Y\mid X}(y\mid 2)=\frac{f(2,y)}{f_X(2)}=\begin{cases}\dfrac{\frac{1}{2}}{\frac{1}{4}}=2,&0<y<\frac{1}{2},\\0,&\text{其他}\end{cases}$$
所以
$$P\{Y>0.25\mid X=2\}=\int_{0.25}^{0.5}2\mathrm{d}y=0.5.$$

15. (1) 当 $X=x$ 时,$f_{Y\mid X}(y\mid x)=\begin{cases}\dfrac{1}{x},&0<y<x,\\0,&\text{其他}.\end{cases}$

因此 (X,Y) 的概率密度为
$$f(x,y)=f_X(x)f_{Y\mid X}(y\mid x)=\begin{cases}\dfrac{3x^2}{x}=3x,&0<y<x<1,\\0,&\text{其他}.\end{cases}$$

(2) Y 的概率密度函数
$$f_Y(y)=\int_{-\infty}^{+\infty}f(x,y)\mathrm{d}x=\begin{cases}\int_y^1 3x\mathrm{d}x=\dfrac{3}{2}(1-y^2),&0<y<1,\\0,&\text{其他}.\end{cases}$$

16. X 与 Y 的概率密度函数分别为

$$f_X(x) = \begin{cases} 3e^{-3x}, & x>0, \\ 0, & 其他. \end{cases} \quad f_Y(y) = \begin{cases} 2e^{-2y}, & y>0, \\ 0, & 其他. \end{cases}$$

故 (X,Y) 的概率密度函数为

$$f(x,y) = f_X(x)f_Y(y) = \begin{cases} 6e^{-3x-2y}, & x>0, y>0, \\ 0, & 其他. \end{cases}$$

$$P\{X>Y\} = \iint_{x>y} f(x,y)\,dxdy = \int_0^{+\infty}\left[\int_0^x (6e^{-3x-2y})\,dy\right]dx = 0.4,$$

故 B 元件的寿命长的可能性大.

17. (1) 由概率分布的性质知,$a+b+c+0.6=1$,即 $a+b+c=0.4$. 而 $-a+c=-0.1$. 再由

$$P\{Y \leqslant 0 \mid X \leqslant 0\} = \frac{P\{Y \leqslant 0, X \leqslant 0\}}{P\{X \leqslant 0\}} = \frac{a+b+0.1}{a+b+0.2} = 0.8,$$

得 $a+b=0.3$. 解以上关于 a,b,c 的三个方程得 $a=0.2, b=0.1, c=0.1$.

(2) Z 的概率分布如表 3.20 所示.

表 3.20

Z	-2	-1	0	1	2
P	0.2	0.1	0.3	0.3	0.1

(3) $P\{X=Z\} = P\{Y=0\} = 0.1+b+0.2 = 0.1+0.1+0.2 = 0.4$.

18. (1) (X,Y) 的分布律如表 3.21 所示.

表 3.21

Y \ X	-3	-1
1	0.3	0.1
2	0.15	0.05
3	0.3	0.1

(2) $Z=|2X+Y|$ 的分布律如表 3.22 所示.

表 3.22

Z	0	1	3	4	5
p	0.05	0.2	0.3	0.15	0.3

(3) $P\{X+Y>0\} = P\{X=-1, Y=2\} + P\{X=-1, Y=3\} = 0.15$.

19. 由概率的运算法则知,对于任一非负整数 m,有

$$P\{Z=m\} = \sum_{k=0}^{m} P\{X=k\}P\{Y=m-k\}$$

$$= \sum_{k=0}^{m} C_{n_1}^k p^k (1-p)^{n_1-k} C_{n_2}^{m-k} p^{m-k} (1-p)^{n_2-(m-k)}$$

$$= p^m (1-p)^{m-k} \sum_{k=0}^{m} C_{n_1}^k C_{n_2}^{m-k} = C_{n_1+n_2}^m p^m (1-p)^{m-k}$$

故 $Z \sim b(n_1+n_2, p), m = 0, 1, 2, \cdots, n_1+n_2$.

20. (1) $P\{X>0.5 \cup Y>0.5\} = P\{X>0.5\} + P\{Y>0.5\} - P\{X>0.5, Y>0.5\}$,

$$P\{X>0.5\} = \int_{0.5}^{1} \left[\int_{0}^{1} 6xy^2 \mathrm{d}y \right] \mathrm{d}x = 0.75,$$

$$P\{Y>0.5\} = \int_{0}^{1} \left[\int_{0.5}^{1} 6xy^2 \mathrm{d}y \right] \mathrm{d}x = 0.875,$$

$$P\{X>0.5, Y>0.5\} = \int_{0.5}^{1} \left[\int_{0.5}^{1} 6xy^2 \mathrm{d}y \right] \mathrm{d}x = 0.6563,$$

故 $P\{X>0.5 \cup Y>0.5\} = 0.96875$.

(2) 根据 $f_z(z) = \int_{-\infty}^{+\infty} f(z-y, y) \mathrm{d}y$, 而

$$f(z-y, y) = \begin{cases} 6(z-y)y^2, & 0<z-y<1, 0<y<1, \\ 0, & 其他. \end{cases}$$

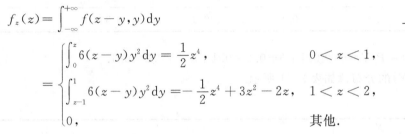

图 3.19

如图 3.19 所示, 因此

$$f_z(z) = \int_{-\infty}^{+\infty} f(z-y, y) \mathrm{d}y$$

$$= \begin{cases} \int_{0}^{z} 6(z-y)y^2 \mathrm{d}y = \dfrac{1}{2}z^4, & 0<z<1, \\ \int_{z-1}^{1} 6(z-y)y^2 \mathrm{d}y = -\dfrac{1}{2}z^4 + 3z^2 - 2z, & 1<z<2, \\ 0, & 其他. \end{cases}$$

21. 由于

$$f_X(x) = \begin{cases} 1, & 0<x<1, \\ 0, & 其他. \end{cases} \quad f_Y(y) = \begin{cases} \dfrac{1}{2}\mathrm{e}^{-\frac{y}{2}}, & y>0, \\ 0, & 其他. \end{cases}$$

故 (X, Y) 的概率密度函数为

$$f(x,y) = f_X(x) f_Y(y) = \begin{cases} \dfrac{1}{2}\mathrm{e}^{-\frac{1}{2}y}, & 0<x<1, y>0, \\ 0, & 其他. \end{cases}$$

(1) $U = \max(X, Y)$ 的分布函数为

$$F_U(u) = P\{U \leqslant u\} = P\{\max(X, Y) \leqslant u\}$$
$$= P\{X \leqslant u, Y \leqslant u\} = P\{X \leqslant u\} P\{Y \leqslant u\} = F_X(u) F_Y(u),$$

而 $F_X(u) = \int_{-\infty}^{u} f_X(x) \mathrm{d}x = \begin{cases} 0, & u \leqslant 0, \\ u, & 0<u<1, \\ 1, & u \geqslant 1. \end{cases}$

$$F_Y(u) = \int_{-\infty}^{u} f_Y(y)\,dx = \begin{cases} 1 - e^{-\frac{1}{2}u}, & u > 0, \\ 0, & u \leqslant 0. \end{cases}$$

故 $U = \max(X,Y)$ 的概率密度函数

$$f_U(u) = \frac{dF_U(u)}{du} = F_X(u)f_Y(u) + f_X(u)F_Y(u)$$

$$= \begin{cases} 0, & u \leqslant 0, \\ \left(\dfrac{u}{2} - 1\right)e^{-\frac{1}{2}u} + 1, & 0 < u < 1, \\ \dfrac{1}{2}e^{-\frac{1}{2}u}, & u \geqslant 1. \end{cases}$$

(2) 根据 $f_z(z) = \int_{-\infty}^{+\infty} f(z-y,y)\,dy$, 而

$$f(z-y,y) = \begin{cases} \dfrac{1}{2}e^{-\frac{1}{2}y}, & 0 < z-y < 1, 0 < y, \\ 0, & \text{其他}. \end{cases}$$

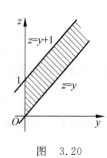

图 3.20

如图 3.20 所示, 故

$$f_z(z) = \int_{-\infty}^{+\infty} f(z-y,y)\,dy = \begin{cases} \int_0^z \dfrac{1}{2}e^{-\frac{1}{2}y}\,dy = 1 - e^{-\frac{1}{2}z}, & 0 < z < 1, \\ \int_{z-1}^z \dfrac{1}{2}e^{-\frac{1}{2}y}\,dy = e^{-\frac{1}{2}(z-1)} - e^{-\frac{1}{2}z}, & 1 < z, \\ 0, & \text{其他}. \end{cases}$$

22. 设这 4 只电子管的寿命分别为 $X_i, i = 1,2,3,4$, 则 $X_i \sim N(160, 20^2)$, 从而

$$P\{\min(X_1, X_2, X_3, X_4) \geqslant 180\} = P\{X_1 \geqslant 180, X_2 \geqslant 180, X_3 \geqslant 180, X_4 \geqslant 180\}$$

$$= P\{X_1 \geqslant 180\}P\{X_2 \geqslant 180\}P\{X_3 \geqslant 180\}P\{X_4 \geqslant 180\}$$

$$= [1 - P\{X_1 < 180\}]^4 = \left[1 - \Phi\left(\frac{180 - 160}{20}\right)\right]^4$$

$$= [1 - \Phi(1)]^4 = (0.158)^4 = 0.00063.$$

23. 由已知 $X_i(i=1,2,\cdots,n)$ 的概率密度为: $f_{X_i}(x) = \begin{cases} \lambda_i e^{-\lambda_i x}, & x > 0, \\ 0, & x \leqslant 0. \end{cases}$

所以 $X_i(i=1,2,\cdots,n)$ 的分布函数为

$$F_{X_i}(x) = \int_{-\infty}^{x} f_{X_i}(x)\,dx = \begin{cases} \int_0^x \lambda_i e^{-\lambda_i x}\,dx, & x > 0, \\ 0, & x \leqslant 0 \end{cases} = \begin{cases} 1 - e^{-\lambda_i x}, & x > 0, \\ 0, & x \leqslant 0. \end{cases}$$

(1) $F_Z(z) = F_{X_1}(z)F_{X_2}(z)\cdots F_{X_n}(z) = \begin{cases} \prod\limits_{i=1}^{n}(1 - e^{-\lambda_i z}), & z > 0, \\ 0, & z \leqslant 0. \end{cases}$

(2) $F_K(z) = 1 - [1 - F_{X_1}(z)][1 - F_{X_2}(z)]\cdots[1 - F_{X_n}(z)] = \begin{cases} 1 - e^{-\sum\limits_{i=1}^{n}\lambda_i z}, & z > 0, \\ 0, & z \leqslant 0. \end{cases}$

所以 $K=\min(X_1,X_2,\cdots,X_n)$ 的概率密度为

$$f_K(z) = \begin{cases} \sum_{i=1}^{n}\lambda_i e^{-\sum_{i=1}^{n}\lambda_i z}, & z>0, \\ 0, & z\leqslant 0. \end{cases}$$

24. (1) $Z=X+Y$ 的分布函数

$$\begin{aligned}F_Z(z) &= P\{Z\leqslant z\} = P\{X+Y\leqslant z\} \\ &= P\{X+Y\leqslant z, X=-1\} + P\{X+Y\leqslant z, X=1\} \\ &= P\{Y\leqslant z+1, X=-1\} + P\{Y\leqslant z-1, X=1\} \\ &= P\{X=-1\}P\{Y\leqslant z+1\} + P\{X=1\}P\{Y\leqslant z-1\} \\ &= 0.3F_Y(z+1) + 0.7F_Y(z-1).\end{aligned}$$

故 $Z=X+Y$ 的概率密度函数为

$$f_Z(z) = \frac{dF_Z(z)}{dz} = 0.3f_Y(z+1) + 0.7f_Y(z+1).$$

(2) $U=\min(X,Y)$ 的分布函数 $F_U(u)=1-[1-F_X(u)][1-F_Y(u)]$,而

$$F_X(u) = \begin{cases} 0, & u<-1, \\ 0.3, & -1\leqslant u<1,, \\ 1, & u\geqslant 1. \end{cases}$$

故

$$F_U(u) = \begin{cases} F_Y(u), & u<-1, \\ 0.3+0.7F_Y(u), & -1\leqslant u<1, \\ 1, & u\geqslant 1. \end{cases}$$

25. (1) X 与 Y 的联合分布律及边缘分布律如表 3.23 所示.

表 3.23

X \ Y	3	4	5	$P\{X=x_i\}$
1	1/10	2/10	3/10	6/10
2	0	1/10	2/10	3/10
3	0	0	1/10	1/10
$P\{Y=y_i\}$	1/10	3/10	6/10	

(2) $X=1$ 时 Y 的分布列 $\dfrac{Y \mid 3 \quad 4 \quad 5}{p \mid 1/6 \quad 1/3 \quad 1/2}$;

(3) $P\{X+Y\leqslant 5\} = P\{X=1,Y=3\} + P\{X=1,Y=4\} + P\{X=2,Y=3\} = 3/10.$

(4) 因 $P\{X=2,Y=3\}\neq P\{X=2\}P\{Y=3\}$,故 X 与 Y 不独立.

(5) $\max(X,Y)$ 的分布列 $\dfrac{\max(X,Y) \mid 3 \quad 4 \quad 5}{p \mid 1/10 \quad 3/10 \quad 6/10}$.

26. (1) 如图 3.21 所示,由 $f(x,y)$ 的性质可知

$$\int_{-\infty}^{+\infty}\int_{-\infty}^{+\infty} f(x,y)dxdy = \int_0^1 dx\int_0^2 kxy\,dy = k = 1,$$

所以 $k=1$.

(2) 如图 3.22 所示,
$$P\{(X,Y) \in D\} = \iint_D f(x,y)\mathrm{d}x\mathrm{d}y = \int_0^1 \left[\int_x^2 xy\mathrm{d}y\right]\mathrm{d}x = \int_0^1 \left(2x - \frac{1}{2}x^3\right)\mathrm{d}x = \frac{7}{8}.$$

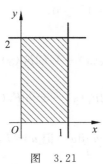

图 3.21

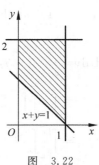

图 3.22

(3) $f_X(x) = \int_{-\infty}^{+\infty} f(x,y)\mathrm{d}y = \begin{cases} \int_0^2 xy\mathrm{d}y = 2x, & 0 \leqslant x \leqslant 1, \\ 0, & \text{其他}, \end{cases}$

$f_Y(y) = \int_{-\infty}^{+\infty} f(x,y)\mathrm{d}x = \begin{cases} \int_0^1 xy\mathrm{d}x = \dfrac{y}{2}, & 0 \leqslant y \leqslant 2, \\ 0, & \text{其他}, \end{cases}$

(4) 当 $0 < x < 1$ 时,
$$f_{Y|X}(y \mid x) = \frac{f(x,y)}{f_X(x)} = \begin{cases} \dfrac{xy}{2x} = \dfrac{y}{2}, & 0 \leqslant y \leqslant 2, \\ 0, & \text{其他}. \end{cases}$$

当 $0 < y < 2$ 时,
$$f_{X|Y}(x \mid y) = \frac{f(x,y)}{f_Y(y)} = \begin{cases} \dfrac{xy}{\dfrac{y}{2}} = 2x, & 0 \leqslant x \leqslant 1, \\ 0, & \text{其他}. \end{cases}$$

(5) 由于对任意的 $(x,y) \in R^2$, 有 $f(x,y) = f_X(x)f_Y(y)$, 故 X 与 Y 相互独立.

(6) 根据 $f_z(z) = \int_{-\infty}^{+\infty} f(z-y,y)\mathrm{d}y$, 而
$$f(z-y,y) = \begin{cases} (z-y)y, & 0 \leqslant z-y \leqslant 1, 0 \leqslant y \leqslant 2, \\ 0, & \text{其他}. \end{cases}$$

如图 3.23 所示, 故

$f_z(z) = \int_{-\infty}^{+\infty} f(z-y,y)\mathrm{d}y$

$= \begin{cases} \int_0^z (z-y)y\mathrm{d}y = \dfrac{1}{6}z^3, & 0 < z < 1, \\ \int_{z-1}^z (z-y)y\mathrm{d}y = \dfrac{z^3 - (z-1)^2(z+2)}{6}, & 1 \leqslant z < 2, \\ \int_{z-1}^2 (z-y)y\mathrm{d}y = \dfrac{12z - 16 - (z-1)^2(z+2)}{6}, & 2 \leqslant z < 3 \\ 0, & \text{其他}. \end{cases}$

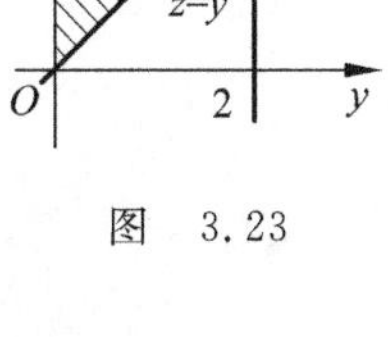

图 3.23

27. 由于 $f_X(x)$、$f_Y(y)$ 非负,$0 \leqslant F_X(x) \leqslant 1, 0 \leqslant F_Y(y) \leqslant 1$,因此
$$-1 \leqslant [2F_X(x)-1][2F_Y(y)-1] \leqslant 1,$$
所以对任意的 $a(|a|<1)$,
$$1+a[2F_X(x)-1][2F_Y(y)-1] \geqslant 0,$$
故 $f(x,y)$ 非负;

$$\begin{aligned}
\int_{-\infty}^{+\infty}\int_{-\infty}^{+\infty} f(x,y)\mathrm{d}x\mathrm{d}y &= \int_{-\infty}^{+\infty}\int_{-\infty}^{+\infty} f_X(x)f_Y(y)[1+a(2F_X(x)-1)(2F_Y(y)-1)]\mathrm{d}x\mathrm{d}y \\
&= \int_{-\infty}^{+\infty}\left[\int_{-\infty}^{+\infty}[1+a(2F_X(x)-1)(2F_Y(y)-1)]\mathrm{d}F_X(x)\right]\mathrm{d}F_Y(y) \\
&= \int_0^1\left[\int_0^1[1+a(2u-1)(2v-1)]\mathrm{d}u\right]\mathrm{d}v \quad 记 u=F_X(x)、v=F_Y(y) \\
&= \int_0^1 \mathrm{d}v = 1,
\end{aligned}$$

故 $f(x,y)$ 是 (X,Y) 的概率密度;X 的边缘概率密度为

$$\begin{aligned}
\int_{-\infty}^{+\infty} f(x,y)\mathrm{d}y &= \int_{-\infty}^{+\infty} f_X(x)f_Y(y)[1+a(2F_X(x)-1)(2F_Y(y)-1)]\mathrm{d}y \\
&= f_X(x)\int_{-\infty}^{+\infty}[1+a(2F_X(x)-1)(2F_Y(y)-1)]\mathrm{d}F_Y(y) \\
&= f_X(x)\int_0^1[1+a(2F_X(x)-1)(2v-1)]\mathrm{d}v \quad 记 v=F_Y(y) \\
&= f_X(x),
\end{aligned}$$

Y 的边缘概率密度为

$$\begin{aligned}
\int_{-\infty}^{+\infty} f(x,y)\mathrm{d}x &= \int_{-\infty}^{+\infty} f_X(x)f_Y(y)[1+a(2F_X(x)-1)(2F_Y(y)-1)]\mathrm{d}x \\
&= f_Y(y)\int_{-\infty}^{+\infty}[1+a(2F_X(x)-1)(2F_Y(y)-1)]\mathrm{d}F_X(x) \\
&= f_Y(y)\int_0^1[1+a(2F_Y(y)-1)(2u-1)]\mathrm{d}u \quad 记 u=F_X(x) \\
&= f_Y(y),
\end{aligned}$$

故 (X,Y) 的边缘概率密度为 $f_X(x)$ 和 $f_Y(y)$.

第4章

随机变量的数字特征

4.1 内容提要

4.1.1 离散型随机变量的数学期望

(1) 设随机变量 X 的分布律为 $P\{X=x_i\}=p_i, i=1,2,\cdots$,若 $\sum_i x_i p_i$ 绝对收敛,则 X 的**数学期望**为 $E(X)=\sum_i x_i p_i$.

(2) 设随机变量 X 的分布律为 $P\{X=x_i\}=p_i, i=1,2,\cdots$,随机变量 $Y=g(X)$,若 $\sum_i g(x_i)p_i$ 绝对收敛,则 Y 的**数学期望**为 $E(Y)=\sum_i g(x_i)p_i$.

(3) 设随机变量 (X,Y) 的分布律为
$$P\{X=x_i, Y=y_j\}=p_{ij}, \quad i=1,2,\cdots, j=1,2,\cdots,$$
随机变量 $Z=g(X,Y)$,若 $\sum_i \sum_j g(x_i,y_j)p_{ij}$ 绝对收敛,则 Z 的**数学期望**为
$$E(Z)=E[g(X,Y)]=\sum_i \sum_j g(x_i,y_j)p_{ij}.$$

特别地,X 的数学期望为 $E(X)=\sum_i \sum_j x_i p_{ij}$,$Y$ 的数学期望为 $E(Y)=\sum_i \sum_j y_j p_{ij}$.

4.1.2 连续型随机变量的数学期望

(1) 设随机变量 X 的概率密度函数为 $f(x)$,若 $\int_{-\infty}^{+\infty} xf(x)\mathrm{d}x$ 绝对收敛,则 X 的**数学期望**为
$$E(X)=\int_{-\infty}^{+\infty} xf(x)\mathrm{d}x.$$

(2) 设随机变量 X 的概率密度函数为 $f(x)$,随机变量 $Y=g(X)$,其中 $g(x)$ 为连续

函数,若 $\int_{-\infty}^{+\infty} g(x)f(x)\mathrm{d}x$ 绝对收敛,则 Y 的**数学期望**为

$$E(Y) = \int_{-\infty}^{+\infty} g(x)f(x)\mathrm{d}x.$$

(3) 设随机变量 (X,Y) 的概率密度函数为 $f(x,y)$,随机变量 $Z = g(X,Y)$,其中 $g(x,y)$ 为连续函数,若 $\int_{-\infty}^{+\infty}\int_{-\infty}^{+\infty} g(x,y)f(x,y)\mathrm{d}x\mathrm{d}y$ 绝对收敛,则 Z 的**数学期望**为

$$E(Z) = E[g(X,Y)] = \int_{-\infty}^{+\infty}\int_{-\infty}^{+\infty} g(x,y)f(x,y)\mathrm{d}x\mathrm{d}y.$$

特别地,X 的数学期望为

$$E(X) = \int_{-\infty}^{+\infty}\int_{-\infty}^{+\infty} xf(x,y)\mathrm{d}x\mathrm{d}y,$$

Y 的数学期望为

$$E(Y) = \int_{-\infty}^{+\infty}\int_{-\infty}^{+\infty} yf(x,y)\mathrm{d}x\mathrm{d}y.$$

4.1.3 数学期望的性质

(1) $E(C) = C$,C 为任意常数;
(2) $E(kX) = kE(X)$,k 为常数;
(3) $E(X+Y) = E(X) + E(Y)$;
一般地,

$$E(k_1X_1 + k_2X_2 + \cdots + k_nX_n) = k_1E(X_1) + k_2E(X_2) + \cdots + k_nE(X_n),$$

其中 $k_1, k_2, \cdots, k_n$ 为常数.

(4) 若随机变量 X 与 Y 相互独立,则有 $E(XY) = E(X)E(Y)$.
一般地,若 $X_1, X_2, \cdots, X_n$ 相互独立,则 $E(X_1X_2\cdots X_n) = E(X_1)E(X_2)\cdots E(X_n)$.

4.1.4 随机变量的方差及其性质

设有随机变量 X,若 $E[X-E(X)]^2$ 存在,则称其为随机变量 X 的**方差**,记为

$$D(X) = E[X - E(X)]^2.$$

由方差的定义可知

$$D(X) = E(X^2) - [E(X)]^2.$$

随机变量的方差具有如下性质:

(1) $D(C) = 0$,C 为任意常数;
(2) $D(kX+b) = k^2D(X)$,其中 k,b 为常数;
(3) 若随机变量 X 与 Y 相互独立,则有 $D(X+Y) = D(X) + D(Y)$;
一般地,若 $X_1, X_2, \cdots, X_n$ 相互独立,则有

$$D(k_1X_1 + k_2X_2 + \cdots + k_nX_n) = k_1^2D(X_1) + k_2^2D(X_2) + \cdots + k_n^2D(X_n),$$

其中 $k_1, k_2, \cdots, k_n$ 为常数.

(4) $D(X \pm Y) = D(X) + D(Y) \pm 2\mathrm{Cov}(X,Y)$.

4.1.5 协方差及其性质

设有随机变量 X 与 Y,若 $E[X-E(X)][Y-E(Y)]$ 存在,则称其为随机变量 X 与 Y 的协方差,记为

$$\text{Cov}(X,Y) = E[X-E(X)][Y-E(Y)].$$

由协方差的定义可知

$$\text{Cov}(X,Y) = E(XY) - E(X)E(Y).$$

协方差具有如下性质:

(1) $\text{Cov}(X,X) = D(X)$;

(2) $\text{Cov}(X,Y) = \text{Cov}(Y,X)$;

(3) $\text{Cov}(aX,bY) = ab\text{Cov}(X,Y)$,其中 a,b 为任意常数;

(4) $\text{Cov}(X+Y,Z) = \text{Cov}(X,Z) + \text{Cov}(Y,Z)$.

4.1.6 相关系数及其性质

设随机变量 X 和 Y 的方差均存在,则 X 和 Y 的**相关系数**为

$$\rho_{XY} = \frac{\text{Cov}(X,Y)}{\sqrt{D(X)D(Y)}}.$$

当 $|\rho_{XY}| = 1$ 时,称 X 与 Y **完全相关**;当 $\rho_{XY} = 0$ 时,称 X 与 Y **不相关**.

相关系数的性质:

(1) $|\rho_{XY}| \leqslant 1$;

(2) $\rho_{XY} = 1 \Leftrightarrow$ 存在常数 $a > 0$ 和 b,使得 $P\{Y = aX+b\} = 1$;

(3) $\rho_{XY} = -1 \Leftrightarrow$ 存在常数 $a < 0$ 和 b,使得 $P\{Y = aX+b\} = 1$.

4.1.7 随机变量的矩

设 X 和 Y 为随机变量,k 和 l 为正整数,则

(1) 若 $E(X^k)$ 存在,称 $E(X^k)$ 为随机变量 X 的 k 阶原点矩;

(2) 若 $E[X-E(X)]^k$ 存在,称 $E[X-E(X)]^k$ 为随机变量 X 的 k 阶中心矩;

(3) 若 $E(X^k Y^l)$ 存在,称 $E(X^k Y^l)$ 为随机变量 X 与 Y 的 $k+l$ 阶混合原点矩;

(4) 若 $E[X-E(X)]^k [Y-E(Y)]^l$ 存在,称 $E[X-E(X)]^k [Y-E(Y)]^l$ 为随机变量 X 与 Y 的 $k+l$ 阶混合中心矩.

4.1.8 协方差阵

设 n 维随机变量 $(X_1, X_2, \cdots, X_n)$ 的二阶混合中心矩

$$c_{ij} = \text{Cov}(X_i, X_j) = E[X_i - E(X_i)][X_j - E(X_j)], \quad i,j = 1,2,\cdots,n,$$

都存在,则称矩阵 $C = \begin{pmatrix} c_{11} & c_{12} & \cdots & c_{1n} \\ c_{21} & c_{22} & \cdots & c_{2n} \\ \vdots & \vdots & & \vdots \\ c_{n1} & c_{n2} & \cdots & c_{nn} \end{pmatrix}$ 为 n 维随机变量 $(X_1, X_2, \cdots, X_n)$ 的**协方差阵**.

4.1.9 几个常见分布的数字特征

在表 4.1 中列出了几种常见分布的概率分布,数学期望以及方差需要读者熟练掌握.

表 4.1

分布名称	概率分布	数学期望	方差
二项分布 $b(n,p)$	$P\{X=k\}=C_n^k p^k(1-p)^{n-k}, k=0,1,\cdots,n$	np	$np(1-p)$
泊松分布 $\pi(\lambda)$	$P\{X=k\}=\dfrac{\lambda^k}{k!}e^{-\lambda}, k=0,1,2,\cdots$	λ	λ
几何分布 $G(p)$	$P\{X=k\}=p(1-p)^{k-1}, k=1,2,\cdots$	$\dfrac{1}{p}$	$\dfrac{1-p}{p^2}$
均匀分布 $U(a,b)$	$f(x)=\begin{cases}\dfrac{1}{b-a}, & a<x<b, \\ 0, & \text{其他}.\end{cases}$	$\dfrac{a+b}{2}$	$\dfrac{(b-a)^2}{12}$
指数分布	$f(x)=\begin{cases}\dfrac{1}{\theta}e^{-\frac{x}{\theta}}, & x>0, \\ 0, & \text{其他}.\end{cases}$	θ	θ^2
正态分布 $N(\mu,\sigma^2)$	$f(x)=\dfrac{1}{\sqrt{2\pi}\sigma}e^{-\frac{(x-\mu)^2}{2\sigma^2}}, x\in R$	μ	σ^2

4.2 典型例题分析

4.2.1 题型一 离散型随机变量的数学期望、方差问题

例 4.1 随机变量 X 的取值为 $x_k=(-1)^k\dfrac{2^k}{k}$,对应的概率为 $P_k=\dfrac{1}{2^k}, k=1,2,\cdots$.说明 $E(X)$ 不存在.

解 由于
$$\sum_{k=1}^{\infty}|x_k|p_k=\sum_{k=1}^{\infty}\dfrac{1}{k}=\infty,$$
因此 $E(X)$ 不存在.

例 4.2 设随机变量 X 的分布律为

X	-2	0	1	2	4
p	0.3	0.1	0.2	0.15	0.25

求:(1) $E(X), E(-X+2), E(|X|)$;(2) $D(X)$.

解 (1) $E(X)=(-2)\times 0.3+0\times 0.1+1\times 0.2+2\times 0.15+4\times 0.25=0.9.$

$E(-X+2)=(2+2)\times 0.3+(-0+2)\times 0.1+(-1+2)\times 0.2$
$\qquad\qquad +(-2+2)\times 0.15+(-4+2)\times 0.25=1.1.$

$E(|X|)=|-2|\times 0.3+|0|\times 0.1+|1|\times 0.2+|2|\times 0.15+|4|\times 0.25=2.1.$

(2) $D(X) = E(X^2) - [E(X)]^2$,而
$$E(X^2) = (-2)^2 \times 0.3 + 0^2 \times 0.1 + 1^2 \times 0.2 + 2^2 \times 0.15 + 4^2 \times 0.25 = 6,$$
故
$$D(X) = 6 - 0.9^2 = 5.19.$$

例 4.3 已知甲、乙两箱中装有同种产品,其中甲箱中装有 3 件合格品和 3 件次品,乙箱中仅装有 3 件合格品. 现从甲箱中任取 3 件产品放入乙箱,求:乙箱中次品件数 X 的数学期望及方差.

解 X 的分布律为

X	0	1	2	3
p	$\frac{1}{20}$	$\frac{9}{20}$	$\frac{9}{20}$	$\frac{1}{20}$

因此,
$$E(X) = 0 \times \frac{1}{20} + 1 \times \frac{9}{20} + 2 \times \frac{9}{20} + 3 \times \frac{1}{20} = \frac{3}{2},$$
$$E(X^2) = 0^2 \times \frac{1}{20} + 1^2 \times \frac{9}{20} + 2^2 \times \frac{9}{20} + 3^2 \times \frac{1}{20} = \frac{27}{10},$$
故
$$D(X) = E(X^2) - [E(X)]^2 = \frac{27}{10} - \left(\frac{3}{2}\right)^2 = \frac{9}{20}.$$

例 4.4 设随机变量 X 的分布律为 $\begin{array}{c|cccc} X & -1 & 1 & 2 & 3 \\ \hline p & a & 0.2 & b & 0.1 \end{array}$,且 $E(X)=1$. 试求:(1)常数 a,b 的值;(2) $D\left(\frac{1}{X}\right)$.

解 (1) 由分布律的性质有 $a+0.2+b+0.1=1$,同时
$$E(X) = -a + 0.2 + 2b + 0.3 = 1,$$
故 $a=0.3, b=0.4$;

(2) $E\left(\frac{1}{X}\right) = \frac{1}{-1} \times 0.3 + \frac{1}{1} \times 0.2 + \frac{1}{2} \times 0.4 + \frac{1}{3} \times 0.1 = 0.133,$
$$E\left(\frac{1}{X}\right)^2 = \left(\frac{1}{-1}\right)^2 \times 0.3 + \left(\frac{1}{1}\right)^2 \times 0.2 + \left(\frac{1}{2}\right)^2 \times 0.4 + \left(\frac{1}{3}\right)^2 \times 0.1 = 0.611,$$
所以
$$D\left(\frac{1}{X}\right) = E\left(\frac{1}{X}\right)^2 - \left[E\left(\frac{1}{X}\right)\right]^2 = 0.593.$$

4.2.2 题型二 连续型随机变量的数学期望、方差问题

例 4.5 设随机变量 X 服从柯西分布,它的分布密度为 $f(x) = \frac{1}{\pi(1+x^2)}$, $-\infty < x < +\infty$. 说明 $E(X)$ 不存在.

解 由于

$$\int_{-\infty}^{+\infty} |x| f(x) dx = \frac{1}{\pi} \int_{-\infty}^{+\infty} |x| \cdot \frac{1}{1+x^2} dx = \frac{2}{\pi} \int_0^{+\infty} \frac{x}{1+x^2} dx$$

$$= \int_0^{+\infty} \frac{1}{\pi(1+x^2)} d(1+x^2) = \frac{1}{\pi} \ln(1+x^2) \Big|_0^{+\infty}$$

$$= \lim_{x \to +\infty} \frac{1}{\pi} \ln(1+x^2) = +\infty,$$

故 $E(X)$ 不存在.

例 4.6 设随机变量 X 的概率密度为

$$f(x) = \begin{cases} 2x, & 0 < x < 1, \\ 0, & 其他. \end{cases}$$

求 $E(X), D(X)$.

解 $E(X) = \int_{-\infty}^{+\infty} x f(x) dx = \int_0^1 x \cdot 2x dx = \frac{2}{3},$

$E(X^2) = \int_{-\infty}^{+\infty} x^2 f(x) dx = \int_0^1 x^2 \cdot 2x dx = \frac{1}{2},$

故

$$D(X) = E(X^2) - [E(X)]^2 = \frac{1}{2} - \left(\frac{2}{3}\right)^2 = \frac{1}{18}.$$

例 4.7 设随机变量 X 的概率密度函数为

$$f(x) = \begin{cases} x, & 0 \leqslant x < 1, \\ 2 - kx, & 1 \leqslant x \leqslant 2, \\ 0, & 其他. \end{cases}$$

试求：(1) 常数 k 的值；(2) $E\left(\dfrac{1}{X+1}\right)$；(3) $D(X)$.

解 (1) 由概率密度函数的性质有

$$\int_{-\infty}^{+\infty} f(x) dx = \int_0^1 x dx + \int_1^2 (2-kx) dx = 1,$$

因此 $k=1$；

(2) $E\left(\dfrac{1}{X+1}\right) = \int_{-\infty}^{+\infty} \dfrac{1}{x+1} f(x) dx$

$$= \int_0^1 \frac{1}{x+1} x dx + \int_1^2 \frac{1}{x+1} (2-x) dx = 3\ln 3 - 4\ln 2;$$

(3) $E(X) = \int_{-\infty}^{+\infty} x f(x) dx = \int_0^1 x^2 dx + \int_1^2 x(2-x) dx = 1,$

$E(X^2) = \int_{-\infty}^{+\infty} x^2 f(x) dx = \int_0^1 x^3 dx + \int_1^2 x^2 (2-x) dx = \frac{7}{6},$

故

$$D(X) = E(X^2) - [E(X)]^2 = \frac{1}{6}.$$

例 4.8 随机变量 X 的密度函数为
$$f(x) = \begin{cases} kx^a, & 0 < x < 1, \\ 0, & \text{其他}. \end{cases}$$
其中 k,a 均大于零,且 $E(X)=0.75$. 求 k,a 的值.

解 由概率密度函数的性质有
$$\int_{-\infty}^{+\infty} f(x)\mathrm{d}x = \int_0^1 kx^a \mathrm{d}x = \frac{k}{a+1} = 1,$$
$$E(X) = \int_{-\infty}^{+\infty} xf(x)\mathrm{d}x = \int_0^1 kx^{a+1}\mathrm{d}x = \frac{k}{a+2} = 0.75,$$
故 $k=3, a=2$.

例 4.9 随机变量 X,Y,Z 相互独立,且 $X \sim b(8,0.2), Y \sim U(0,2), Z \sim N(5,3)$,设 $T=-X+2Y-Z+8$. 求 $E(T), D(T)$.

解 由已知有
$$E(X)=1.6, \quad D(X)=1.28, \quad E(Y)=1, \quad D(Y)=\frac{1}{3}, \quad E(Z)=5, \quad D(Z)=3,$$
故
$$E(T) = -E(X)+2E(Y)-E(Z)+8 = -1.6+2-5+8 = 3.4,$$
$$D(T) = (-1)^2 D(X) + 2^2 D(Y) + (-1)^2 D(Z) = 1.28 + \frac{4}{3} + 3 = 5.61.$$

4.2.3 题型三 应用题

例 4.10 已知公共汽车的车门高度是按成年男子与车门顶碰头的机会在 1% 以下的思路设计的,设成年男子的身高服从均值为 175cm,方差为 36cm² 的正态分布. 问车门高度应设计为多少才合适?

解 设 X 为"成年男子身高",则 $X \sim N(175, 36)$. 设车门高度应设计为 $k$cm,则
$$P\{X \geqslant k\} = 1 - \Phi\left(\frac{k-175}{\sqrt{36}}\right) < 0.01,$$
查正态分布表有 $\frac{k-175}{\sqrt{36}} > 2.33$,因此 $k > 188.98$,故车门高度应设计为不低于 188.98cm.

例 4.11 假定国际市场每年对我国某种出口商品的需求量 X(单位:吨)是服从 $[2000,4000]$ 上的均匀分布,设每售出一吨这种商品可为国家挣得外汇 3 万元,但假如销售不出而积于仓库,则每吨需浪费保养费 1 万元,求应组织多少货源,才能使国家的收益最大.

解 设组织的货源量为 k 吨,记 $Y=$"出口该商品所获得的收益"(单位:万元),则
$$Y = g(X) = \begin{cases} 3k, & X \geqslant k, \\ 3X - (k-X), & X < k. \end{cases}$$
而随机变量 X 的概率密度函数为
$$f(x) = \begin{cases} \dfrac{1}{2\,000}, & 2\,000 \leqslant x \leqslant 4\,000, \\ 0, & \text{其他}. \end{cases}$$

所以
$$E(Y) = \int_{-\infty}^{+\infty} g(x) f(x) \mathrm{d}x = \frac{1}{2\,000} \int_{2\,000}^{4\,000} g(x) \mathrm{d}x$$
$$= \frac{1}{2\,000} \int_{2\,000}^{k} (4x - k) \mathrm{d}x + \frac{1}{2\,000} \int_{k}^{4\,000} 3k \mathrm{d}x$$
$$= \frac{1}{1\,000} (-k^2 + 7\,000k - 4 \times 10^6),$$

可得当 $k = 3\,500$ 时达到最大值,因此组织 $3\,500$ 吨此种商品是最好的决策.

例 4.12 某公司生产的机器其无故障工作时间 X 是一个随机变量,其概率密度函数(单位:万小时)为

$$f(x) = \begin{cases} \dfrac{1}{x^2}, & x > 1, \\ 0, & \text{其他}. \end{cases}$$

公司每售出一台机器可获利 $1\,600$ 元,若机器售出后使用 1.2 万小时之内出现故障,则公司应予以更换,这时每台机器公司亏损 $1\,200$ 元;若在 1.2 万到 2 万小时内出现故障,则予以维修,并由公司负担维修费 400 元;若使用 2 万小时以后出现故障,则由用户自己负责,求该公司售出每台机器的平均获利.

解 无故障工作时间 X 在各个时间段内的概率为
$$P\{X \leqslant 1.2\} = \int_{1}^{1.2} \frac{1}{x^2} \mathrm{d}x = \frac{1}{6},$$
$$P\{1.2 < X \leqslant 2\} = \int_{1.2}^{2} \frac{1}{x^2} \mathrm{d}x = \frac{1}{3},$$
$$P\{2 < X\} = \int_{2}^{+\infty} \frac{1}{x^2} \mathrm{d}x = \frac{1}{2}.$$

设 $Y =$ "公司每售出一台机器的获利",因此 Y 的分布律为

Y	$-1\,200$	$1\,200$	$1\,600$
P	$\dfrac{1}{6}$	$\dfrac{1}{3}$	$\dfrac{1}{2}$

所以
$$E(Y) = (-1\,200) \times \frac{1}{6} + 1\,200 \times \frac{1}{3} + 1\,600 \times \frac{1}{2} = 1\,000$$

故该公司售出每台机器的平均获利为 $1\,000$ 元.

4.2.4 题型四 多维随机变量的数字特征问题

例 4.13 随机向量 (X, Y) 的分布律如表 4.2 所示.

表 4.2

Y \ X	-1	0	1
0	0.3	0	0.1
1	0	0.4	0.2

试求：(1) $P\{Y>X\}$；(2) $E(X), E(Y), E(X+2Y)$；(3) $\text{Cov}(X,Y)$.

解 (1) $P\{Y>X\} = P\{X=-1, Y=0\} + P\{X=0, Y=1\} = 0.7$；

(2) $E(X) = (-1) \times 0.3 + (-1) \times 0 + 0 \times 0 + 0 \times 0.4 + 1 \times 0.1 + 1 \times 0.2 = 0$，

$E(Y) = 0 \times 0.3 + 0 \times 0 + 0 \times 0.1 + 1 \times 0 + 1 \times 0.4 + 1 \times 0.2 = 0.6$，

$E(X+2Y) = E(X) + 2E(Y) = 1.2$.

(3) $E(XY) = (-1 \times 0) \times 0.3 + (-1 \times 1) \times 0 + (0 \times 0) \times 0 +$
$(0 \times 1) \times 0.4 + (1 \times 0) \times 0.1 + (1 \times 1) \times 0.2 = 0.2$，

$\text{Cov}(X) = E(XY) - E(X)E(Y) = 0.2 - 0 \times 0.6 = 0.2$.

例 4.14 设袋中装有 5 个白球、3 个红球. 第一次从袋中任取一球不放回，第二次又从袋中任取两个球. 设"第一次从袋中取得白球数"为 X，"第二次从袋中取得白球数"为 Y. 试求：(1) X 与 Y 的联合分布律；(2) $E(X), E(Y), E(X+2Y)$；(3) $\text{Cov}(X,Y)$.

解 (1) (X,Y) 的分布律如表 4.3 所示.

表 4.3

X \ Y	0	1	2
0	$\frac{1}{56}$	$\frac{5}{28}$	$\frac{5}{28}$
1	$\frac{5}{56}$	$\frac{5}{14}$	$\frac{5}{28}$

(2) X 的分布律为

X	0	1
$p_{i.}$	$\frac{21}{56}$	$\frac{35}{56}$

，Y 的分布律为

Y	0	1	2
$p_{.j}$	$\frac{6}{56}$	$\frac{15}{28}$	$\frac{10}{28}$

，

因此有

$$E(X) = \frac{5}{8}, E(Y) = \frac{5}{4},$$

$$E(X+2Y) = E(X) + 2E(Y) = \frac{25}{8}.$$

(3) XY 的分布律为

XY	0	1	2
P	$\frac{26}{56}$	$\frac{5}{14}$	$\frac{5}{28}$

，因此 $E(XY) = \frac{5}{7}$，

$$\text{Cov}(X) = E(XY) - E(X)E(Y) = \frac{5}{7} - \frac{35}{56} \times \frac{35}{28} = -0.067.$$

例 4.15 随机变量 (X,Y) 的概率密度函数为

$$f(x,y) = \begin{cases} 1, & 0 < x < 1, |y| < x, \\ 0, & \text{其他}. \end{cases}$$

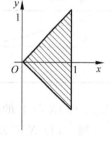

图 4.1

试求：(1) $E(X), E(Y), E(X+2Y)$；(2) $\text{Cov}(X,Y)$.

解 (1) 如图 4.1 所示，

$$E(X) = \int_{-\infty}^{+\infty} \left[\int_{-\infty}^{+\infty} x f(x,y) \, dy \right] dx = \int_0^1 \left[\int_{-x}^{x} x \, dy \right] dx = \int_0^1 2x^2 \, dx = \frac{2}{3},$$

$$E(Y) = \int_{-\infty}^{+\infty}\left[\int_{-\infty}^{+\infty} yf(x,y)\mathrm{d}y\right]\mathrm{d}x = \int_0^1\left[\int_{-x}^{x} y\mathrm{d}y\right]\mathrm{d}x = \int_0^1 0\mathrm{d}x = 0,$$

$$E(X+2Y) = E(X) + 2E(Y) = \frac{2}{3}.$$

(2) $E(XY) = \int_{-\infty}^{+\infty}\left[\int_{-\infty}^{+\infty}(xy)f(x,y)\mathrm{d}y\right]\mathrm{d}x = \int_0^1\left[\int_{-x}^{+x}(xy)\mathrm{d}y\right]\mathrm{d}x = 0,$

$$\mathrm{Cov}(X,Y) = E(XY) - E(X)E(Y) = 0 - \frac{2}{3}\times 0 = 0.$$

例 4.16 设 X 与 Y 是相互独立的随机变量,其概率密度函数分别为

$$f_X(x) = \begin{cases} 2x, & 0\leqslant x\leqslant 1, \\ 0, & \text{其他}. \end{cases} \quad f_Y(y) = \begin{cases} \mathrm{e}^{-(y-5)}, & y>5, \\ 0, & \text{其他}. \end{cases}$$

求 $E(XY)$.

解法 1 先求 X 与 Y 的均值

$$E(X) = \int_0^1 x2x\mathrm{d}x = \frac{2}{3},$$

$$E(Y) = \int_5^{+\infty} y\mathrm{e}^{-(y-5)}\mathrm{d}y \xrightarrow{\text{令} z=y-5} 5\int_0^{+\infty}\mathrm{e}^{-z}\mathrm{d}z + \int_0^{+\infty} z\mathrm{e}^{-z}\mathrm{d}z = 5+1=6.$$

由 X 与 Y 的独立性,可得

$$E(X)E(Y) = E(X)E(Y) = \frac{2}{3}\times 6 = 4.$$

解法 2 利用随机变量函数的均值公式. 因 X 与 Y 独立,故 (X,Y) 的密度函数为

$$f(x,y) = f_X(x)f_Y(y) = \begin{cases} 2x\mathrm{e}^{-(y-5)}, & 0\leqslant x\leqslant 1, y>5, \\ 0, & \text{其他}. \end{cases}$$

于是

$$E(XY) = \int_{-\infty}^{+\infty}\left[\int_{-\infty}^{+\infty} xyf(x,y)\mathrm{d}y\right]\mathrm{d}x = \int_0^1\left[\int_5^{+\infty} xy2x\mathrm{e}^{-(y-5)}\mathrm{d}y\right]\mathrm{d}x = 4.$$

例 4.17 设随机变量 (X,Y) 的分布律如表 4.4 所示.

表 4.4

X \ Y	-1	0	1
0	0.08	0.32	0.20
1	0.07	0.18	0.15

试求:(1) X 与 Y 的相关系数 ρ,判断 X 与 Y 的相关性;(2) $D(X-Y)$.

解 (1) X 的分布律为

$$\begin{array}{c|cc} X & 0 & 1 \\ \hline p_i & 0.6 & 0.4 \end{array},\text{因此}$$

$$E(X) = 0.4, \quad D(X) = 0.24.$$

Y 的分布律为

Y	-1	0	1
$p_{\cdot j}$	0.15	0.5	0.35

因此
$$E(Y)=0.2,\quad E(Y^2)=0.5,\quad D(Y)=0.46.$$

XY 的分布律为

XY	-1	0	1
p	0.07	0.78	0.15

因此
$$E(XY)=0.08,$$
$$\mathrm{Cov}(X,Y)=E(XY)-E(X)E(Y)=0.08-0.4\times 0.2=0,$$
由于 $\rho_{XY}=\dfrac{\mathrm{Cov}(X,Y)}{\sqrt{D(X)D(Y)}}=0$,故 X 与 Y 不相关;

(2) $D(X-Y)=D(X)+D(Y)-2\mathrm{Cov}(X,Y)=0.24+0.25-0=0.49.$

例 4.18 设随机变量 (X,Y) 在圆域 $x^2+y^2\leqslant r^2$ 上服从均匀分布.
(1) 判断 X 与 Y 的独立性;(2)求 X 与 Y 的相关系数 ρ,判断 X 与 Y 的相关性.

解 (1) (X,Y) 的联合概率密度函数为
$$f(x,y)=\begin{cases}\dfrac{1}{\pi r^2}, & x^2+y^2\leqslant r^2,\\ 0, & \text{其他}.\end{cases}$$

因此边缘概率密度函数为
$$f_X(x)=\begin{cases}\displaystyle\int_{-\sqrt{r^2-x^2}}^{\sqrt{r^2-x^2}}\dfrac{1}{\pi r^2}\mathrm{d}y=\dfrac{2}{\pi r^2}\sqrt{r^2-x^2}, & -r\leqslant x\leqslant r,\\ 0, & \text{其他}.\end{cases}$$

$$f_Y(x)=\begin{cases}\displaystyle\int_{-\sqrt{r^2-y^2}}^{\sqrt{r^2-y^2}}\dfrac{1}{\pi r^2}\mathrm{d}x=\dfrac{2}{\pi r^2}\sqrt{r^2-y^2}, & -r\leqslant y\leqslant r,\\ 0, & \text{其他}.\end{cases}$$

由于 $f(x)f_Y(y)=f(x,y)$ 在几乎处处意义下不成立,故 X 和 Y 不独立.

(2) 因为
$$E(X)=\int_{-\infty}^{+\infty}xf_X(x)\mathrm{d}x=\int_{-r}^{r}x\dfrac{2}{\pi r^2}\sqrt{r^2-x^2}\mathrm{d}x=0,$$
$$E(Y)=\int_{-\infty}^{+\infty}yf_Y(y)\mathrm{d}y=\int_{-r}^{r}y\dfrac{2}{\pi r^2}\sqrt{r^2-y^2}\mathrm{d}y=0,$$
$$E(XY)=\int_{-\infty}^{+\infty}\left[\int_{-\infty}^{+\infty}xyf(x,y)\mathrm{d}y\right]\mathrm{d}x=\iint_{x^2+y^2\leqslant r^2}xy\dfrac{1}{\pi r^2}\mathrm{d}x\mathrm{d}y=0,$$
故
$$\mathrm{Cov}(X,Y)=E(XY)-E(X)E(Y)=0-0\times 0=0,$$
因此 $\rho_{XY}=\dfrac{\mathrm{Cov}(X,Y)}{\sqrt{D(X)D(Y)}}=0$,即 X 和 Y 不相关.

例 4.19 设随机变量 X 与 Y 满足 $D(X)=25, D(Y)=36, \rho_{XY}=0.4$,求 $D(X+Y)$ 和 $D(X-Y)$.

解 $D(X+Y)=D(X)+D(Y)+2\sqrt{D(X)D(Y)}\rho_{XY}$
$=25+36+2\sqrt{25}\sqrt{36}\times 0.4=85,$
$D(X-Y)=D(X)+D(Y)-2\sqrt{D(X)D(Y)}\rho_{XY}$
$=25+36-2\sqrt{25}\sqrt{36}\times 0.4=37.$

例 4.20 随机变量 (X,Y) 的分布律如表 4.5 所示.

表 4.5

Y \ X	−1	0	1
0	0	0.2	0.1
1	0.3	0.4	0

求 X 与 Y 的协方差阵.

解 X 的分布律为 $\begin{array}{c|ccc} X & -1 & 0 & 1 \\ \hline p_{i\cdot} & 0.3 & 0.6 & 0.1 \end{array}$,故 $E(X)=-0.2, D(X)=0.36.$

Y 的分布律为 $\begin{array}{c|cc} Y & 0 & 1 \\ \hline p_{\cdot j} & 0.3 & 0.7 \end{array}$,故 $E(Y)=0.7, D(X)=0.21.$

XY 的分布律为 $\begin{array}{c|ccc} XY & -1 & 0 & 1 \\ \hline P & 0.3 & 0.7 & 0 \end{array}$,因此 $E(XY)=-0.3$,且

$\mathrm{Cov}(X,Y)=E(XY)-E(X)E(Y)=-0.3+0.2\times 0.7=-0.16,$

故 X 与 Y 的协方差阵为 $\begin{pmatrix} 0.36 & -0.16 \\ -0.16 & 0.21 \end{pmatrix}.$

4.2.5 题型五 证明题

例 4.21 随机变量 X 的数学期望 $E(X)$ 和 $D(X)$ 均存在.试证明 $D(X+c)=D(X)$,其中 c 为常数.

证 由于
$$D(X+c)=D(X)+D(c)+2\mathrm{Cov}(X,c),$$
而
$$D(c)=0,\quad \mathrm{Cov}(X,c)=E(cX)-E(c)E(X)=cE(X)-cE(X)=0,$$
故
$$D(X+c)=D(X).$$

例 4.22 对于两个随机变量 X 与 Y,若 $E(X^2)$ 和 $E(Y^2)$ 均存在,证明:
$$[E(XY)]^2 \leqslant E(X^2)E(Y^2).$$

证 令 $g(t)=E[(X+tY)^2], t\in \mathbf{R}$,显然
$$g(t)=E[(X+tY)^2]=E(X^2)+2tE(XY)+t^2E(Y^2)\geqslant 0,$$
若 $E(Y^2)\neq 0$,则其判别式 $\Delta\leqslant 0$,而 $\Delta=4[E(XY)]^2-4E(X^2)E(Y^2)\leqslant 0$,因此 $[E(XY)]^2\leqslant$

$E(X^2)E(Y^2)$. 若 $E(Y^2)=0$,由于对任意的 $t\in \mathbf{R}$,有
$$g(t) = 2tE(XY) + E(X^2) \geqslant 0,$$
从而必有 $E(XY)=0$,结论仍成立.

4.3 习题精选

1. 填空题.

(1) 设随机变量 X 服从参数为 θ 的指数分布,则 $P\{X>\sqrt{D(X)}\}=$ _____.

(2) 设随机变量 $X\sim \pi(1)$,则 $P\{X=E(X^2)\}=$ _____.

(3) 设随机变量 $X\sim b(n,p)$,$E(X)=2.4$,$D(X)=1.44$,则 $n=$ _____,$p=$ _____.

(4) 随机变量 X,Y,Z 相互独立,且 $X\sim \pi(2)$,$Y\sim U(0,2)$,$Z\sim N(0,2)$,设 $T=X-2Y-Z+1$. $E(T)=$ _____,$D(T)=$ _____.

(5) 设随机变量 $(X,Y)\sim N(\mu_1,\mu_2;\sigma_1^2,\sigma_2^2;\rho)$,则 $\rho_{XY}=$ _____,$\mathrm{Cov}(X,Y)=$ _____.

(6) 随机将一段长为 1 米的木条截成两节,则这两节木条长度的相关系数为 _____.

2. 单项选择题.

(1) 设随机变量 X 满足 $E(X)=a$,$E(X^2)=b$,c 为常数. 则 $D(cX)=($).
  (A) $c(a-b^2)$; (B) $c(b-a^2)$; (C) $c^2(b-a^2)$; (D) $c^2(a-b^2)$.

(2) 设随机变量 X 满足 $E(X)=a$,则 $E\{E[E(X)]\}=($).
  (A) 0; (B) X; (C) a; (D) a^3.

(3) 设随机变量 X 与 Y 相互独立,且方差分别是 6 和 3. 则 $D(2X-Y)=($).
  (A) 9; (B) 15; (C) 21; (D) 27.

(4) 设随机变量 X^2 的数学期望都存在,则下列结论一定正确的是( ).
  (A) $E(X^2)\geqslant E(X)$;   (B) $E(X^2)\geqslant [E(X)]^2$;
  (C) $E(X^2)\leqslant E(X)$;   (D) $E(X^2)\leqslant [E(X)]^2$.

(5) 随机变量 X,Y 满足 $P\{Y=2X+1\}=1$,则 $\rho_{XY}=($).
  (A) 2; (B) 1; (C) -1; (D) 无法确定.

(6) 设随机变量 (X,Y) 服从二维正态分布,则 X 与 Y 独立是 X 与 Y 不相关的( ).
  (A) 充分条件,但不是必要条件;   (B) 必要条件,但不是充分条件;
  (C) 充分必要条件;   (D) 无法确定.

(7) 设 X 与 Y 为随机变量,则下列结论正确的是( ).
  (A) $E(X+Y)=E(X)+E(Y)$;   (B) $D(X+Y)=D(X)+D(Y)$;
  (C) $E(XY)=E(X)E(Y)$;   (D) $D(XY)=D(X)D(Y)$.

(8) 设随机变量 X 与 Y 的方差均存在且不为零,若 $E(XY)=E(X)E(Y)$,则( ).
  (A) X 与 Y 一定独立;   (B) X 与 Y 一定不相关;
  (C) $D(XY)=D(X)D(Y)$;   (D) $D(X-Y)=D(X)-D(Y)$.

(9) 设 X 与 Y 为随机变量,则与 $\mathrm{Cov}(X,Y)=0$ 不等价的是( ).

(A) X 与 Y 一定独立;   (B) X 与 Y 一定不相关;
(C) $D(X+Y)=D(X)+D(Y)$;   (D) $D(X-Y)=D(X)+D(Y)$.

(10) 若随机变量 X 服从( )，则有 $E(X)=3, D(X)=\dfrac{4}{3}$.

(A) $U[0,6]$;   (B) $U[1,5]$;   (C) $U[2,4]$;   (D) $U[-3,3]$.

(11) 设随机变量 X 概率密度函数为 $f(x)=\dfrac{1}{2\sqrt{\pi}}e^{-\left(\frac{x^2}{4}+\frac{3x}{2}+\frac{9}{4}\right)}, -\infty<x<+\infty$，则 $Y=($ $)$ 服从标准正态分布.

(A) $\dfrac{X+3}{2}$;   (B) $\dfrac{X+3}{\sqrt{2}}$;   (C) $\dfrac{X-3}{2}$;   (D) $\dfrac{X-3}{\sqrt{2}}$.

3. 设随机变量 X 的分布律为

X	-1	0	1	2
p	$\dfrac{1}{8}$	$\dfrac{1}{2}$	$\dfrac{1}{8}$	$\dfrac{1}{4}$

试求：(1) $E(X), E(X^2), E(2X+3)$; (2) $D(X)$.

4. 盒内有 12 个乒乓球，其中有 9 个新球，3 个旧球，采取不放回抽样，每次抽取一个直到取到新球为止. 设 X 表示抽取次数；Y 表示取到的旧球个数，试求：(1) $E(X), D(X)$; (2) $E(Y), D(Y)$.

5. 把数字 $1,2,\cdots,n$ 任意地排成一列，如果数字 k 恰好出现在第 k 个位置上，则称为一个巧合，求巧合个数的数学期望.

6. 设随机变量 X 的分布律为

X	-1	0	1
p	p_1	p_2	p_3

且已知 $E(X)=0.1, E(X^2)=0.9$. 试求：(1) p_1, p_2, p_3 的值; (2) $D\left(\dfrac{1}{X+2}\right)$.

7. 设随机变量 X 的概率密度为

$$f(x)=\begin{cases} c\sqrt{x}, & 0<x<1, \\ 0, & \text{其他}. \end{cases}$$

试求：(1) 常数 c 的值; (2) $E(X)$; (3) $D(X)$.

8. 设随机变量 X 的概率密度为

$$f(x)=\begin{cases} \dfrac{3x^2}{\theta^3}, & 0<x<2, \\ 0, & \text{其他}. \end{cases}$$

且 $P\{X>1\}=\dfrac{7}{8}$. 试求：(1) 常数 θ 的值; (2) $E(e^{X^3})$.

9. 设随机变量 X 的概率密度为

$$f(x)=\begin{cases} ax^2+bx+c, & 0<x<1, \\ 0, & \text{其他}. \end{cases}$$

且 $E(X)=0.5, D(X)=0.15$. 求常数 a, b, c 的值.

10. 设随机变量 X, Y, Z 相互独立,且 $E(X)=5, E(Y)=11, E(Z)=8, D(X)=2, D(Y)=1$,设 $U=2X+3Y+1, V=YZ-4X$. 求 $E(U), E(V), D(U)$.

11. 设某种活塞的直径 $X \sim N(20, 0.02^2)$,气缸的直径 $Y \sim N(20.10, 0.02^2)$,若 X 与 Y 相互独立,求活塞能插入气缸的概率.

12. 假如一手机收到的所有短信中有 2% 是广告短信,则相邻的两次广告短信之间平均有多少条是非广告短信.

13. 某保险公司规定,如果在一年内某事件 A 发生,该公司就要赔偿顾客 a 元. 已知一年内事件 A 发生的概率为 p,那么为使公司收益的期望值等于 a 的 10%,该公司应该要求顾客一年交多少保险费.

14. 设自动生产线加工的某种零件的内径 X 服从正态分布 $N(10.9, 1)$,已知销售每个零件的利润 Y(单位:元)与零件的内径 X 有如下关系

$$Y=\begin{cases} -1, & X<10, \\ 20, & 10 \leqslant X \leqslant 12, \\ -5, & X>12. \end{cases}$$

求销售一个零件的平均利润.

15. 设某商店每销售 1 吨大米获利 a 元,每库存 1 吨大米损失 b 元,假设大米的需求量 X 服从参数为 θ 的指数分布,问库存多少吨大米才能获得最大的平均利润.

16. 设 (X,Y) 的分布律如表 4.6 所示.

表 4.6

Y \ X	0	$\frac{1}{3}$	1
-1	0	$\frac{1}{12}$	$\frac{1}{3}$
0	$\frac{1}{6}$	0	0
2	$\frac{5}{12}$	0	0

试求:(1) $E(X), E(Y), E(3X+Y)$;(2) $\text{Cov}(X,Y)$.

17. 随机变量 (X,Y) 等可能地取到 $(-1,0), (-1,1), (0,0)$. 试求:(1) (X,Y) 的联合分布律;(2) $E\left(\dfrac{1}{2X-Y+1}\right)$;(3) $\text{Cov}(X,Y)$.

18. 设随机变量 (X,Y) 的分布律如表 4.7 所示.

表 4.7

X \ Y	-1	0	1
1	0	0.4	0
2	0.3	0	0.3

试求：(1) $P\{X+2Y \le 1\}$；(2) X 与 Y 的相关系数 ρ_{XY}，判断 X 与 Y 的相关性；(3) 判断 X 与 Y 的独立性.

19. 随机变量 (X,Y) 的概率密度函数为
$$f(x,y) = \begin{cases} 2xy, & 0<x<2, 0<2y<x, \\ 0, & \text{其他}. \end{cases}$$

试求：(1) $E(X), E(Y), E\left(\dfrac{1}{XY}\right)$；(2) $\text{Cov}(X,Y)$.

20. 设二维随机变量 (X,Y) 在以 $(0,0),(0,1),(1,0)$ 为顶点的三角形区域上服从均匀分布. 试求：(1) X 与 Y 的相关系数 ρ_{XY}，判断 X 与 Y 的相关性；(2) $D(X+Y)$.

21. 设随机变量 X 与 Y 满足 $D(X)=2, D(Y)=3, \text{Cov}(X,Y)=-1$，试求 $\text{Cov}(3X-2Y+1, X+4Y-3)$.

22. 设 $X \sim N(0,1), Y=X^2$. 判断 X 与 Y 的相关性.

23. 已知随机变量 X 与 Y 分别服从正态分布 $N(1,9)$ 和 $N(0,16)$，且 X 与 Y 的相关系数 $\rho_{XY}=-\dfrac{1}{2}$，设 $Z=\dfrac{X}{3}+\dfrac{Y}{2}$. 试求：(1) $E(Z)$ 和 $D(Z)$；(2) X 与 Z 的相关系数 ρ_{XZ}；(3) 问 X 与 Z 是否相互独立，为什么？

24. 已知二维随机变量 (X,Y) 的协方差矩阵为 $\begin{pmatrix} 1 & 1 \\ 1 & 4 \end{pmatrix}$，试求 $Z_1=X-2Y$ 和 $Z_2=2X-Y$ 的相关系数 $\rho_{Z_1 Z_2}$.

25. 已知随机变量 X 与 Y 相互独立，且服从 $E(X)=0, E(Y)=-1$ 的正态分布. 则 $P\{X-Y>1\} = P\{X-Y<1\} = \dfrac{1}{2}$.

26. 设随机变量 X 的数学期望 $E(X)$ 和 $D(X)$ 均存在，常数 $c \ne E(X)$. 则有 $D(X) < E(X-c)^2$.

27. 设常数 a,b 分别为随机变量 X 的所有可能取值中的最小值和最大值，$E(X), D(X)$ 分别为 X 的数学期望和方差. 试证明：(1) $a \le E(X) \le b$；(2) $D(X) \le \left(\dfrac{b-a}{2}\right)^2$.

4.4 习题详解

1. 填空题.

(1) e^{-1}；**提示** 由于 X 服从参数为 λ 的指数分布，故 $D(X)=\theta^2$，因此
$$P\{X>\sqrt{D(X)}\} = P\{X>\theta\} = \int_\theta^{+\infty} \dfrac{1}{\theta} e^{-\frac{x}{\theta}} dx = e^{-1}.$$

(2) $\dfrac{e^{-1}}{2}$；**提示** 由于 $X \sim \pi(1)$，故 $E(X^2)=D(X)+[E(X)]^2=2$，因此
$$P\{X=E(X^2)\} = P\{X=2\} = \dfrac{1^2}{2!} e^{-1} = \dfrac{e^{-1}}{2}.$$

(3) $6, 0.4$；**提示** 由于 $X \sim b(n,p), E(X)=np, D(X)=np(1-p)$，故

$$np = 2.4, \quad np(1-p) = 1.44,$$

因此 $n=6, p=0.4$.

(4) $1, \dfrac{16}{3}$；**提示**　$E(X)=2, E(Y)=1, E(Z)=0$，故

$$E(T) = E(X) - 2E(Y) - E(Z) + 1 = 1;$$

而 $D(X)=2, D(Y)=\dfrac{1}{3}, D(Z)=2$，故

$$D(T) = D(X) + 4D(Y) + D(Z) = \dfrac{16}{3}.$$

(5) ρ，$\sigma_1 \sigma_2 \rho$；

(6) -1；**提示**　设这两节木条的长度分别为 Xm, Ym，则 $Y=-X+1$，由相关系数的性质可得这两节木条长度的相关系数为 -1.

2. 单项选择题.

(1) (C)；

(2) (C)；**提示**　$E\{E[E(X)]\}=E[E(a)]=E(a)=a$.

(3) (D)；**提示**　$D(2X-Y)=4D(X)+D(Y)=27$.

(4) (B)；**提示**　由于 $0 \leqslant D(X) = E(X^2) - (E(X))^2$，故 $E(X^2) \geqslant [E(X)]^2$.

(5) (B)；**提示**　由于 $P\{Y=2X+1\}=1$，由相关系数的性质可得 X 和 Y 的相关系数为 1，故 (B) 正确.

(6) (C)；**提示**　设 $(X,Y) \sim N(\mu_1, \mu_2, \sigma_1^2, \sigma_2^2, \rho)$，即 $\rho_{XY}=\rho$，X 与 Y 独立，有 $\rho=0$；X 与 Y 不相关，有 $\rho=0$. 故 (C) 正确.

(7) (A)；

(8) (B)；**提示**　由 $E(XY)=E(X)E(Y)$，有 $\text{Cov}(X,Y)=0$，因此 $\rho_{XY}=0$，所以 X 与 Y 一定不相关.

(9) (A)；**提示**　$\text{Cov}(X,Y)=0$ 有 $\rho_{XY}=0$，所以 X 与 Y 一定不相关；同时 $D(X \pm Y) = D(X) + D(Y) \pm 2\text{Cov}(X,Y) = D(X) + D(Y)$；故选 (A).

(10) (B)；**提示**　设 $X \sim U[a,b]$，则

$$E(X) = \dfrac{a+b}{2}, \quad D(X) = \dfrac{(b-a)^2}{12},$$

故 $\dfrac{a+b}{2}=3, \dfrac{(b-a)^2}{12}=\dfrac{4}{3}$，因此 $a=1, b=5$. 故 (B) 正确.

(11) (B)；**提示**　$f(x) = \dfrac{1}{2\sqrt{\pi}} e^{-\left(\frac{x^2}{4} + \frac{3x}{2} + \frac{9}{4}\right)} = \dfrac{1}{\sqrt{2\pi}\sqrt{2}} e^{-\frac{(x+3)^2}{4}}, -\infty < x < +\infty$，因此 $X \sim N(-3, 2)$，故 $Y = \dfrac{X+3}{\sqrt{2}} \sim N(0,1)$.

3. (1) $E(X) = (-1) \times \dfrac{1}{8} + 0 \times \dfrac{1}{2} + 1 \times \dfrac{1}{8} + 2 \times \dfrac{1}{4} = \dfrac{1}{2}$；

$E(X^2) = (-1)^2 \times \dfrac{1}{8} + 0^2 \times \dfrac{1}{2} + 1^2 \times \dfrac{1}{8} + 2^2 \times \dfrac{1}{4} = \dfrac{5}{4}$；

$E(2X+3) = 2E(X) + 3 = 2 \times \dfrac{1}{2} + 3 = 4$；

(2) $D(X) = E(X^2) - [E(X)]^2 = 1$.

4. (1) X 的分布律为

X	1	2	3	4
p	$\frac{3}{4}$	$\frac{9}{44}$	$\frac{9}{220}$	$\frac{1}{220}$

$$E(X) = 1 \times \frac{3}{4} + 2 \times \frac{9}{44} + 3 \times \frac{9}{220} + 4 \times \frac{1}{220} = 1.3,$$

$$E(X^2) = 1^2 \times \frac{3}{4} + 2^2 \times \frac{9}{44} + 3^2 \times \frac{9}{220} + 4^2 \times \frac{1}{220} = 2,$$

$$D(X) = E(X^2) - [E(X)]^2 = 0.31;$$

(2) Y 的分布律为

Y	0	1	2	3
p	$\frac{3}{4}$	$\frac{9}{44}$	$\frac{9}{220}$	$\frac{1}{220}$

$$E(Y) = 0 \times \frac{3}{4} + 1 \times \frac{9}{44} + 2 \times \frac{9}{220} + 3 \times \frac{1}{220} = 0.3,$$

$$E(Y^2) = 0^2 \times \frac{3}{4} + 1^2 \times \frac{9}{44} + 2^2 \times \frac{9}{220} + 3^2 \times \frac{1}{220} = 0.409,$$

$$D(Y) = E(Y^2) - [E(Y)]^2 = 0.319.$$

5. 设巧合个数为 X,并设

$$X_k = \begin{cases} 1, & \text{数字 } k \text{ 恰好在第 } k \text{ 个位置上} \\ 0, & \text{否则} \end{cases}, \quad k = 1, 2, \cdots, n,$$

则

$$X_k \sim \begin{pmatrix} 0 & 1 \\ 1 - \frac{1}{n} & \frac{1}{n} \end{pmatrix},$$

因此 $E(X_k) = \frac{1}{n}$,故 $E(X) = E\left(\sum_{k=1}^{n} X_k\right) = \sum_{k=1}^{n} E(X_k) = n \times \frac{1}{n} = 1$.

6. (1) 因 $p_1 + p_2 + p_3 = 1$,又

$$E(X) = -1 \times p_1 + 0 \times p_2 + 1 \times p_3 = p_3 - p_1 = 0.1,$$

$$E(X^2) = (-1)^2 \times p_1 + 0^2 \times p_2 + 1^2 \times p_3 = p_3 + p_1 = 0.9,$$

故

$$p_1 = 0.4, \quad p_2 = 0.1, \quad p_3 = 0.5.$$

(2) $E\left(\frac{1}{X+2}\right) = \frac{1}{-1+2} \times 0.4 + \frac{1}{0+2} \times 0.1 + \frac{1}{1+2} \times 0.5 = 0.617,$

$$E\left(\frac{1}{X+2}\right)^2 = \left(\frac{1}{-1+2}\right)^2 \times 0.4 + \left(\frac{1}{0+2}\right)^2 \times 0.1 + \left(\frac{1}{1+2}\right)^2 \times 0.5 = 0.481,$$

$$D\left(\frac{1}{X+2}\right) = E\left(\frac{1}{X+2}\right)^2 - \left[E\left(\frac{1}{X+2}\right)\right]^2 = 0.100.$$

7. (1) 由 $\int_{-\infty}^{+\infty} f(x) \mathrm{d}x = \int_{0}^{1} c\sqrt{x} \, \mathrm{d}x = \frac{2c}{3} = 1$,解得 $c = \frac{3}{2}$.

(2) $E(X) = \int_{-\infty}^{+\infty} x f(x) \mathrm{d}x = \int_{0}^{1} x \frac{3\sqrt{x}}{2} \mathrm{d}x = \frac{3}{5};$

(3) $E(X^2) = \int_{-\infty}^{+\infty} x^2 f(x) \mathrm{d}x = \int_0^1 x^2 \dfrac{3\sqrt{x}}{2} \mathrm{d}x = \dfrac{3}{7}$,

故
$$D(X) = E(X^2) - [E(X)]^2 = 0.069.$$

8. (1) $P\{X > 1\} = \int_1^{+\infty} f(x) \mathrm{d}x = \int_1^2 \dfrac{3x^2}{\theta^3} \mathrm{d}x = \dfrac{7}{\theta^3} = \dfrac{7}{8}$,故 $\theta = 2$;

(2) $E(\mathrm{e}^{X^3}) = \int_{-\infty}^{+\infty} \mathrm{e}^{x^3} f(x) \mathrm{d}x = \int_0^2 \mathrm{e}^{x^3} \dfrac{3x^2}{8} \mathrm{d}x = \dfrac{\mathrm{e}^8 - 1}{8}$.

9. 由概率密度函数的性质有
$$\int_{-\infty}^{+\infty} f(x) \mathrm{d}x = \int_0^1 (ax^2 + bx + c) \mathrm{d}x = 1,$$

因此
$$\dfrac{1}{3}a + \dfrac{1}{2}b + c = 1;$$

由 $E(X) = 0.5$ 可知
$$\int_0^1 x(ax^2 + bx + c) \mathrm{d}x = 0.5,$$

因此
$$\dfrac{1}{4}a + \dfrac{1}{3}b + \dfrac{1}{2}c = 0.5;$$

由 $D(X) = 0.15$,可知
$$E(X^2) = D(X) + [E(X)]^2 = 0.4,$$

因此
$$\int_0^1 x^2 (ax^2 + bx + c) \mathrm{d}x = \dfrac{1}{5}a + \dfrac{1}{4}b + \dfrac{1}{3}c = 0.4,$$

故 $a = 12, b = -12, c = 3$.

10. $E(U) = E(2X + 3Y + 1) = 2E(X) + 3E(Y) + 1 = 44.$

$E(V) = E(YZ - 4X) = E(YZ) - 4E(X) = E(Y)E(Z) - 4E(X) = 68.$

$D(U) = D(2X + 3Y + 1) = 4D(X) + 9D(Y) = 4 \times 2 + 9 \times 1 = 17.$

11. 由于 X 与 Y 相互独立,因此 $X - Y \sim N(-0.10, 2 \times 0.02^2)$,故
$$P\{X < Y\} = P\{X - Y < 0\} = \Phi\left(\dfrac{0 + 0.10}{\sqrt{2} \times 0.02}\right) = \Phi(3.5) = 0.9998,$$

故活塞能插入气缸的概率为 0.9998.

12. 设 $X =$ "相邻两次广告短信之间收到的不是广告短信的次数",则

$P\{X = k\} = 0.02(1 - 0.02)^k, \quad k = 0, 1, 2, \cdots$

$E(X) = \sum\limits_{k=0}^{+\infty} k \cdot 0.02(1 - 0.02)^k = 0.02(1 - 0.02) \sum\limits_{k=0}^{+\infty} k(1-0.02)^{k-1}$

$\qquad = \dfrac{1 - 0.02}{0.02} = 49.$

13. 设顾客一年交 k 元保险费,保险公司的收益为 X 元,则
$$X = \begin{cases} k - a, & A \text{ 发生}, \\ k, & A \text{ 不发生}. \end{cases}$$

X 的分布律为 $\begin{pmatrix} k-a & k \\ p & 1-p \end{pmatrix}$,故

$$E(X) = k(1-p) + (k-a)p = k - ap,$$

而保险公司要求收益的期望值等于 a 的 10%,即 $E(X) = \dfrac{a}{10}$,因此 $k = a(p+0.1)$ 元.

14. 零件的内径 X 在各个区间的概率为

$$P\{X < 10\} = \Phi\left(\dfrac{10-10.9}{\sqrt{1}}\right) = 0.1841,$$

$$P\{10 \leqslant X \leqslant 12\} = \Phi\left(\dfrac{12-10.9}{\sqrt{1}}\right) - \Phi\left(\dfrac{10-10.9}{\sqrt{1}}\right) = 0.6802,$$

$$P\{X > 12\} = 1 - \Phi\left(\dfrac{12-10.9}{\sqrt{1}}\right) = 0.1357,$$

因此,随机变量 Y 的分布律为

Y	-1	20	-5
p	0.1841	0.6802	0.1357

故

$$E(Y) = (-1) \times 0.1841 + 20 \times 0.6802 - 5 \times 0.1357 = 12.7414,$$

即销售一个零件的平均利润为 12.7414 元.

15. 设大米的库存为 k 吨,大米销售利润为 Y,则

$$Y = g(X) = \begin{cases} ak, & X > k, \\ aX - b(k-X), & X \leqslant k. \end{cases}$$

X 的概率密度函数为 $f(x) = \begin{cases} \dfrac{1}{\theta}e^{-\frac{x}{\theta}} & x > 0, \\ 0, & x \leqslant 0. \end{cases}$ 因此

$$E(Y) = \int_{-\infty}^{+\infty} g(x)f(x)\mathrm{d}x = \int_0^k [ax - b(k-x)]\dfrac{1}{\theta}e^{-\frac{x}{\theta}}\mathrm{d}x + \int_k^{+\infty} \dfrac{ak}{\theta}e^{-\frac{x}{\theta}}\mathrm{d}x$$

$$= -\theta(a+b)(e^{-\frac{k}{\theta}} - 1) - bk,$$

上式对 k 求导,令导函数等于零,解得 $k = \theta\ln\dfrac{a+b}{b}$,故库存 $\theta\ln\dfrac{a+b}{b}$ 吨大米才能获得最大的平均利润.

16. (1) $E(X) = 0 \times 0 + 0 \times \dfrac{1}{6} + 0 \times \dfrac{5}{12} + \dfrac{1}{3} \times \dfrac{1}{12} + \dfrac{1}{3} \times 0 +$

$$\dfrac{1}{3} \times 0 + 1 \times \dfrac{1}{3} + 1 \times 0 + 1 \times 0 = \dfrac{13}{36},$$

$$E(Y) = -1 \times 0 + 0 \times \dfrac{1}{6} + 2 \times \dfrac{5}{12} + (-1) \times \dfrac{1}{12} + 0 \times 0 +$$

$$2 \times 0 + (-1) \times \dfrac{1}{3} + 0 \times 0 + 2 \times 0 = \dfrac{5}{12},$$

$$E(3X+Y) = (3\times 0-1)\times 0 + (3\times 0+0)\times \frac{1}{6} +$$
$$(3\times 0+2)\times \frac{5}{12} + \left(3\times \frac{1}{3}-1\right)\times \frac{1}{12} +$$
$$\left(3\times \frac{1}{3}+0\right)\times 0 + \left(3\times \frac{1}{3}+2\right)\times 0 + (3\times 1-1)\times \frac{1}{3} +$$
$$(3\times 0+0)\times 0 + (3\times 2+2)\times 0 = \frac{18}{12},$$

(2) $E(XY) = 0\times(-1)\times 0 + 0\times 0\times \frac{1}{6} + 0\times 2\times \frac{5}{12} + \frac{1}{3}\times(-1)\times \frac{1}{12} + \frac{1}{3}\times 0\times 0 +$
$\frac{1}{3}\times 2\times 0 + 1\times(-1)\times \frac{1}{3} + 1\times 0\times 0 + 1\times 2\times 0 = -\frac{13}{36},$

$\operatorname{Cov}(X,Y) = E(XY) - E(X)E(Y) = -0.51.$

17. (1) (X,Y) 的分布律如表 4.8 所示.

表 4.8

Y \ X	−1	0
0	$\frac{1}{3}$	$\frac{1}{3}$
1	$\frac{1}{3}$	0

(2) $\dfrac{1}{2X-Y+1}$ 的分布律为 $\begin{array}{c|ccc}\dfrac{1}{2X-Y+1} & -\dfrac{1}{2} & -1 & 1 \\ \hline p & \dfrac{1}{3} & \dfrac{1}{3} & \dfrac{1}{3}\end{array}$,故

$$E\left(\frac{1}{2X-Y+1}\right) = -\frac{1}{6};$$

(3) X 的分布律为 $\begin{array}{c|cc} X & -1 & 0 \\ \hline p_{i.} & \frac{2}{3} & \frac{1}{3}\end{array}$,$E(X) = -\frac{2}{3}$,

Y 的分布律为 $\begin{array}{c|cc} Y & 0 & 1 \\ \hline p_{.j} & \frac{2}{3} & \frac{1}{3}\end{array}$,$E(Y) = \frac{1}{3}$,

XY 的分布律为 $\begin{array}{c|cc} XY & -1 & 0 \\ \hline p & \frac{1}{3} & \frac{2}{3}\end{array}$,$E(XY) = -\frac{1}{3}$,

$\operatorname{Cov}(X,Y) = E(XY) - E(X)E(Y) = -\dfrac{1}{9}.$

18. (1) $P\{X+2Y<1\}=P\{X=1,Y=-1\}+\{X=2,Y=-1\}=0.3$,

(2) X 的分布律为 $\dfrac{X \mid 1 \quad 2}{p_{i.} \mid 0.4 \quad 0.6}$, 因此

$$E(X)=1.6, \quad E(X^2)=2.8, \quad D(X)=0.24,$$

Y 的分布律为 $\dfrac{Y \mid -1 \quad 0 \quad 1}{p_{.j} \mid 0.3 \quad 0.4 \quad 0.3}$,

$$E(Y)=0, \quad E(Y^2)=0.6, \quad D(X)=0.6,$$

XY 的分布律为 $\dfrac{XY \mid -2 \quad -1 \quad 0 \quad 1 \quad 2}{p \mid 0.3 \quad 0 \quad 0.4 \quad 0 \quad 0.3}$, $E(XY)=0$,

$\mathrm{Cov}(X,Y)=E(XY)-E(X)E(Y)=0-1.6\times 0=0$,

从而 $\rho_{XY}=\dfrac{\mathrm{Cov}(X,Y)}{\sqrt{D(X)D(Y)}}=0$, 因此 X 与 Y 不相关;

(3) $P\{X=1,Y=-1\}\neq P\{X=1\}\{P\{Y=-1\}$, 因此 X 与 Y 不独立.

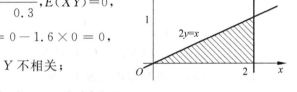

图 4.2

19. 如图 4.2 所示,

(1) $E(X)=\int_{-\infty}^{+\infty}\left[\int_{-\infty}^{+\infty}xf(x,y)\mathrm{d}y\right]\mathrm{d}x=\int_{0}^{2}\left[\int_{0}^{\frac{x}{2}}x2xy\mathrm{d}y\right]\mathrm{d}x=\int_{0}^{2}\dfrac{x^4}{4}\mathrm{d}x=\dfrac{8}{5}$,

$E(Y)=\int_{-\infty}^{+\infty}\left[\int_{-\infty}^{+\infty}yf(x,y)\mathrm{d}y\right]\mathrm{d}x=\int_{0}^{2}\left[\int_{0}^{\frac{x}{2}}y2xy\mathrm{d}y\right]\mathrm{d}x=\int_{0}^{2}\dfrac{x^4}{12}\mathrm{d}x=\dfrac{8}{15}$,

$E\left(\dfrac{1}{XY}\right)=\int_{-\infty}^{+\infty}\left[\int_{-\infty}^{+\infty}\dfrac{1}{xy}f(x,y)\mathrm{d}y\right]\mathrm{d}x=\int_{0}^{2}\left[\int_{0}^{\frac{x}{2}}2\mathrm{d}y\right]\mathrm{d}x=\int_{0}^{2}x\mathrm{d}x=2$;

(2) $E(XY)=\int_{-\infty}^{+\infty}\left[\int_{-\infty}^{+\infty}(xy)f(x,y)\mathrm{d}y\right]\mathrm{d}x=\int_{0}^{2}\left[\int_{0}^{\frac{x}{2}}xy2xy\mathrm{d}y\right]\mathrm{d}x=\dfrac{8}{9}$,

$\mathrm{Cov}(X,Y)=E(XY)-E(X)E(Y)=\dfrac{8}{9}-\dfrac{8}{5}\times\dfrac{8}{15}=\dfrac{8}{225}$.

20. (1) 如图 4.3 所示, $D=\{(x,y)\mid 0<x<1, 0<y<1-x\}$,

区域 D 的面积为 $\dfrac{1}{2}$, 因此 (X,Y) 的概率密度为

$$f(x,y)=\begin{cases}2, & 0<x<1, 0<y<1-x,\\ 0, & 其他.\end{cases}$$

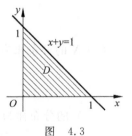

图 4.3

所以

$$E(X)=\int_{0}^{1}\left[\int_{0}^{1-x}x2\mathrm{d}y\right]\mathrm{d}x=\dfrac{1}{3},$$

$$E(X^2)=\iint_{D}x^2 f(x,y)\mathrm{d}x\mathrm{d}y=\int_{0}^{1}\mathrm{d}x\int_{0}^{1-x}2x^2\mathrm{d}y=\dfrac{1}{6},$$

从而

$$D(X) = E(X^2) - [E(X)]^2 = \frac{1}{6} - \left(\frac{1}{3}\right)^2 = \frac{1}{18}.$$

同理 $E(Y) = \frac{1}{3}, D(Y) = \frac{1}{18}.$ 而

$$E(XY) = \iint_D xyf(x,y)\,\mathrm{d}x\mathrm{d}y = \iint_D 2xy\,\mathrm{d}x\mathrm{d}y = \int_0^1 \mathrm{d}x \int_0^{1-x} 2xy\,\mathrm{d}y = \frac{1}{12}.$$

所以

$$\mathrm{Cov}(X,Y) = E(XY) - E(X)E(Y) = \frac{1}{12} - \frac{1}{3} \times \frac{1}{3} = -\frac{1}{36}.$$

从而

$$\rho_{XY} = \frac{\mathrm{Cov}(X,Y)}{\sqrt{D(X)D(Y)}} = \frac{-\frac{1}{36}}{\sqrt{\frac{1}{18} \times \frac{1}{18}}} = -\frac{1}{2},$$

因此 X 与 Y 的相关;

(2) $D(X+Y) = D(X) + D(Y) + 2\mathrm{Cov}(X,Y) = \frac{1}{18} + \frac{1}{18} + 2 \times \left(-\frac{1}{36}\right) = \frac{1}{18}.$

21. $\mathrm{Cov}(3X - 2Y + 1, X + 4Y - 3) = 3D(X) + 10\mathrm{Cov}(X,Y) - 8D(Y) = -28.$

22. 因 $X \sim N(0,1)$, 故 $E(X) = 0$, 从而

$$\mathrm{Cov}(X,Y) = E(XY) - E(X)E(Y) = E(X^3),$$

而

$$E(X^3) = \int_{-\infty}^{+\infty} x^3 \cdot \frac{1}{\sqrt{2\pi}} \mathrm{e}^{-\frac{x^2}{2}} \mathrm{d}x = 0,$$

故 $\mathrm{Cov}(X,Y) = 0$, 即 $\rho = 0$, X 与 Y 不相关.

23. (1) $E(Z) = E\left(\frac{X}{3} + \frac{Y}{2}\right) = \frac{1}{3}.$

$$D(Z) = D\left(\frac{X}{3}\right) + D\left(\frac{Y}{2}\right) + 2\mathrm{Cov}\left(\frac{X}{3}, \frac{Y}{2}\right) = \frac{1}{9} \times 9 + \frac{1}{4} \times 16 + 2 \times \frac{1}{3} \times \frac{1}{2}\mathrm{Cov}(X,Y),$$

而

$$\mathrm{Cov}(X,Y) = \rho_{XY}\sqrt{D(X)D(Y)} = -\frac{1}{2} \times 3 \times 4 = -6,$$

所以 $D(Z) = 1 + 4 - 6 \times \frac{1}{3} = 3.$

(2) 因为

$$\mathrm{Cov}(X,Z) = \mathrm{Cov}\left(X, \frac{X}{3} + \frac{Y}{2}\right) = \frac{1}{3}\mathrm{Cov}(X,X) + \frac{1}{2}\mathrm{Cov}(X,Y)$$

$$= \frac{1}{3}D(X) + \frac{1}{2} \times (-6) = \frac{9}{3} - 3 = 0,$$

所以 $\rho_{XZ} = \frac{\mathrm{Cov}(X,Z)}{\sqrt{D(X)D(Z)}} = 0;$

(3) 由 $\rho_{XZ}=0$,得 X 与 Z 不相关. 又因为 $Z\sim N\left(\dfrac{1}{3},3\right)$,$X\sim N(1,9)$,即 X 与 Z 均服从正态分布,因此 X 与 Z 相互独立.

24. 由已知 $D(X)=1, D(Y)=4, \text{Cov}(X,Y)=1$,从而
$$D(Z_1) = D(X-2Y) = D(X)+4D(Y)-4\text{Cov}(X,Y) = 13,$$
$$D(Z_2) = D(2X-Y) = 4D(X)+D(Y)-4\text{Cov}(X,Y) = 4,$$
$$\begin{aligned}\text{Cov}(Z_1,Z_2) &= \text{Cov}(X-2Y, 2X-Y) \\ &= 2\text{Cov}(X,X)-4\text{Cov}(Y,X)-\text{Cov}(X,Y)+2\text{Cov}(Y,Y) \\ &= 2D(X)-5\text{Cov}(Y,X)+2D(Y) = 5,\end{aligned}$$
故
$$\rho_{Z_1 Z_2} = \dfrac{\text{Cov}(Z_1,Z_2)}{\sqrt{D(Z_1)D(Z_2)}} = \dfrac{5}{\sqrt{13\times 4}} = \dfrac{5}{26}\sqrt{13}.$$

25. 设 $X\sim N(0,\sigma_1^2), Y\sim N(-1,\sigma_2^2)$,由 X 与 Y 相互独立有,$X-Y\sim N(1,\sigma_1^2+\sigma_2^2)$,因此
$$P\{X-Y>1\} = 1-\Phi(0) = \dfrac{1}{2}, \quad P\{X-Y<1\} = \Phi(0) = \dfrac{1}{2}.$$

26. $\begin{aligned}E(X-c)^2 &= E(X^2)-2cE(X)+c^2 \\ &= E(X^2)-(EX)^2+(EX)^2-2cE(X)+c^2 \\ &= D(X)+[E(X)-c]^2 > D(X).\end{aligned}$

27. (1) 由于 $a\leqslant X\leqslant b$,故 $a\leqslant E(X)\leqslant b$;

(2) $D(X) = E\{[X-E(X)]^2\} \leqslant E\left(X-\dfrac{b-a}{2}\right)^2 \leqslant \left(\dfrac{b-a}{2}\right)^2.$

第5章

大数定律与中心极限定理

5.1 内容提要

5.1.1 切比雪夫(Chebyshev)不等式

设随机变量 X 的数学期望 $E(X)$ 和方差 $D(X)$ 均存在,则对 $\forall \varepsilon > 0$,有

$$P\{|X-E(X)| \geqslant \varepsilon\} \leqslant \frac{D(X)}{\varepsilon^2}, \quad 或 \quad P\{|X-E(X)| < \varepsilon\} \geqslant 1 - \frac{D(X)}{\varepsilon^2}.$$

5.1.2 依概率收敛

设 $X_1, X_2, \cdots, X_n$ 是一个随机变量序列,a 是一个常数.若对 $\forall \varepsilon > 0$,有

$$\lim_{n \to \infty} P\{|X_n - a| < \varepsilon\} = 1,$$

则称序列 $X_1, X_2, \cdots, X_n$ **依概率收敛**于 a.记作 $X_n \xrightarrow{P} a$.

5.1.3 大数定律

设随机变量序列 $\{X_i\}$ 的数学期望均存在,若对 $\forall \varepsilon > 0$ 有

$$\lim_{n \to \infty} P\left\{\left|\frac{1}{n}\sum_{i=1}^{n} X_i - \frac{1}{n}\sum_{i=1}^{n} E(X_i)\right| < \varepsilon\right\} = 1,$$

即 $\frac{1}{n}\sum_{i=1}^{n} X_i \xrightarrow{P} \frac{1}{n}\sum_{i=1}^{n} E(X_i)$,则称随机变量序列 $\{X_i\}$ 服从**大数定律**.

5.1.4 常见的大数定律

(1) **切比雪夫大数定律** 设 $\{X_i\}$ 是相互独立的随机变量序列,且存在常数 C,使 $D(X_i) \leqslant C (i=1,2,\cdots)$,则对 $\forall \varepsilon > 0$,有

$$\lim_{n\to\infty} P\left\{\left|\frac{1}{n}\sum_{i=1}^n X_i - \frac{1}{n}\sum_{i=1}^n E(X_i)\right| < \varepsilon\right\} = 1.$$

(2) 伯努利大数定律 设 $\{X_i\}$ 是相互独立的随机变量序列，都服从两点分布 $b(1,p)$，则对 $\forall \varepsilon > 0$，有 $\lim\limits_{n\to\infty} P\left\{\left|\frac{1}{n}\sum_{i=1}^n X_i - p\right| < \varepsilon\right\} = 1.$

(3) 辛钦大数定律 设 $\{X_i\}$ 是独立同分布的随机变量序列，且 $E(X_1) = \mu$，则对 $\forall \varepsilon > 0$，有 $\lim\limits_{n\to\infty} P\left\{\left|\frac{1}{n}\sum_{i=1}^n X_i - \mu\right| < \varepsilon\right\} = 1$，即 $\frac{1}{n}\sum_{i=1}^n X_i \xrightarrow{P} \mu.$

5.1.5 中心极限定理

设 $\{X_i\}$ 是相互独立的随机变量序列，且存在有限的数学期望 $E(X_i)$ 和方差 $D(X_i)$ ($i=1,2,\cdots$)，若对任意实数 x，有

$$\lim_{n\to\infty} P\left\{\frac{\sum_{i=1}^n X_i - E\left(\sum_{i=1}^n X_i\right)}{\sqrt{D\left(\sum_{i=1}^n X_i\right)}} \leqslant x\right\} = \int_{-\infty}^x \frac{1}{\sqrt{2\pi}} e^{-\frac{1}{2}t^2} dt = \Phi(x),$$

则称随机变量序列 $\{X_n\}$ 服从**中心极限定理**. 即当 $n\to\infty$ 时，$Y_n = \dfrac{\sum_{i=1}^n X_i - E\left(\sum_{i=1}^n X_i\right)}{\sqrt{D\left(\sum_{i=1}^n X_i\right)}}$ 的分布函数趋于标准正态分布的分布函数 $\Phi(x)$.

5.1.6 常见的中心极限定理

(1) 列维-林德伯格中心极限定理（独立同分布的中心极限定理） 设随机变量序列 $\{X_i\}$ 独立同分布，且 $E(X_1) = \mu, D(X_1) = \sigma^2$，则对任意实数 x，有

$$\lim_{n\to\infty} P\left\{\frac{\sum_{i=1}^n X_i - n\mu}{\sqrt{n}\sigma} \leqslant x\right\} = \int_{-\infty}^x \frac{1}{\sqrt{2\pi}} e^{-\frac{1}{2}t^2} dt = \Phi(x)$$

一般地，在上述条件下，且当 n 较大时，$\sum_{i=1}^n X_i$ 近似服从正态分布 $N(n\mu, n\sigma^2)$，$\overline{X} = \frac{1}{n}\sum_{i=1}^n X_i$ 近似服从正态分布 $N\left(\mu, \frac{\sigma^2}{n}\right).$

(2) 棣莫弗-拉普拉斯中心极限定理 设随机变量 Y_n 服从 $b(n,p), n=0,1,2,3,\cdots$，$0 < p < 1$，则对任意实数 x，有

$$\lim_{n\to\infty} P\left\{\frac{Y_n - np}{\sqrt{np(1-p)}} \leqslant x\right\} = \int_{-\infty}^x \frac{1}{\sqrt{2\pi}} e^{-\frac{1}{2}t^2} dt = \Phi(x).$$

在上述条件下，当 n 很大时，Y_n 近似服从正态分布 $N[np, np(1-p)]$.

5.2 典型例题分析

5.2.1 题型一 利用切比雪夫不等式估计概率问题

例 5.1 设随机变量 X 的数学期望 $E(X)=2$，方差 $D(X)=0.4$，根据切比雪夫不等式估计 $P\{1<X<3\}$.

解 $P\{1<X<3\}=P\{|X-2|<1\}\geqslant 1-\dfrac{0.4}{1^2}=0.6$.

例 5.2 设随机变量 X 的数学期望 $E(X)=\mu$，方差 $D(X)=\sigma^2$，根据切比雪夫不等式 $P\{|X-\mu|>3\sigma\}\leqslant$ _____.

解 $P\{|X-\mu|>3\sigma\}\leqslant\dfrac{\sigma^2}{(3\sigma)^2}=\dfrac{1}{9}$.

例 5.3 连续抛掷一枚质地均匀的硬币 1 000 次. 试利用切比雪夫不等式估计国徽面出现次数在 400～600 之间的概率.

解 设 X 表示 1 000 次抛掷中"国徽面出现的次数"，则 $X\sim b(1\,000,0.5)$，且
$$E(X)=np=500,\quad D(X)=np(1-p)=250,$$
故
$$\begin{aligned}P\{400<X<600\}&=P\{-100<X-500<100\}\\&=P\{-100<X-E(X)<100\}\\&=P\{|X-E(X)|<100\}>\\&1-\dfrac{D(X)}{100^2}=0.975.\end{aligned}$$

例 5.4 设随机变量 X 和 Y 的数学期望都是 2，方差分别为 1 和 4，相关系数为 0.5. 利用切比雪夫不等式估计 $P\{|X-Y|\geqslant 6\}\leqslant$ _____.

解 由于
$$E(X-Y)=0,$$
$$D(X-Y)=D(X)+D(Y)-2\rho_{XY}\sqrt{D(X)D(Y)}=1+4-2\times 0.5\times 1\times 2=3,$$
利用切比雪夫不等式得
$$P\{|X-Y|\geqslant 6\}=P\{|(X-Y)-E(X-Y)|\geqslant 6\}\leqslant\dfrac{D(X-Y)}{6^2}=\dfrac{1}{12}.$$

5.2.2 题型二 大数定律的应用问题

例 5.5 在一个罐子中，装有 10 个编号为 1～10 的大小同样的球，从罐中有放回地抽取若干次，每次抽取一个，并记下号码.

设 $X_k=\begin{cases}1, & \text{第 } k \text{ 次取到号码 } 1,\\ 0, & \text{否则},\end{cases}\quad k=1,2,\cdots$

问序列 $\{X_k\}$ 能否应用大数定律？

解 $X_k \sim \begin{pmatrix} 0 & 1 \\ 0.9 & 0.1 \end{pmatrix}$,

$$E(X_k) = 0.1, \quad D(X_k) = 0.09 \quad k = 1, 2, \cdots$$

序列 $\{X_k\}$ 独立同分布,且数学期望存在、方差有界,故可以应用大数定律.

$$\lim_{n \to \infty} P\left\{\left|\frac{1}{n}\sum_{i=1}^{n} X_i - 0.1\right| < \varepsilon\right\} = 1$$

例 5.6 随机变量序列 $\{X_n\}$ 相互独立,且均服从期望为 2 的泊松分布,则当 $n \to \infty$ 时, $Y_n = \frac{1}{n}\sum_{i=1}^{n} X_i$ 依概率收敛于 _____, $Z_n = \frac{1}{n}\sum_{i=1}^{n} X_i^2$ 依概率收敛于 _____.

解 $E(X_i) = D(X_i) = 2, E(X_i^2) = D(X_i) + [E(X_i)]^2 = 6, i = 1, 2, \cdots$

$$E(Y_n) = \frac{1}{n}\sum_{i=1}^{n} E(X_i) = 2, E(Z_n) = \frac{1}{n}\sum_{i=1}^{n} E(X_i^2) = 6$$

由序列 $\{X_n\}$ 相互独立,知 $\{X_n^2\}$ 也相互独立,故由辛钦大数定律可知,当 $n \to \infty$ 时, $Y_n = \frac{1}{n}\sum_{i=1}^{n} X_i$ 依概率收敛于 2, $Z_n = \frac{1}{n}\sum_{i=1}^{n} X_i^2$ 依概率收敛于 6.

5.2.3 题型三 中心极限定理的应用问题

例 5.7 设随机变量序列 $\{X_n\}$ 相互独立,且均服从参数为 1 的指数分布,则

$$\lim_{n \to \infty} P\left\{\frac{\sum_{i=1}^{n} X_i - n}{\sqrt{n}} \leqslant x\right\} = \underline{\qquad}.$$

解 因 $E(X_i) = 1 \quad D(X_i) = 1 \quad i = 1, 2, \cdots$,故

$$E\left(\sum_{i=1}^{n} X_i\right) = \sum_{i=1}^{n} E(X_i) = n, \quad D\left(\sum_{i=1}^{n} X_i\right) = \sum_{i=1}^{n} D(X_i) = n,$$

由独立同分布中心极限定理有

$$\lim_{n \to \infty} P\left\{\frac{\sum_{i=1}^{n} X_i - n}{\sqrt{n}} \leqslant x\right\} = \lim_{n \to \infty} P\left\{\frac{\sum_{i=1}^{n} X_i - E\left(\sum_{i=1}^{n} X_i\right)}{\sqrt{D\left(\sum_{i=1}^{n} X_i\right)}} \leqslant x\right\} = \Phi(x).$$

例 5.8 假设某条生产线组装每件成品的时间服从指数分布,统计资料表明每件成品的组装时间平均为 10min. 设各件产品的组装时间相互独立.

(1) 试求组装 100 件成品需要 900~1 200min 的概率;

(2) 以 95% 的概率在 16h 内最多可以组装多少件成品?

解 设第 i 件产品组装的时间为 X_i min, $i = 1, 2, \cdots, 100$,则

$$E(X_i) = 10, \quad D(X_i) = 100, \quad i = 1, 2, \cdots, 100$$

利用独立同分布的中心极限定理有

(1) $P\left\{900 \leqslant \sum_{i=1}^{100} X_i \leqslant 1\,200\right\}$

$$= P\left\{\frac{900-100\times10}{\sqrt{100\times10}} \leqslant \frac{\sum_{i=1}^{100}X_i-100\times10}{\sqrt{100\times10}} \leqslant \frac{1\,200-100\times10}{\sqrt{100\times10}}\right\}$$

$$= P\left\{-1 \leqslant \frac{\sum_{i=1}^{100}X_i-100\times10}{\sqrt{100\times10}} \leqslant 2\right\} \approx \Phi(2)-\Phi(-1)$$

$$= \Phi(2)+\Phi(1)-1 = 0.818\,5.$$

故组装 100 件成品需要 900～1 200min 的概率为 0.818 5.

(2) 设以 95% 的概率在 16h 内最多可以组装 n 件成品,因为

$$P\left\{\sum_{i=1}^{n}X_i \leqslant 960\right\} = P\left\{\frac{\sum_{i=1}^{n}X_i-n\times10}{\sqrt{n\times10}} \leqslant \frac{960-n\times10}{\sqrt{n\times10}}\right\} \approx \Phi\left(\frac{960-n\times10}{\sqrt{n\times10}}\right),$$

即 $\Phi\left(\frac{960-n\times10}{\sqrt{n\times10}}\right) = 0.95$,查表可得 $\frac{960-10n}{\sqrt{100n}} \approx 1.645, n \approx 81.18$,故最多可组装 81 件成品.

例 5.9 报童沿街向行人兜售报纸,假设每位行人买报的概率为 0.2,且行人是否买报是相互独立的.求报童向 100 位行人兜售之后,卖掉 15～30 份报纸的概率.

解 设报童卖掉报纸的份数为 X,则 $X \sim b(100, 0.2)$,根据中心极限定理,
$P\{15 \leqslant X \leqslant 30\}$

$$= P\left\{\frac{15-100\times0.2}{\sqrt{100\times0.2\times(1-0.2)}} \leqslant \frac{X-100\times0.2}{\sqrt{100\times0.2\times(1-0.2)}} \leqslant \frac{30-100\times0.2}{\sqrt{100\times0.2\times(1-0.2)}}\right\}$$

$$= P\left\{-1.25 \leqslant \frac{X-100\times0.2}{\sqrt{100\times0.2\times(1-0.2)}} \leqslant 2.5\right\} \approx \Phi(2.5)-\Phi(-1.25) = 0.886\,2,$$

故报童向 100 位行人兜售之后,卖掉 15～30 份报纸的概率为 0.886 2.

例 5.10 一个食品店有三种蛋糕出售,由于售出哪一种蛋糕是随机的,因而售出一只蛋糕的价格是一个随机变量,它取 1 元、1.2 元、1.5 元各个值的概率分别为 0.3、0.2、0.5.若售出 300 只蛋糕.试求:

(1) 收入至少 400 元的概率;(2) 售出价格为 1.2 元的蛋糕多于 60 只的概率.

解 设售出的第 i 只蛋糕的价格为 X_i 元,$i=1,2,\cdots,300$.则

$$X_i \sim \begin{pmatrix} 1 & 1.2 & 1.5 \\ 0.3 & 0.2 & 0.5 \end{pmatrix},$$

故 $E(X_i) = 1.29, D(X_i) = 0.048\,9, i=1,2,\cdots,300$. 利用中心极限定理有

(1) $P\left\{\sum_{i=1}^{300}X_i \geqslant 400\right\} = P\left\{\frac{\sum_{i=1}^{300}X_i-300\times1.29}{\sqrt{300\times0.048\,9}} \geqslant \frac{400-300\times1.29}{\sqrt{300\times0.048\,9}}\right\}$

$$= P\left\{\frac{\sum_{i=1}^{300}X_i-300\times1.29}{\sqrt{300\times0.048\,9}} \geqslant 3.02\right\} \approx 1-\Phi(3.02) = 0.000\,3,$$

故，收入至少 400 元的概率为 0.000 3.

(2) 设售出价格为 1.2 元的蛋糕为 Y 只，则 $Y \sim b(300,0.2)$，根据中心极限定理，

$$P\{Y \geqslant 60\} = P\left\{\frac{Y-300\times 0.2}{\sqrt{300\times 0.2\times(1-0.2)}} \geqslant \frac{60-300\times 0.2}{\sqrt{300\times 0.2\times(1-0.2)}}\right\}$$

$$= P\left\{\frac{Y-300\times 0.2}{\sqrt{300\times 0.2\times(1-0.2)}} \geqslant 0\right\} \approx 1-\Phi(0) = 0.5,$$

故售出价格为 1.2 元的蛋糕多于 60 只的概率为 0.5.

5.3 习题精选

1. 填空题.

(1) 设随机变量 $X \sim U(-1,b)$，若由切比雪夫不等式有 $P\{|X-1|<\varepsilon\} \geqslant \dfrac{2}{3}$，则 $b=$ _____，$\varepsilon=$ _____.

(2) 随机变量序列 $\{X_n\}$ 相互独立，且均服从参数为 θ 的指数分布，记 $\overline{X}=\dfrac{1}{n}\sum_{i=1}^{n}X_i$，则当 $n \to \infty$ 时，$Y_n=\dfrac{1}{n}\sum_{i=1}^{n}X_i^2$ 依概率收敛于 _____，$Z_n=\dfrac{1}{n-1}\sum_{i=1}^{n}(X_i-\overline{X})^2$ 依概率收敛于 _____.

(3) 随机变量序列 $\{X_n\}$ 相互独立，且均服从 $[-1,1]$ 上的均匀分布，则 $\lim\limits_{n\to\infty}P\left\{\dfrac{\sum_{i=1}^{n}X_i}{\sqrt{n}} \leqslant 1\right\}=$ _____.

2. 单项选择题.

(1) 设 X 为连续型随机变量，则对任意常数 C，下列选项一定成立的是（　　）.

(A) $P(|X-C| \geqslant \varepsilon) = \dfrac{E|X-C|}{\varepsilon}$；　　(B) $P(|X-C| \geqslant \varepsilon) \geqslant \dfrac{E|X-C|}{\varepsilon}$；

(C) $P(|X-C| \geqslant \varepsilon) \leqslant \dfrac{E|X-C|}{\varepsilon}$；　　(D) $P(|X-C| \geqslant \varepsilon) \leqslant \dfrac{D(X)}{\varepsilon^2}$.

(2) 设有非负随机变量 X，若 $E(X^2)=1.1$，$D(X)=0.1$，则下列结论一定成立的是（　　）.

(A) $P\{-1<X<1\} \geqslant 0.9$；　　(B) $P\{0<X<2\} \geqslant 0.9$；

(C) $P\{X+1 \geqslant 2\} \leqslant 0.9$；　　(D) $P\{|X| \geqslant 1\} \leqslant 0.1$.

3. 设工厂生产某种产品，每周的产量是均值为 50、方差为 25 的随机变量，试估计周产量为 40～60 件的概率.

4. 假设某一年龄段女孩的平均身高为 130 cm，标准差为 8 cm，现从该年龄段女孩中随机抽取 5 名女孩，测其身高，估计她们的平均身高在 120～140 cm 的概率.

5. 设有一机床制造一批零件，标准重为 1 kg，求：假定每个零件的质量（单位：kg）服从 (0.95,1.05) 上的均匀分布. 设每个零件重量相互独立.

(1) 制造 1 200 个零件,问总质量大于 1 202kg 的概率是多少?

(2) 最多可以制造多少个零件,使得零件的总质量误差之和的绝对值小于 2kg 的概率不小于 0.9.

6. 设在一家保险公司里有 10 000 人参加保险,每人每年付 12 元保险费,参保人员若在参保期间去世,死者家属可向保险公司领取 1 000 元赔偿费. 若在一年内一个人死亡的概率为 0.006. 求:

(1) 保险公司没有利润的概率为多大;

(2) 保险公司一年的利润不少于 60 000 元的概率为多大?

7. 某药厂声称,该厂生产的某种药品对于医治某种血液病的治愈率为 0.8. 医院提出一个方案,从服用此药品的病人中任意抽查 100 人,如果病愈人数多于 75 人,就接受这一断言,否则就拒绝这一断言.

(1) 若实际上此药品对这种疾病的治愈率是 0.8,问接受这一断言的概率是多少?

(2) 若实际上此药品对这种疾病的治愈率是 0.7,问接受这一断言的概率是多少?

8. 对一生产线生产的产品进行成箱包装,每箱的质量是随机的. 假设每箱平均质量为 50kg,标准差为 5kg. 若用最大载重量 5t 的汽车承运,试利用中心极限定理说明每辆车最多可以装多少箱,才能保障不超载的概率大于 0.977.

9. 现有一批建筑房屋用的木材,其中 80% 的长度不小于 3m. 现从这批木材中随机抽取 100 根. 试用如下两种方法分别计算其中短于 3m 的木材数在 15～25 的概率:

(1) 用切比雪夫不等式估计;(2) 用中心极限定理计算.

5.4 习题详解

1. 填空题.

(1) 3,2;**提示** 由 $X \sim U(-1, b)$,有 $E(X) = \dfrac{b-1}{2}$,$D(X) = \dfrac{(b+1)^2}{12}$,根据 $P\{|X-1| < \varepsilon\} \geq \dfrac{2}{3}$,有 $\dfrac{b-1}{2} = 1$,$1 - \dfrac{\dfrac{(b+1)^2}{12}}{\varepsilon^2} = \dfrac{2}{3}$,因此 $b = 3$,$\varepsilon = 2$.

(2) $2\theta^2$;θ^2;**提示** $E(X_i) = \theta$,$D(X_i) = \theta^2$,

$$E(X_i^2) = D(X_i) + [E(X_i)]^2 = 2\theta^2, \quad i = 1, 2, \cdots$$

$$E(Y_n) = \frac{1}{n} \sum_{i=1}^{n} E(X_i^2) = 2\theta^2, \quad E(Z_n) = \frac{1}{n-1} E\left[\sum_{i=1}^{n} (X_i - \overline{X})^2\right] = \theta^2,$$

从而

当 $n \to \infty$ 时,$Y_n = \dfrac{1}{n} \sum_{i=1}^{n} X_i^2$ 依概率收敛于 $2\theta^2$,$Z_n = \dfrac{1}{n-1} \sum_{i=1}^{n} (X_i - \overline{X})^2$ 依概率收敛于 θ^2.

(3) $\Phi(\sqrt{3})$；**提示** 因 $E(X_i)=0$，$D(X_i)=\dfrac{1}{3}$，$i=1,2,\cdots$，故

$$E\left(\sum_{i=1}^{n}X_i\right)=\sum_{i=1}^{n}E(X_i)=0,\quad D\left(\sum_{i=1}^{n}X_i\right)=\sum_{i=1}^{n}D(X_i)=\dfrac{n}{3},$$

由独立同分布中心极限定理有

$$\lim_{n\to\infty}P\left\{\dfrac{\sum_{i=1}^{n}X_i}{\sqrt{n}}\leqslant 1\right\}=\lim_{n\to\infty}P\left\{\dfrac{\sum_{i=1}^{n}X_i-0}{\sqrt{\dfrac{n}{3}}}\leqslant\sqrt{3}\right\}=\Phi(\sqrt{3}).$$

2. 单项选择题.

(1) (C)；

(2) (B)；**提示** $[E(X)]^2=E(X^2)-D(X)=1.1-0.1=1$，因此 $E(X)=1$，由切比雪夫不等式有 $P\{|X-1|<1\}\geqslant 1-\dfrac{0.1}{1^2}=0.9$，即 $P\{0<X<2\}\geqslant 0.9$，故 (B) 正确.

3. 设 X 表示产品的周产量. 则 $E(X)=50,D(X)=25$. 因此

$$P\{40<X<60\}=P\{-10<X-50<10\}=P\{-10<X-E(X)<10\}$$

$$=P\{|X-E(X)|<10\}\geqslant 1-\dfrac{25}{10^2}=0.75.$$

4. 使用切比雪夫不等式. 设 X_i 为第 i 名被测女孩的身高，显然 $X_1,X_2,\cdots,X_5$ 相互独立且同分布，平均身高 $\overline{X}=\dfrac{1}{5}\sum_{i=1}^{5}X_i$，由已知有 $E(X_i)=130,D(X_i)=8^2=64$，所以

$$E(\overline{X})=\dfrac{1}{5}\sum_{i=1}^{5}E(X_i)=130,\quad D(\overline{X})=\dfrac{1}{25}\sum_{i=1}^{5}D(X_i)=12.8,$$

应用切比雪夫不等式，有

$$P\{120<\overline{X}<140\}=P\{|\overline{X}-130|<10\}\geqslant 1-\dfrac{12.8}{10^2}=0.872.$$

5. (1) 设第 i 个零件的质量为 X_i kg，则 $X_i\sim U(0.95,1.05)$，且

$$E(X_i)=1,\quad D(X_i)=\dfrac{1}{1\,200}\quad i=1,2,\cdots,1\,200.$$

因此

$$P\left\{\sum_{i=1}^{1\,200}X_i\geqslant 1\,202\right\}=P\left\{\dfrac{\sum_{i=1}^{1\,200}X_i-1\,200\times 1}{\sqrt{1\,200\times\dfrac{1}{1\,200}}}\geqslant\dfrac{1\,202-1\,200\times 1}{\sqrt{1\,200\times\dfrac{1}{1\,200}}}\right\}$$

$$=P\left\{\dfrac{\sum_{i=1}^{1\,200}X_i-1\,200\times 1}{\sqrt{1\,200\times\dfrac{1}{1\,200}}}\geqslant 2\right\}\approx 1-\Phi(2)=0.022\,8.$$

故总质量大于 $1\,202$ kg 的概率是 $0.022\,8$.

(2) 设制造 n 个零件. 因此

$$P\left\{\left|\sum_{i=1}^{n} X_i - n\right| \leqslant 2\right\} = P\left\{\left|\frac{\sum_{i=1}^{n} X_i - n}{\sqrt{n \times \frac{1}{1\,200}}}\right| \leqslant \frac{2}{\sqrt{n \times \frac{1}{1\,200}}}\right\}$$

$$= P\left\{\left|\frac{\sum_{i=1}^{n} X_i - n}{\sqrt{n \times \frac{1}{1\,200}}}\right| \leqslant \frac{20\sqrt{12}}{\sqrt{n}}\right\} \approx 2\Phi\left(\frac{20\sqrt{12}}{\sqrt{n}}\right) - 1 \geqslant 0.9,$$

即 $\Phi\left(\frac{20\sqrt{12}}{\sqrt{n}}\right) \geqslant 0.95, \frac{20\sqrt{12}}{\sqrt{n}} \geqslant 1.65, n \leqslant 1\,763.085\,4$, 故最多可以制造 1 763 个零件.

6. 设 X 为在一年中参加保险的死亡人数, 则 $X \sim b(10\,000, 0.006)$, 由中心极限定理可知

(1) $P\{1\,000 X \geqslant 12 \times 10\,000\} = P\{X \geqslant 120\}$

$$= P\left\{\frac{X - 10\,000 \times 0.006}{\sqrt{100\,000 \times 0.006 \times (1 - 0.006)}} \geqslant \frac{120 - 10\,000 \times 0.006}{\sqrt{100\,000 \times 0.006 \times (1 - 0.006)}}\right\}$$

$$= P\left\{\frac{X - 10\,000 \times 0.006}{\sqrt{10\,000 \times 0.006 \times (1 - 0.006)}} \geqslant 7.77\right\} \approx 1 - \Phi(7.77) = 0.$$

故保险公司没有利润的概率为 0.

(2) $P\{12 \times 10\,000 - 1\,000 X \geqslant 60\,000\} = P\{X \leqslant 60\}$

$$= P\left\{\frac{X - 10\,000 \times 0.006}{\sqrt{100\,000 \times 0.006 \times (1 - 0.006)}} \leqslant \frac{60 - 10\,000 \times 0.006}{\sqrt{100\,000 \times 0.006 \times (1 - 0.006)}}\right\}$$

$$= P\left\{\frac{X - 10\,000 \times 0.006}{\sqrt{10\,000 \times 0.006 \times (1 - 0.006)}} \leqslant 0\right\} \approx \Phi(0) = 0.5,$$

故保险公司一年的利润不少于 60 000 元的概率为 0.5.

7. 设 $X_i = \begin{cases} 1, & \text{第 } i \text{ 人治愈}, \\ 0, & \text{其他}. \end{cases}$ $i = 1, 2, \cdots, 100.$ 令 $X = \sum_{i=1}^{100} X_i.$

(1) 由题意, $X \sim b(100, 0.8)$, 从而

$$P\left\{\sum_{i=1}^{100} X_i > 75\right\} = 1 - P\{X \leqslant 75\} \approx 1 - \Phi\left(\frac{75 - 100 \times 0.8}{\sqrt{100 \times 0.8 \times 0.2}}\right)$$

$$= 1 - \Phi(-1.25) = \Phi(1.25) = 0.894\,4.$$

故接受这一断言的概率是 0.894 4.

(2) 由题意, $X \sim b(100, 0.7)$, 从而

$$P\left\{\sum_{i=1}^{100} X_i > 75\right\} = 1 - P\{X \leqslant 75\} \approx 1 - \Phi\left(\frac{75 - 100 \times 0.7}{\sqrt{100 \times 0.7 \times 0.3}}\right)$$

$$= 1 - \Phi\left(\frac{5}{\sqrt{21}}\right) = 1 - \Phi(1.09) = 0.137\,9.$$

故接受这一断言的概率是 0.137 9.

8. 设每辆车最多可以装 n 箱，$X_i(i=1,2,\cdots,n)$ 是装运 i 箱的重量（单位：千克），总重量为 $X_1+X_2+\cdots+X_n=\sum\limits_{i=1}^{n}X_i$，由条件知，$E(X_i)=50$，$\sqrt{D(X_i)}=5$，则

$$P\left\{\sum_{i=1}^{n}X_i\leqslant 5\,000\right\}=P\left\{\frac{\sum\limits_{i=1}^{n}X_i-50n}{\sqrt{n}5}\leqslant\frac{5\,000-50n}{5\sqrt{n}}\right\}\approx\Phi\left(\frac{1\,000-10n}{\sqrt{n}}\right)>0.977,$$

查表可得，$\dfrac{1\,000-10n}{\sqrt{n}}>2$，解得 $n<98.019\,9$，即最多可装 98 箱。

9. 设 X 表示 100 根中短于 3 米的木材根数，因此 $X\sim b(100,0.2)$，且 $E(X)=20$，$D(X)=16$，则

(1) $P\{15<X<25\}=P\{|X-20|<5\}>1-\dfrac{16}{5^2}=0.32$；

(2) 由中心极限定理有 $X\overset{\text{近似}}{\sim} N(20,16)$，

$$P\{15<X<25\}\approx\Phi\left(\frac{25-20}{4}\right)-\Phi\left(\frac{15-20}{4}\right)$$
$$=\Phi(1.25)-\Phi(-1.25)=2\Phi(1.25)-1=0.69.$$

第6章 样本及抽样分布

6.1 内容提要

6.1.1 总体与个体

在数理统计中,通常将试验中全部可能的观察值称为**总体**,总体中的每个成员(或元素)称为**个体**,一个总体对应一个随机变量 X,X 的分布函数和数字特征也称为总体的分布函数和数字特征.

6.1.2 样本与样本联合分布

从总体中抽取若干个个体,将这些个体称为总体的一个**样本**;将个体个数称为**样本大小**(或**样本容量**);从总体抽取一个样本就是对总体 X 进行多次观察.

设总体 X 的分布函数为 $F(x)$,若样本 $X_1, X_2, \cdots, X_n$ 相互独立,且它们具有相同的分布函数 $F(x)$,则称 $X_1, X_2, \cdots, X_n$ 为来自总体 X 的**简单随机样本**,简称为**样本**,其中 n 为样本容量;样本的具体观察值 $x_1, x_2, \cdots, x_n$ 称为**样本值**.

样本具有二重性:一方面,样本在随机抽取之前,我们无法预知其具体数值,因而样本是随机变量,需要用大写字母 $X_1, X_2, \cdots, X_n$ 来表示;另一方面,样本抽取后,一旦观测到其数值,样本值就是确定的,需要用小写字母 $x_1, x_2, \cdots, x_n$ 来表示.

样本 $X_1, X_2, \cdots, X_n$ 的分布函数为

$$F(x_1, x_2, \cdots, x_n) = \prod_{i=1}^{n} F(x_i).$$

若总体 X 为连续型随机变量,其密度函数为 $f(x)$,则样本 $X_1, X_2, \cdots, X_n$ 的密度函数为

$$f(x_1, x_2, \cdots, x_n) = \prod_{i=1}^{n} f(x_i).$$

若总体 X 为离散型随机变量,其概率分布为 $p(x_i)=P(X_i=x_i)$,则样本 $X_1,X_2,\cdots,X_n$ 的分布律为

$$P(X_1=x_1,X_2=x_2,\cdots,X_n=x_n)=\prod_{i=1}^{n}p(x_i).$$

注 总体、样本、样本观察值的关系如图 6.1 所示,统计的主要思想是利用样本观察值去推断总体的情况(例如总体的数字特征、总体的分布等),样本是联系两者的桥梁. 总体分布决定了样本取值的概率规律,反过来,我们可以用样本观察值的取值规律去推断总体的情况.

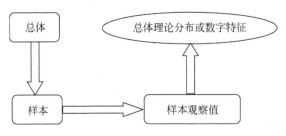

图 6.1 总体、样本、样本观察值的关系

概率论和数理统计都是研究随机现象统计规律性的学科,二者之间既有联系又有区别,概率论是数理统计的理论基础,数理统计是以概率论为工具研究带有随机性影响的数据的,二者间的主要区别在于概率论是从已知的概率分布出发,研究随机变量的性质、特点及规律性,而数理统计研究的对象其概率分布往往是未知的,或不完全知道,一般通过重复观测数据对所考虑的问题进行统计推断或预测.

6.1.3 放回抽样和不放回抽样

若样本是采用从总体中逐个抽取的方式获得的,则常用的抽样方式有两种:放回抽样和不放回抽样.

设总体共有 N 个成员(或元素),现从总体中随机抽取一个样本容量为 n 的样本,**放回抽样**指的是:每次从总体中抽取一个成员,并把结果记录下来,再放回总体中重新参加下一次的抽取,放回抽样也称**重复抽样**;**不放回抽样**指的是:每次从总体中抽取一个成员后就不再将其放回参加下一次的抽选,然后从总体中再抽取下一个成员,直至进行 n 次,不放回抽样也称**不重复抽样**.

对于无限总体而言,由于抽取一个个体不影响整体的分布,因此采用不放回抽样可以得到简单随机样本. 对于有限总体而言,采用放回抽样可以得到简单随机样本. 但放回抽样在实际操作时不方便,因此当总体的元素个数 N 远远大于样本容量 n 时,可将不放回抽样近似地当作放回抽样来处理.

6.1.4 统计量与抽样分布

设 $X_1,X_2,\cdots,X_n$ 为来自总体 X 的一个样本,若 $g(X_1,X_2,\cdots,X_n)$ 不含有任何未知参数,则称 $g(X_1,X_2,\cdots,X_n)$ 为样本 $X_1,X_2,\cdots,X_n$ 的**统计量**. $g(X_1,X_2,\cdots,X_n)$ 作为样

本的函数是一个随机变量,统计量的分布称为**抽样分布**.

6.1.5 一些常用的统计量

(1) 样本均值:$\overline{X} = \dfrac{1}{n}\sum\limits_{i=1}^{n}X_i$;

(2) 样本方差:$S_n^2 = \dfrac{1}{n}\sum\limits_{i=1}^{n}(X_i - \overline{X})^2 = \dfrac{1}{n}\left(\sum\limits_{i=1}^{n}X_i^2 - n\overline{X}^2\right)$;

(3) 修正的样本方差:$S^2 = \dfrac{1}{n-1}\sum\limits_{i=1}^{n}(X_i - \overline{X})^2 = \dfrac{1}{n-1}\left(\sum\limits_{i=1}^{n}X_i^2 - n\overline{X}^2\right)$;

(4) 修正的样本标准差:$S = \sqrt{\dfrac{1}{n-1}\sum\limits_{i=1}^{n}(X_i - \overline{X})^2}$;

(5) 样本 k 阶原点矩:$A_k = \dfrac{1}{n}\sum\limits_{i=1}^{n}X_i^k, k = 1, 2, \cdots$;

(6) 样本 k 阶中心矩:$B_k = \dfrac{1}{n}\sum\limits_{i=1}^{n}(X_i - \overline{X})^k, k = 2, 3, \cdots$.

注 修正的样本方差有时也简称为样本方差,需要读者根据上下文加以区别.

6.1.6 经验分布函数

经验分布函数是与总体分布函数 $F(x)$ 相对应的一个统计量. 设 $X_1, X_2, \cdots, X_n$ 是总体 X 的一个样本,则经验分布函数 $F_n(x)$ 定义为

$$F_n(x) = \dfrac{1}{n}\sum_{i=1}^{n} I\{X_i \leqslant x\}, \quad -\infty < x < +\infty,$$

其中 $I\{\cdot\}$ 为示性函数. 对于任意给定的 $x \in (-\infty, +\infty)$,$F(x) = P(X \leqslant x)$ 表示随机变量 X 落在区间 $(-\infty, x]$ 上的概率,而 $\sum\limits_{i=1}^{n} I\{X_i \leqslant x\}$ 表示 n 个随机变量 $X_1, X_2, \cdots, X_n$ 落在区间 $(-\infty, x]$ 上的个数,因此 $F_n(x)$ 表示 n 个随机变量 $X_1, X_2, \cdots, X_n$ 落在区间 $(-\infty, x]$ 上的频率,由大数定律可知,当样本容量 n 无限增大时,$F_n(x) \xrightarrow{P} F(x)$. 于是当 n 充分大时,$F_n(x)$ 与 $F(x)$ 近似相等. 事实上,$F_n(x)$ 与 $F(x)$ 之间还有更好的关系,即格里汶科定理.

格里汶科定理 当 $n \to \infty$ 时,$F_n(x)$ 依概率 1 一致收敛于分布函数 $F(x)$,即

$$P\{\lim_{n \to \infty} \sup_{-\infty < x < +\infty} |F_n(x) - F(x)| = 0\} = 1.$$

若已知样本的观测值,则可以很容易地得到经验分布函数 $F_n(x)$ 的**观测值**. 例如,设 $x_1, x_2, \cdots, x_n$ 是总体 X 的样本值,将其从小到大排列后,记为 $x_{(1)}, \cdots, x_{(n)}$,则经验分布函数 $F_n(x)$ 的**观测值**为

$$F_n(x) = \begin{cases} 0, & x < x_{(1)}, \\ \dfrac{k}{n}, & x_{(k)} \leqslant x < x_{(k+1)}, \quad k = 1, 2, \cdots, n-1, \\ 1, & x \geqslant x_{(n)}. \end{cases}$$

*6.1.7 顺序统计量

设 $X_1, X_2, \cdots, X_n$ 是来自总体 X 的一个样本,记

$$X_{(1)} = \min\{X_1, X_2, \cdots, X_n\}, \quad X_{(n)} = \max\{X_1, X_2, \cdots, X_n\}.$$

则 $X_{(1)}$ 和 $X_{(n)}$ 分别称为样本的**最小顺序统计量**(最小次序统计量)和**最大顺序统计量**(最大次序统计量).设总体 X 的分布函数为 $F(x)$,则 $X_{(1)}$ 和 $X_{(n)}$ 的分布函数分别为

$$\begin{aligned} F_1(x) &= P\{X_{(1)} \leqslant x\} = P\{\min\{X_1, X_2, \cdots, X_n\} \leqslant x\} = 1 - P\{\min\{X_1, X_2, \cdots, X_n\} > x\} \\ &= 1 - P\{X_1 > x, X_2 > x, \cdots, X_n > x\} = 1 - P\{X_1 > x\}P\{X_2 > x\}\cdots P\{X_n > x\} \\ &= 1 - [1 - F(x)]^n. \end{aligned}$$

$$\begin{aligned} F_n(x) &= P\{X_{(n)} \leqslant x\} = P\{\max\{X_1, X_2, \cdots, X_n\} \leqslant x\} = P\{X_1 \leqslant x, X_2 \leqslant x, \cdots, X_n \leqslant x\} \\ &= P\{X_1 \leqslant x\}P\{X_2 \leqslant x\}\cdots P\{X_n \leqslant x\} = F^n(x). \end{aligned}$$

若总体 X 的密度函数为 $f(x)$,则 $X_{(1)}$ 和 $X_{(n)}$ 的概率密度函数分别为

$$f_1(x) = n[1 - F(x)]^{n-1} f(x), \quad f_n(x) = nF^{n-1}(x)f(x).$$

6.1.8 三大常用抽样分布

1. χ^2 分布

设 $X_1, X_2, \cdots, X_n$ 相互独立且都服从标准正态分布 $N(0,1)$,称随机变量 $\chi^2 = \sum_{i=1}^{n} X_i^2$ 服从自由度为 n 的 χ^2 分布,记为 $\chi^2 \sim \chi^2(n)$. $\chi^2(n)$ 分布的密度函数 $f(y)$ 的图像如图 6.2 所示.

χ^2 分布的性质

(1) 若 $\chi_1^2 \sim \chi^2(m), \chi_2^2 \sim \chi^2(n)$,且 χ_1^2 与 χ_2^2 相互独立,则有 $\chi_1^2 + \chi_2^2 \sim \chi^2(m+n)$;

(2) 若 $\chi^2 \sim \chi^2(n)$,则 $E(\chi^2) = n, D(\chi^2) = 2n$.

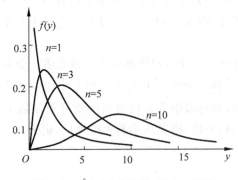

图 6.2 $\chi^2(n)$ 分布函数 $f(y)$ 的图像

2. t 分布

设随机变量 X 与 Y 相互独立，$X \sim N(0,1)$，$Y \sim \chi^2(n)$，则称随机变量 $t = \dfrac{X}{\sqrt{Y/n}}$ 服从自由度为 n 的 t 分布（又称**学生氏分布**），记为 $t \sim t(n)$. t 分布的密度函数 $h(t)$ 的图像如图 6.3 所示.

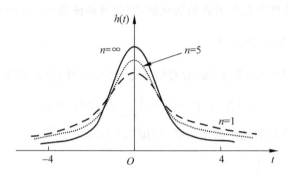

图 6.3　t 分布的密度函数 $h(t)$ 的图像

t 分布的性质

(1) t 分布的概率密度曲线 $h(t)$ 的图像关于<u>直线 $t=0$ 对称</u>，即 $h(t)$ 为偶函数.

(2) $\lim\limits_{n \to \infty} h(t) = \dfrac{1}{\sqrt{2\pi}} e^{-\frac{t^2}{2}}$，即当自由度 $n \to \infty$ 时，t 分布的概率密度 $h(t)$ 的极限为标准正态分布的概率密度函数 $\varphi(x)$. 于是当 n 足够大时，t 分布近似服从标准正态分布 $N(0,1)$.

3. F 分布

设随机变量 X 与 Y 相互独立，且 $X \sim \chi^2(m)$，$Y \sim \chi^2(n)$，则称随机变量 $F = \dfrac{X/m}{Y/n}$ 服从自由度为 (m,n) 的 F 分布，记为 $F \sim F(m,n)$. F 分布的密度函数 $f(y)$ 的图像如图 6.4 所示.

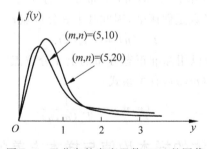

图 6.4　F 分布的密度函数 $f(y)$ 的图像

F 分布的性质：若 $F \sim F(m,n)$，则 $\dfrac{1}{F} \sim F(n,m)$.

6.1.9　上 α 分位点

我们在 2.1.8 节中曾经给出了连续型随机变量上 α 分位点的概念. 在本节中我们讨

论一下一些具体分布的上 α 分位点.

1. 标准正态分布的上 α 分位点

设 $X \sim N(0,1)$，记 z_α 为 $N(0,1)$ 的上 α 分位点，则 z_α 满足

$$P\{X > z_\alpha\} = 1 - \Phi(z_\alpha) = \int_{z_\alpha}^{+\infty} \varphi(x) \mathrm{d}x.$$

由于标准正态分布的概率密度函数是偶函数，因此容易证明 $z_{1-\alpha} = -z_\alpha$，如图 6.5 所示.

2. χ^2 分布的上 α 分位点

设 $X \sim \chi^2(n)$，记 $\chi_\alpha^2(n)$ 为 $\chi^2(n)$ 分布的上 α 分位点，则 $\chi_\alpha^2(n)$ 满足

$$P\{X > \chi_\alpha^2(n)\} = \int_{\chi_\alpha^2(n)}^{+\infty} f(y) \mathrm{d}y = \alpha,$$

其中 $f(y)$ 为 $\chi^2(n)$ 分布的概率密度函数. 如图 6.6 所示.

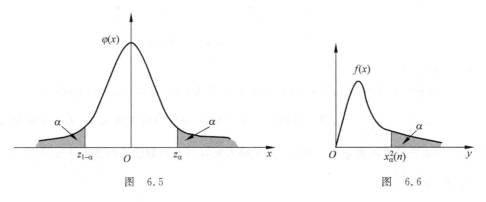

图 6.5　　　　　　　　　　图 6.6

3. 其他连续型分布的上 α 分位点

类似可以定义其他连续型分布（例如 t 分布和 F 分布等）的上 α 分位点. 需要注意的是由于 t 分布的概率密度函数是偶函数，因此其上 α 分位点 $t_\alpha(n)$ 满足

$$t_{1-\alpha}(n) = -t_\alpha(n).$$

当自由度 $n > 45$ 时，$t_\alpha(n)$ 可以用标准正态分布的上 α 分位点 z_α 近似，即有 $t_\alpha(n) \approx z_\alpha$. 对于 F 分布的上 α 分位点 $F_\alpha(m,n)$，有关系式

$$F_{1-\alpha}(n,m) = \frac{1}{F_\alpha(m,n)}.$$

6.1.10　正态总体的样本均值与样本方差的分布

性质 1（单总体情形）　设 $X_1, X_2, \cdots, X_n$ 为来自正态总体 $X \sim N(\mu, \sigma^2)$ 的一个样本，$\overline{X}$ 和 $S^2 = \dfrac{1}{n-1} \sum_{i=1}^{n} (X_i - \overline{X})^2$ 分别为样本均值和样本方差，则有

(1) $E(\overline{X}) = \mu$，$D(\overline{X}) = \dfrac{\sigma^2}{n}$，且 $\overline{X} \sim N\left(\mu, \dfrac{\sigma^2}{n}\right)$，即 $\dfrac{\overline{X} - \mu}{\sigma/\sqrt{n}} \sim N(0,1)$；

(2) $\overline{X}$ 与 S^2 相互独立，且 $\dfrac{\overline{X}-\mu}{S/\sqrt{n}} \sim t(n-1)$；

(3) $\dfrac{1}{\sigma^2}\sum\limits_{i=1}^{n}(X_i-\mu)^2 \sim \chi^2(n)$；

(4) $\dfrac{(n-1)S^2}{\sigma^2} \sim \chi^2(n-1)$.

性质 2（双总体情形） 设 $X \sim N(\mu_1, \sigma_1^2), Y \sim N(\mu_2, \sigma_2^2)$，且 X 与 Y 独立，$X_1, X_2, \cdots, X_m$ 和 $Y_1, Y_2, \cdots, Y_n$ 分别为来自 X 与 Y 的样本，$\overline{X}, \overline{Y}$ 分别是这两个样本的样本均值，$S_1^2 = \dfrac{1}{m-1}\sum\limits_{i=1}^{m}(X_i-\overline{X})^2, S_2^2 = \dfrac{1}{n-1}\sum\limits_{i=1}^{n}(Y_i-\overline{Y})^2$ 分别是这两个样本的样本方差，则有

(1) $\dfrac{(\overline{X}-\overline{Y})-(\mu_1-\mu_2)}{\sqrt{\dfrac{\sigma_1^2}{m}+\dfrac{\sigma_2^2}{n}}} \sim N(0,1)$；

(2) $\dfrac{\sum\limits_{i=1}^{m}(X_i-\mu_1)^2/(m\sigma_1^2)}{\sum\limits_{i=1}^{n}(Y_i-\mu_2)^2/(n\sigma_2^2)} \sim F(m,n)$；

(3) $\dfrac{S_1^2/\sigma_1^2}{S_2^2/\sigma_2^2} = \dfrac{\sum\limits_{i=1}^{m}(X_i-\overline{X})^2/[(m-1)\sigma_1^2]}{\sum\limits_{i=1}^{m}(Y_i-\overline{Y})^2/[(n-1)\sigma_2^2]} \sim F(m-1, n-1)$；

(4) 当 $\sigma_1^2 = \sigma_2^2 = \sigma^2$ 时，有

$$\dfrac{(\overline{X}-\overline{Y})-(\mu_1-\mu_2)}{S_\omega\sqrt{\dfrac{1}{m}+\dfrac{1}{n}}} \sim t(m+n-2),$$

其中 $S_\omega = \sqrt{\dfrac{(m-1)S_1^2+(n-1)S_2^2}{(m+n-2)}}$.

6.1.11 几个常用结论

(1) 记总体 X 的 k 阶矩 $E(X^k) = \mu_k$，g 为连续函数，则当 $n \to \infty$ 时，有

$$A_k = \dfrac{1}{n}\sum_{i=1}^{n}X_i^k \xrightarrow{P} \mu_k, \quad k = 1, 2, \cdots,$$

$$g(A_1, A_2, \cdots, A_k) \xrightarrow{P} g(\mu_1, \mu_2, \cdots, \mu_k), \quad k = 1, 2, \cdots.$$

(2) 设总体 X 的均值为 μ，方差为 σ^2，$X_1, X_2, \cdots, X_n$ 是来自总体 X 的一个样本，$\overline{X}$，$S_n^2 = \dfrac{1}{n}\sum\limits_{i=1}^{n}(X_i-\overline{X})^2$ 以及 $S^2 = \dfrac{1}{n-1}\sum\limits_{i=1}^{n}(X_i-\overline{X})^2$ 分别是样本均值、样本方差和修正的样本方差，则有

$$E(\overline{X}) = \mu, \quad D(\overline{X}) = \dfrac{\sigma^2}{n}, \quad E(S_n^2) = \dfrac{n-1}{n}\sigma^2, \quad E(S^2) = \sigma^2.$$

6.2 典型例题分析

6.2.1 题型一 抽样分布的判别与求解

例 6.1 设总体 X 服从参数为 p 的$(0-1)$分布，$X_1, X_2, \cdots, X_n$ 为 X 的一个样本，试求：(1) $(X_1, X_2, \cdots, X_n)$ 的分布；(2) 样本均值 $\overline{X}$ 的分布.

解 (1) 由于 X 的分布律为
$$P\{X = k\} = p^k(1-p)^{1-k}, \quad k = 0, 1,$$
且 $X_1, X_2, \cdots, X_n$ 相互独立、与总体 X 具有相同的分布，因此 $(X_1, X_2, \cdots, X_n)$ 的分布律为
$$P\{X_1 = x_1, X_2 = x_2, \cdots, X_n = x_n\} = P\{X_1 = x_1\}P\{X_2 = x_2\}\cdots P\{X_n = x_n\}$$
$$= p^{x_1}(1-p)^{1-x_1} p^{x_2}(1-p)^{1-x_2} \cdots p^{x_n}(1-p)^{1-x_n}$$
$$= p^{\sum_{i=1}^{n} x_i} p^{n - \sum_{i=1}^{n} x_i}, \text{其中 } x_i = 0, 1, i = 1, 2, \cdots, n.$$

(2) 由于 $X_1, X_2, \cdots, X_n$ 相互独立且服从参数为 p 的$(0-1)$分布，因此 $\sum_{i=1}^{n} X_i \sim b(n, p)$，即
$$P\left\{\sum_{i=1}^{n} X_i = k\right\} = \binom{n}{k} p^k (1-p)^{n-k}, \quad k = 0, 1, 2, \cdots, n.$$
于是样本均值 $\overline{X}$ 的分布律为
$$P\left\{\overline{X} = \frac{k}{n}\right\} = \binom{n}{k} p^k (1-p)^{n-k}, \quad k = 0, 1, 2, \cdots, n.$$

例 6.2 设 $X_1, X_2, \cdots, X_n, X_{n+1}$ 为来自 $N(\mu, \sigma^2)$ 的一个样本，其中 $\overline{X} = \frac{1}{n}\sum_{i=1}^{n} X_i$，试讨论 $a\overline{X} + bX_{n+1}$ 和 $a\overline{X} + bX_n$ 的分布，其中 a, b 均为不等于 0 的常数.

分析 本题考查的有限个相互独立的正态随机变量的线性组合仍服从正态分布，需要注意的是，X_{n+1} 与 $\overline{X}$ 相互独立，但 X_n 与 $\overline{X}$ 不独立.

解 (1) 由题意，$\overline{X} \sim N\left(\mu, \frac{\sigma^2}{n}\right)$，$X_{n+1} \sim N(\mu, \sigma^2)$，且 X_{n+1} 与 $\overline{X}$ 相互独立，因此 $a\overline{X} + bX_{n+1}$ 服从正态分布，其期望和方差分别为
$$E(a\overline{X} + bX_{n+1}) = aE(\overline{X}) + bE(X_{n+1}) = a\mu + b\mu = (a + b)\mu,$$
$$D(a\overline{X} + bX_{n+1}) = a^2 D(\overline{X}) + b^2 D(X_{n+1}) = \frac{a^2 \sigma^2}{n} + b^2 \sigma^2 = \left(\frac{a^2}{n} + b^2\right)\sigma^2.$$
故 $a\overline{X} + bX_{n+1}$ 服从期望为 $(a+b)\mu$，方差为 $\left(\frac{a^2}{n} + b^2\right)\sigma^2$ 的正态分布.

(2) 由于 $a\overline{X} + bX_n$ 可以表示为 $X_1, X_2, \cdots, X_n$ 的线性组合，因此 $a\overline{X} + bX_n$ 服从正态分布，其期望和方差分别为
$$E(a\overline{X} + bX_n) = aE(\overline{X}) + bE(X_n) = a\mu + b\mu = (a + b)\mu,$$
$$D(a\overline{X} + bX_n) = D\left(a \cdot \frac{\sum_{i=1}^{n-1} X_i}{i} + a \cdot \frac{X_n}{n} + bX_n\right)$$

$$= D\left[\frac{a}{n}\sum_{i=1}^{n-1}X_i + \left(\frac{a}{n}+b\right)X_n\right]$$

$$= \frac{a^2}{n^2}(n-1)\sigma^2 + \left(\frac{a^2}{n^2}+\frac{2ab}{n}+b^2\right)\cdot\sigma^2$$

$$= \left(\frac{a^2}{n}+b^2+\frac{2ab}{n}\right)\sigma^2$$

故 $a\overline{X}+bX_n$ 服从 $(a+b)\mu$,方差为 $\left(\frac{a^2}{n}+b^2+\frac{2ab}{n}\right)\sigma^2$ 的正态分布.

例 6.3 设 $X_1,X_2,\cdots,X_5$ 为来自 $N(0,\sigma_0^2)$ 的一个样本,其中 $\sigma_0>0$,$Y=C_1(X_1+X_2)^2+C_2(X_3+X_4+X_5)^2$ 服从 $\chi^2(2)$ 分布,试求常数 C_1,C_2 的值.

解 由于 $X_1+X_2 \sim N(0,2\sigma_0^2)$,因此 $\frac{X_1+X_2}{\sqrt{2}\sigma_0} \sim N(0,1)$;同理可得 $\frac{X_3+X_4+X_5}{\sqrt{3}\sigma_0} \sim N(0,1)$. 又因为 $\frac{X_1+X_2}{\sqrt{2}\sigma_0}$ 和 $\frac{X_3+X_4+X_5}{\sqrt{3}\sigma_0}$ 相互独立,因此

$$\frac{1}{2\sigma_0^2}(X_1+X_2)^2 + \frac{1}{3\sigma_0^2}(X_3+X_4+X_5)^2 \sim \chi^2(2),$$

故取 $C_1 = \frac{1}{2\sigma_0^2}$,$C_2 = \frac{1}{3\sigma_0^2}$ 时,Y 服从 $\chi^2(2)$ 分布.

6.2.2 题型二 概率的计算问题

例 6.4 设 $X_1,X_2,\cdots,X_5$ 为来自总体 $N(10,1.6)$ 的一个样本,其中 $\overline{X}$ 为样本均值,试求概率 $P\{9.2<\overline{X}<10.8\}$.

解 由于总体 $X \sim N(10,1.6)$,样本容量 $n=5$,因此 $\overline{X}$ 服从期望为 10,方差为 $\frac{1.6}{5}=0.32$ 的正态分布,即 $\overline{X} \sim N(10,0.32)$. 于是

$$P\{9.2<\overline{X}<10.8\} = P\left\{\frac{9.2-10}{\sqrt{0.32}}<\frac{\overline{X}-10}{\sqrt{0.32}}<\frac{10.8-10}{\sqrt{0.32}}\right\}$$

$$= P\left\{-\sqrt{2}<\frac{\overline{X}-10}{\sqrt{0.32}}<\sqrt{2}\right\}$$

$$= \Phi(\sqrt{2}) - \Phi(-\sqrt{2}) = 2\Phi(\sqrt{2}) - 1$$

$$\approx 2\Phi(1.414) - 1 \approx 2 \times 0.9207 - 1 = 0.8414.$$

例 6.5 设 $X_1,X_2,\cdots,X_5$ 为来自总体 X 的一个样本,且 X 服从 $(0,1)$ 上的均匀分布,即,试求:(1) $P\{X_{(5)}>0.5\}$;(2) $P\{X_{(1)}>0.5\}$.

解 (1) $P\{X_{(5)}>0.5\} = 1 - P\{X_{(5)} \leq 0.5\}$
$$= 1 - P\{X_1 \leq 0.5\}P\{X_2 \leq 0.5\}\cdots P\{X_5 \leq 0.5\}$$
$$= 1 - (P\{X \leq 0.5\})^n = 1 - \left(\int_0^{0.5} 1 \mathrm{d}x\right)^5 \approx 1 - 0.0313 \approx 0.9687.$$

(2) $P\{X_{(1)}>0.5\} = P(X_1>0.5)P(X_2>0.5)\cdots P(X_5>0.5)$
$$= (P\{X>0.5\})^n = [1 - P\{X \leq 0.5\}]^5 \approx 0.0313.$$

例 6.6 设 $X_1,X_2,\cdots,X_{10}$ 为来自总体 $N(\mu,\sigma^2)$ 的一个样本,S^2 为样本方差,试求概率 $P\left\{\frac{S^2}{\sigma^2} \leq 0.4631\right\}$.

解 由于样本容量 $n=10$,因此
$$\frac{(10-1)S^2}{\sigma^2} = \frac{9S^2}{\sigma^2} \sim \chi^2(9).$$

故
$$P\left\{\frac{S^2}{\sigma^2} \leqslant 0.4631\right\} = P\left\{\frac{9S^2}{\sigma^2} \leqslant 4.1679\right\} = 1 - P\left\{\frac{9S^2}{\sigma^2} > 4.1679\right\} \approx 0.10.$$

6.2.3 题型三 期望、方差问题

例 6.7 若 $\chi^2 \sim \chi^2(n)$,证明 (1) $E(\chi^2)=n$; (2) $D(\chi^2)=2n$.

证 (1) 设 $X_i \sim N(0,1)$, $i=1,2,\cdots,n$,则 $E(X_i^2) = [E(X_i)]^2 + D(X_i) = 1$. 因此
$$E(\chi^2) = E\left(\sum_{i=1}^n X_i^2\right) = \sum_{i=1}^n E(X_i^2) = n.$$

(2) 由于
$$E(X_i^4) = \int_{-\infty}^{+\infty} x^4 \cdot \frac{1}{\sqrt{2\pi}} e^{-\frac{x^2}{2}} dx = -\frac{1}{\sqrt{2\pi}} \int_{-\infty}^{+\infty} x^3 d(e^{-\frac{x^2}{2}})$$
$$= -\frac{1}{\sqrt{2\pi}} (x^3 e^{-\frac{x^2}{2}})\Big|_{-\infty}^{+\infty} + \frac{3}{\sqrt{2\pi}} \int_{-\infty}^{+\infty} x^2 e^{-\frac{x^2}{2}} dx$$
$$= \frac{3}{\sqrt{2\pi}} \int_{-\infty}^{+\infty} x^2 e^{-\frac{x^2}{2}} dx = 3E(X_i^2) = 3,$$

因此
$$D(X_i^2) = E(X_i^4) - [E(X_i^2)]^2 = 3 - 1 = 2.$$

于是
$$D(\chi^2) = D\left(\sum_{i=1}^n X_i^2\right) = \sum_{i=1}^n D(X_i^2) = 2n.$$

例 6.8 设 $X_1, X_2, \cdots, X_n$ 为来自总体 X 的一个样本,其中 $E(X)=\mu$, $D(X)=\sigma^2$, $\overline{X}$ 和 S^2 分别为样本均值和样本方差.

(1) 试证明 $E(\overline{X})=\mu$, $D(\overline{X})=\dfrac{\sigma^2}{n}$, $E(S^2)=\sigma^2$;

(2) 若进一步假定 $X \sim N(\mu, \sigma^2)$,试证明 $D(S^2) = \dfrac{2\sigma^4}{n-1}$.

证 (1) 由于 $X_1, X_2, \cdots, X_n$ 相互独立且与总体 X 同分布,因此
$$E(\overline{X}) = E\left(\frac{1}{n} \sum_{i=1}^n X_i\right) = \frac{1}{n} \sum_{i=1}^n E(X_i) = \frac{1}{n} \cdot (n\mu) = \mu.$$
$$D(\overline{X}) = D\left(\frac{1}{n} \sum_{i=1}^n X_i\right) = \frac{1}{n^2} \sum_{i=1}^n E(X_i) = \frac{1}{n^2} \cdot (n\sigma^2) = \frac{\sigma^2}{n}.$$

由于
$$S^2 = \frac{1}{n-1} \sum_{i=1}^n (X_i - \overline{X})^2 = \frac{1}{n-1}\left[\sum_{i=1}^n X_i^2 - n(\overline{X})^2\right],$$

因此
$$E(S^2) = \frac{1}{n-1} E\left[\sum_{i=1}^n X_i^2 - n(\overline{X})^2\right] = \frac{1}{n-1}\left\{\sum_{i=1}^n E(X_i^2) - nE[(\overline{X})^2]\right\}.$$

又因为
$$E(X_i^2) = [E(X_i)]^2 + D(X_i) = \mu^2 + \sigma^2,$$
$$E[(\overline{X})^2] = [E(\overline{X})]^2 + D(\overline{X}) = \mu^2 + \frac{\sigma^2}{n},$$
于是
$$E(S^2) = \frac{1}{n-1}\left[n\mu^2 + n\sigma^2 - n\left(\mu^2 + \frac{\sigma^2}{n}\right)\right] = \frac{1}{n-1} \cdot (n-1)\sigma^2 = \sigma^2.$$

(2) 由于 $X \sim N(\mu, \sigma^2)$,因此 $\frac{(n-1)S^2}{\sigma^2} \sim \chi^2(n-1)$,根据 χ^2 分布的性质,有
$$D\left[\frac{(n-1)S^2}{\sigma^2}\right] = 2(n-1),$$
因此 $\frac{(n-1)^2}{\sigma^4}D(S^2) = 2(n-1)$,于是 $D(S^2) = \frac{2\sigma^4}{n-1}$.

例 6.9 设 $X_1, X_2, \cdots, X_n$ 为来自泊松分布 $\pi(\lambda)$ 的一个样本,其中 $\overline{X}$ 和 S^2 分别为样本均值和样本方差,试计算 $E(\overline{X}), D(\overline{X})$ 和 $E(S^2)$.

解 由于总体 $X \sim \pi(\lambda)$,因此 $E(X) = D(X) = \lambda$,故
$$E(\overline{X}) = E(X) = \lambda, \quad D(\overline{X}) = \frac{D(X)}{n} = \frac{\lambda}{n}, \quad E(S^2) = D(X) = \lambda.$$

例 6.10 设 $X \sim N(\mu_1, \sigma_1^2), Y \sim N(\mu_2, \sigma_2^2), X_1, X_2, \cdots, X_m$ 和 $Y_1, Y_2, \cdots, Y_n$ 分别为来自 X 与 Y 的样本,$\overline{X}, \overline{Y}$ 分别为其样本均值,试求 $E\left[\sum\limits_{i=1}^{m}(X_i - \overline{X})^2 + \sum\limits_{j=1}^{n}(Y_j - \overline{Y})^2\right]$.

解 由于
$$\frac{(m-1)S_1^2}{\sigma_1^2} = \frac{\sum\limits_{i=1}^{m}(X_i - \overline{X})^2}{\sigma_1^2} \sim \chi^2(m-1), \quad \frac{(n-1)S_2^2}{\sigma_2^2} = \frac{\sum\limits_{i=1}^{n}(Y_i - \overline{Y})^2}{\sigma_2^2} \sim \chi^2(n-1),$$
因此
$$E\left[\frac{\sum\limits_{i=1}^{m}(X_i - \overline{X})^2}{\sigma_1^2}\right] = m-1, \quad E\left[\frac{\sum\limits_{i=1}^{n}(Y_i - \overline{Y})^2}{\sigma_2^2}\right] = n-1.$$
故
$$E\left[\sum_{i=1}^{m}(X_i - \overline{X})^2 + \sum_{j=1}^{n}(Y_j - \overline{Y})^2\right] = (m-1)\sigma_1^2 + (n-1)\sigma_2^2.$$

6.2.4 题型四 经验分布函数的求解

例 6.11 设从总体 X 中抽取一个容量为 5 的样本,其样本值分别为 1,2,1,3,3,试求经验分布函数 $F_n(x)$ 的观察值.

解 首先将样本值从小到大排序为 1,1,2,3,3,则其经验分布函数的观察值为
$$F_5(x) = \begin{cases} 0, & x < 1, \\ 0.4, & 1 \leqslant x < 2, \\ 0.6, & 2 \leqslant x < 3, \\ 1, & x \geqslant 3. \end{cases}$$

6.2.5 题型五　常数的求解问题

例 6.12　设 X_1, X_2, X_3 是来自总体 $X \sim N(0,4)$ 的一个样本,且已知 $aX_1^2 + b(X_2 - 2X_3)^2$ 服从自由度为 n 的 χ^2 分布,其中 a,b 均为不等于 0 的常数,试求常数 a,b 以及自由度 n 的值.

解　由于 X_2, X_3 相互独立且服从正态分布 $N(0,4)$,因此 $X_2 - 2X_3$ 服从正态分布,其期望和方差分别为

$$E(X_2 - 2X_3) = E(X_2) - 2E(X_3) = 0,$$

$$D(X_2 - 2X_3) = D(X_2) + 4D(X_3) = 20,$$

故 $X_2 - 2X_3 \sim N(0,20)$,即有 $\dfrac{X_2 - 2X_3}{\sqrt{20}} \sim N(0,1)$. 又因为 $\dfrac{X_1}{2} \sim N(0,1)$,且 $\dfrac{X_1}{2}$ 与 $\dfrac{X_2 - 2X_3}{\sqrt{20}}$ 相互独立,根据 χ^2 分布的定义,有

$$\frac{X_1^2}{4} + \frac{(X_2 - 2X_3)^2}{20} \sim \chi^2(2).$$

而由题设,$aX_1^2 + b(X_2 - 2X_3)^2$ 服从自由度为 n 的 χ^2 分布,因此 $a = \dfrac{1}{4}, b = \dfrac{1}{20}, n = 2$.

例 6.13　设 $X_1, X_2, \cdots, X_9$ 为来自总体 $X \sim N(\mu, \sigma^2)$ 的一个样本,其中 $\overline{X}$ 和 S^2 分别为样本均值和样本方差,已知存在常数 a,使得 $P\left\{\dfrac{\overline{X} - \mu}{S} \leqslant a\right\} = 0.95$,试求常数 a 的值.

解　由于 $\dfrac{\overline{X} - \mu}{S/\sqrt{n}} \sim t(n-1)$,这里 $n = 9$,因此

$$P\left\{\frac{\overline{X} - \mu}{S} \leqslant a\right\} = P\left\{\frac{\overline{X} - \mu}{S/\sqrt{n}} \leqslant a\sqrt{n}\right\} = 0.95,$$

故

$$P\left\{\frac{\overline{X} - \mu}{S/\sqrt{n}} > a\sqrt{n}\right\} = 1 - P\left\{\frac{\overline{X} - \mu}{S/\sqrt{n}} \leqslant a\sqrt{n}\right\} = 1 - 0.95 = 0.05.$$

经查表可知,$a\sqrt{n} = t_{0.05}(8) = 1.8595$,所以 $a = 0.6198$.

6.2.6 题型六　其他有关的问题

例 6.14　设 $X_1, X_2, \cdots, X_n$ 为来自总体 $X \sim N(\mu, \sigma^2)$ 的一个样本,其中 μ, σ^2 为未知参数,$\overline{X}$ 和 S^2 分别为样本均值和样本方差,则下列表达式为统计量的是(　　).

(A) $T_1 = \max(X_1, X_2, \cdots, X_n)$;

(B) $T_2 = \dfrac{\sqrt{n}(\overline{X} - \mu)}{\sigma}$;

(C) $T_3 = \dfrac{(n-1)S^2}{\sigma^2}$;

(D) $T_4 = \overline{X} - E(\overline{X})$.

解　注意到 $E(\overline{X}) = \mu$,从而 T_2, T_3, T_4 中都含有未知参数,因此 T_2, T_3, T_4 均不是统计量. 故答案选(A).

例 6.15　设 $X_1, X_2, \cdots, X_n$ 为来自总体 $X \sim N(\mu, 4)$ 的一个样本,$\overline{X}$ 为样本均值,若已知 $P\{|\overline{X} - \mu| < 0.5\} \geqslant 0.95$,试求最小的样本容量 n.

解 由于 $\dfrac{\overline{X}-\mu}{\sigma/\sqrt{n}} \sim N(0,1)$,其中 $\sigma=2$,因此

$$P\{|\overline{X}-\mu|<0.5\} = P\left(\left|\dfrac{\overline{X}-\mu}{\sigma/\sqrt{n}}\right| < \dfrac{0.5}{\sigma/\sqrt{n}}\right) = \Phi\left(\dfrac{0.5}{\sigma/\sqrt{n}}\right) - \Phi\left(-\dfrac{0.5}{\sigma/\sqrt{n}}\right)$$

$$= 2\Phi\left(\dfrac{0.5}{\sigma/\sqrt{n}}\right) - 1 \geqslant 0.95.$$

于是 $\Phi\left(\dfrac{0.5}{\sigma/\sqrt{n}}\right) \geqslant 0.975$,经查表得 $\dfrac{0.5}{\sigma/\sqrt{n}} \geqslant 1.96$,即 $n \geqslant 61.46$,故最小的样本容量 n 应取 65.

6.3 习题精选

1. 填空题.

(1) 设 $X_1,X_2,\cdots,X_n$ 位来自总体 X 的一个样本,且 $E(X)=\mu$,$D(X)=\sigma^2$,令 $\overline{X} = \dfrac{1}{n}\sum\limits_{i=1}^{n} X_i$,则 $E(\overline{X}) = \underline{\qquad}$,$D(\overline{X}) = \underline{\qquad}$.

(2) 设 $X \sim N(\mu,\sigma^2)$,$X_1,X_2,\cdots,X_n$ 是来自总体 X 的一个样本,$\overline{X}$,S^2 分别为样本均值与样本方差,则 $\overline{X} \sim \underline{\qquad}$;$\dfrac{\overline{X}-\mu}{S/\sqrt{n}} \sim \underline{\qquad}$;$\dfrac{1}{\sigma^2}\sum\limits_{i=1}^{n}(X_i-\overline{X})^2 \sim \underline{\qquad}$;$\dfrac{1}{\sigma^2}\sum\limits_{i=1}^{n}(X_i-\mu)^2 \sim \underline{\qquad}$.(填写服从的分布)

(3) 设 $X \sim N(0,1)$,$Y \sim \chi^2(n)$,且 X 与 Y 相互独立,则 $\sqrt{n}\dfrac{X}{\sqrt{Y}} \sim \underline{\qquad}$.(填写服从的分布)

(4) 若 $X_1,X_2,\cdots,X_m$ 是来自正态总体 $X \sim N(\mu_1,\sigma^2)$ 的样本,$Y_1,Y_2,\cdots,Y_n$ 是来自正态总体 $Y \sim N(\mu_2,\sigma^2)$ 的样本,且 X 与 Y 相互独立,$\overline{X},\overline{Y},S_1^2,S_2^2$ 分别为对应的样本均值与样本方差.则 $\overline{X}-\overline{Y} \sim \underline{\qquad}$;$\dfrac{1}{\sigma^2}[(m-1)S_1^2+(n-1)S_2^2] \sim \underline{\qquad}$;$\dfrac{S_1^2}{S_2^2} \sim \underline{\qquad}$.(填写服从的分布)

(5) 若 X 服从自由度为 n 的 t 分布;若 $P\{|X|>2\}=a$,则 $P\{X<2\} = \underline{\qquad}$.

(6) 给定一组样本观测值 $x_1,x_2,\cdots,x_9$,经计算得 $\sum\limits_{i=1}^{9} x_i = 36$,$\sum\limits_{i=1}^{9} x_i^2 = 156$,则 S^2 的观测值为 $\underline{\qquad}$.

(7) 设 X_1,X_2,X_3,X_4 是来自标准正态总体 $N(0,1)$ 的一个样本,$Y = a(2X_1-3X_2)^2 + b(4X_3-3X_4)^2$,则当 $a = \underline{\qquad}$;$b = \underline{\qquad}$ 时,统计量 Y 服从 $\chi^2(2)$ 分布.

(8) 设随机变量 X 和 Y 相互独立且都服从正态分布 $N(0,\sigma^2)$,X_1,X_2,X_3 和 Y_1,$Y_2,\cdots,Y_9$ 分别来自总体 X 和 Y 的样本,则统计量 $\dfrac{\sqrt{3}(X_1+X_2+X_3)}{\sqrt{Y_1^2+Y_2^2+\cdots+Y_9^2}}$ 服从 $\underline{\qquad}$

分布.

(9) 设 $X_1, X_2, \cdots, X_n$ 是来自正态分布 $N(\mu, 0.3^2)$ 的一个样本, $\overline{X}$ 为样本均值, 为使 $P\{|\overline{X}-\mu|<0.1\} \geqslant 0.95$, 则样本容量 n 应至少为 _____.

2. 单项选择题.

(1) 设总体均值为 μ, 方差为 σ^2, n 为样本容量, 则下列选项错误的是( ).

(A) $E(\overline{X}-\mu)=0$； (B) $D(\overline{X})=\dfrac{\sigma^2}{n}$；

(C) $D(\overline{X}-\mu)=\dfrac{\sigma^2}{n}$； (D) $\dfrac{\overline{X}-\mu}{\sigma/\sqrt{n}} \sim N(0,1)$.

(2) 设 $X_1, X_2, \cdots, X_n$ 是来自总体 X 的样本, 则 $\dfrac{1}{n-1}\sum_{i=1}^{n}(X_i-\overline{X})^2$ 是( ).

(A) 样本矩； (B) 二阶原点矩； (C) 二阶中心矩； (D) 统计量.

(3) $X_1, X_2, \cdots, X_n$ 是来自正态总体 $X \sim N(0,1)$ 的样本, $\overline{X}, S^2$ 分别为样本均值与样本方差, 则下列各式正确的是( ).

(A) $\overline{X} \sim N(0,1)$； (B) $n\overline{X} \sim N(0,1)$；

(C) $\sum_{i=1}^{n} X_i^2 \sim \chi^2(n)$； (D) $\overline{X}/S \sim t(n-1)$.

3. 设 $X_1, X_2, \cdots, X_5$ 是来自总体 $X \sim N(12,4)$ 的容量为 5 的样本, $Y_1, Y_2, \cdots, Y_{10}$ 是来自总体 $Y \sim N(12,8)$ 的容量为 10 的样本, 且 X 与 Y 相互独立, $\overline{X}, \overline{Y}$ 分别为样本均值, 试求 $P\{|\overline{X}-\overline{Y}|<2.087\}$.

4. 设 $X_1, X_2, \cdots, X_9$ 是来自总体 $X \sim N(2,4)$ 的样本, $\overline{X}, S^2$ 分别为样本均值与样本方差. 求 $P\{1<\overline{X}<3, 1.37<S^2<7.75\}$.

5. (1999 年考研题) 设 $X_1, X_2, \cdots, X_9$ 是来自总体 $N(\mu, \sigma^2)$ 的一个样本, $Y_1 = \dfrac{1}{6}(X_1+X_2+\cdots+X_6)$, $Y_2 = \dfrac{1}{3}(X_7+X_8+X_9)$, $S^2 = \dfrac{1}{2}\sum_{i=7}^{9}(X_i-Y_2)^2$, 试证明 $\dfrac{\sqrt{2}(Y_1-Y_2)}{S} \sim t(2)$.

6. 设 $x_1, x_2, \cdots, x_n$ 是一组样本观测值, 记 $y_i = \dfrac{x_i-a}{c}$, $i=1,2,\cdots,n$, 其中 a 和 c 为常数, $\overline{x}, \overline{y}, s_1^2, s_2^2$ 分别为对应的样本均值与样本方差. 证明: $\overline{x} = c\overline{y}+a$；$s_1^2 = c^2 s_2^2$.

7. 若 $F \sim F(m,n)$, 证明 $\dfrac{1}{F} \sim F(n,m)$.

6.4 习题详解

1. 填空题.

(1) $\mu, \dfrac{\sigma^2}{n}$； (2) $N\left(\mu, \dfrac{\sigma^2}{n}\right), t(n-1), \chi^2(n-1), \chi^2(n)$.

(3) $t(n)$； (4) $N\left(\mu_1-\mu_2, \dfrac{\sigma^2}{m}+\dfrac{\sigma^2}{n}\right), \chi^2(m+n-2), F(m-1,n-1)$；

(5) $1-\dfrac{a}{2}$；　(6) 1.5；　(7) $\dfrac{1}{13},\dfrac{1}{25}$；　(8) $t(9)$；　(9) 35.

2. 单项选择题.

(1) (D)；　(2) (D)；　(3) (C).

3. 由题意，$\overline{X}-\overline{Y}\sim N(0,1.6)$，因此 $\dfrac{\overline{X}-\overline{Y}}{\sqrt{1.6}}\sim N(0,1)$. 故

$$P\{|\overline{X}-\overline{Y}|<2.087\}=P\left\{\dfrac{|\overline{X}-\overline{Y}|}{\sqrt{1.6}}<\dfrac{2.087}{\sqrt{1.6}}\right\}=P\left\{\dfrac{|\overline{X}-\overline{Y}|}{\sqrt{1.6}}<1.65\right\}$$

$$=\Phi(1.65)-\Phi(-1.65)=2\Phi(1.65)-1=0.95\times 2-1=0.90.$$

4. 由题意，有

$$\dfrac{\overline{X}-2}{2/\sqrt{9}}=\dfrac{3(\overline{X}-2)}{2}\sim N(0,1),\quad \dfrac{(9-1)S^2}{4}=2S^2\sim \chi^2(8),$$

又因为 $\overline{X}$ 和 S^2 相互独立，因此

$$P\{1<\overline{X}<3,1.37<S^2<7.75\}=P\{1<\overline{X}<3\}P\{1.37<S^2<7.75\}.$$

$$=P\left\{\dfrac{3(1-2)}{2}<\dfrac{3(\overline{X}-2)}{2}<\dfrac{3(3-2)}{2}\right\}\cdot$$

$$P\{2.74<2S^2<15.5\}$$

$$=P\left\{-1.5<\dfrac{3(\overline{X}-2)}{2}<1.5\right\}\cdot P\{2.74<2S^2<15.5\}$$

$$=0.87\times 0.90=0.783.$$

5. 由于 $X_1,X_2,\cdots,X_9$ 相互独立且服从正态分布，因此 Y_1 和 Y_2 相互独立，且 Y_1-Y_2 服从正态分布. 而

$$E(Y_1-Y_2)=\mu-\mu=0,\quad D(Y_1-Y_2)=\dfrac{\sigma^2}{6}+\dfrac{\sigma^2}{3}=\dfrac{\sigma^2}{2},$$

因此 $Y_1-Y_2\sim N\left(0,\dfrac{\sigma^2}{2}\right)$. 又因为 $\dfrac{(3-1)S^2}{\sigma^2}=\dfrac{2S^2}{\sigma^2}\sim \chi^2(2)$，且 S^2 与 Y_1-Y_2 相互独立，于是

$$\dfrac{\sqrt{2}(Y_1-Y_2)}{S}=\dfrac{\dfrac{Y_1-Y_2}{\sigma/\sqrt{2}}}{\sqrt{\dfrac{2S^2}{2\sigma^2}}}\sim t(2).$$

6. 由题意，$x_i=cy_i+a,i=1,2,\cdots,n$，因此

$$\overline{x}=\dfrac{1}{n}\sum_{i=1}^{n}x_i=\dfrac{1}{n}\sum_{i=1}^{n}(cy_i+a)=\dfrac{c}{n}\sum_{i=1}^{n}y_i+a=c\overline{y}+a,$$

$$s_1^2=\dfrac{1}{n-1}\sum_{i=1}^{n}(x_i-\overline{x})^2=\dfrac{1}{n-1}\sum_{i=1}^{n}[(cy_i+a)-(c\overline{y}+a)]^2$$

$$=\dfrac{1}{n-1}\sum_{i=1}^{n}(cy_i-c\overline{y})^2=\dfrac{c^2}{n-1}\sum_{i=1}^{n}(y_i-\overline{y})^2=c^2 s_2^2.$$

7. 若 $F\sim F(m,n)$，则存在相互独立的随机变量 $X\sim \chi^2(m)$ 和 $Y\sim \chi^2(n)$，使得 $F=\dfrac{X/m}{Y/n}$，根据 F 分布的定义可知，$\dfrac{1}{F}=\dfrac{Y/n}{X/m}\sim F(n,m)$.

第 7 章

参 数 估 计

7.1 内容提要

7.1.1 参数估计

对于某个未知参数 θ(可以为向量),现从总体中抽取一个样本 $X_1, X_2, \cdots, X_n$,依据该样本对未知参数 θ 做出估计,或对 θ 的某一已知函数 $g(\theta)$ 做出估计,这类问题称为**参数估计**. 参数估计的形式主要有两种:**点估计**与**区间估计**.

7.1.2 点估计

设 θ 为总体 X 的一维未知参数,现从总体中抽取一个样本 $X_1, X_2, \cdots, X_n$,其观测值分别为 $x_1, x_2, \cdots, x_n$,建立一个适当的统计量 $\hat{\theta}(X_1, X_2, \cdots, X_n)$,用 $\hat{\theta}(x_1, x_2, \cdots, x_n)$ 作为 θ 的近似值,其中 $\hat{\theta}(x_1, x_2, \cdots, x_n)$ 称为 θ 的**点估计值**, $\hat{\theta}(X_1, X_2, \cdots, X_n)$ 称为 θ 的**点估计量**,在不发生混淆的情况下,点估计值和点估计量统称为**点估计**或**估计**,简记为 $\hat{\theta}$.

若 θ 为多维未知参数,例如 $\boldsymbol{\theta} = (\theta_1, \theta_2, \cdots, \theta_m)^T$,其定义方式与一维参数类似,只需建立的统计量 $\hat{\boldsymbol{\theta}}$ 是 m 维的,即 $\hat{\boldsymbol{\theta}} = (\hat{\theta}_1, \hat{\theta}_2, \cdots, \hat{\theta}_m)^T$,其中 $\hat{\theta}_i (i=1,2,\cdots,m)$ 为 θ_i 的点估计.

点估计的求解方法很多,例如有矩估计法,最大似然估计法(极大似然估计法),最小二乘法等,这里我们仅仅要求掌握矩估计法和最大似然估计法.

7.1.3 矩估计法

矩估计的基本思想是用样本矩作为总体矩的估计量,用样本矩的连续函数估计总体矩的连续函数. 其具体做法如下:

设总体 X 含有 m 个未知参数 $\theta_1, \theta_2, \cdots, \theta_m$, $X_1, X_2, \cdots, X_n$ 为来自总体 X 的一个样本.

(1) 求出总体 X 的前 m 阶矩

$$\begin{cases} \mu_1 = \mu_1(\theta_1,\cdots,\theta_m), \\ \mu_2 = \mu_2(\theta_1,\cdots,\theta_m), \\ \quad\vdots \\ \mu_m = \mu_m(\theta_1,\cdots,\theta_m), \end{cases}$$

(2) 对上述方程组进行求解,一般来说,可以得到

$$\begin{cases} \theta_1 = \theta_1(\mu_1,\cdots,\mu_m), \\ \theta_2 = \theta_2(\mu_1,\cdots,\mu_m), \\ \quad\vdots \\ \theta_m = \theta_m(\mu_1,\cdots,\mu_m). \end{cases}$$

(3) 将上式中的 μ_k 分别换成 A_k,即可得到参数 $\theta_1,\theta_2,\cdots,\theta_m$ 的矩估计量 $\hat{\theta}_1,\hat{\theta}_2,\cdots,\hat{\theta}_m$,其中,$A_k = \frac{1}{n}\sum_{i=1}^{n} X_i^k$ 为样本的 k 阶矩,$k = 1,2,\cdots,m$.

注 (1) 选择矩估计时涉及矩的阶数要尽量小,即能使用低阶矩时尽量不使用高阶矩. (2) 若 m 个方程无法求解出 m 个参数时,可以使用高于 m 阶的矩.

7.1.4 最大似然估计法

最大似然估计的基本思想是概率大的事件比概率小的事件更容易发生,即概率越大越容易发生,小概率事件在一次试验中几乎不可能发生.

设 $X_1,\cdots,X_n$ 为来自总体 X 的一组样本,其观测值为 $x_1,\cdots,x_n$,若总体 X 为离散型,设 X 的分布列为 $P\{X=x\}=f(x;\theta),\theta\in\Theta$ 为待估参数,样本的**似然函数**为

$$L(\theta) = L(\theta;x_1,\cdots,x_n) = \prod_{i=1}^{n} p(x_i;\theta),$$

若总体 X 为连续型,其密度函数为 $f(x;\theta),\theta\in\Theta$,样本的**似然函数**为

$$L(\theta) = L(\theta;x_1,\cdots,x_n) = \prod_{i=1}^{n} f(x_i;\theta),$$

对固定的 $x_1,\cdots,x_n$,若存在 $\hat{\theta}$ 使得

$$L(\hat{\theta}) = \max_{\theta\in\Theta} L(\theta) = \max_{\theta\in\Theta} L(\theta;x_1,x_2,\cdots,x_n),$$

则称 $\hat{\theta}$ 称为参数 θ 的**最大(极大)似然估计**. 注意到 $\hat{\theta}$ 与 $x_1,\cdots,x_n$ 有关,即有 $\hat{\theta}=\hat{\theta}(x_1,\cdots,x_n),\hat{\theta}=\hat{\theta}(x_1,\cdots,x_n)$ 称为参数 θ 的**最大似然估计值**,$\hat{\theta}=\hat{\theta}(X_1,\cdots,X_n)$ 称为参数 θ 的**最大似然估计量**. 在不引起歧义的情况下,将 $\hat{\theta}(x_1,\cdots,x_n)$ 和 $\hat{\theta}(X_1,\cdots,X_n)$ 统称为 θ 的**最大似然估计**.

一般情况下,$p(x;\theta)$ 和 $f(x;\theta)$ 关于 θ 可微,由于 $L(\theta)$ 与 $\ln L(\theta)$ 单调性一致,具有相同的最大值点,因此参数 θ 的最大似然估计 $\hat{\theta}$ 也可由方程 $\frac{\mathrm{d}}{\mathrm{d}\theta}\ln L(\theta) = 0$ 求得. 需要注意的是,上述方程的解仅仅是 $\ln L(\theta)$ 的驻点,由微积分的知识可知,在有些时候驻点不一定是极大值点或最大值点,最大值点也可能为导数不存在的点或者闭区间的端点,这时就需要考虑其他方法求似然函数的最大值点.

若总体分布中包含多个参数，例如 $\theta = (\theta_1, \theta_2, \cdots, \theta_m)^T$，则令

$$\frac{\partial \ln L}{\partial \theta_i} = 0, \quad i = 1, \cdots, m,$$

解方程组求得 $\theta_1, \theta_2, \cdots, \theta_m$ 的极大似然估计值 $\hat{\theta}_1, \hat{\theta}_2, \cdots, \hat{\theta}_m$.

最大似然估计具有一个很好的性质，称之为**最大似然估计的不变性**：设 $g(\theta)$ 具有单值反函数，$\hat{\theta}$ 为 θ 的最大似然估计，则 $g(\hat{\theta})$ 为 $g(\theta)$ 的最大似然估计．例如 $\hat{\sigma}^2 = \frac{1}{n}\sum_{i=1}^{n}(X_i - \overline{X})^2$ 为 σ^2 的最大似然估计，则 $\hat{\sigma} = \sqrt{\frac{1}{n}\sum_{i=1}^{n}(X_i - \overline{X})^2}$ 为 σ 的最大似然估计．

7.1.5 估计量的评选标准

1. 无偏性

设 $X_1, X_2, \cdots, X_n$ 为来自总体 X 的一组样本，$\hat{\theta}$ 为参数 θ 的点估计，若对任意的 $\theta \in \Theta$，均有 $E(\hat{\theta}) = \theta$，则称 $\hat{\theta}$ 为 θ 的**无偏估计**，否则称 $\hat{\theta}$ 为 θ 的**有偏估计**，并称 $E(\hat{\theta}) - \theta$ 为用 $\hat{\theta}$ 估计 θ 的**偏差**.

2. 有效性

如果 $\hat{\theta}_1 = \hat{\theta}_1(X_1, X_2, \cdots, X_n)$ 与 $\hat{\theta}_2 = \hat{\theta}_2(X_1, X_2, \cdots, X_n)$ 都是参数 θ 的无偏估计量，若对 $\forall \theta \in \Theta$，有 $D(\hat{\theta}_1) \leqslant D(\hat{\theta}_2)$，且至少对某一个 $\theta \in \Theta$，有 $D(\hat{\theta}_1) < D(\hat{\theta}_2)$，则称 $\hat{\theta}_1$ 比 $\hat{\theta}_2$ 有效.

3. 相合性

设 $\hat{\theta} = \hat{\theta}(X_1, X_2, \cdots, X_n)$ 是参数 θ 的估计量，若对 $\forall \varepsilon > 0$，有 $\lim_{n \to \infty} P\{|\hat{\theta} - \theta| < \varepsilon\} = 1$，则称 $\hat{\theta}$ 是参数 θ 的**相合估计量**.

7.1.6 区间估计

设 θ 为总体 X 的未知参数，$\theta \in \Theta$，$X_1, X_2, \cdots, X_n$ 为来自总体 X 的一组样本，$\underline{\theta} = \underline{\theta}(X_1, X_2, \cdots, X_n)$ 与 $\overline{\theta} = \overline{\theta}(X_1, X_2, \cdots, X_n)$ 均为 θ 的估计量，若对于给定的常数 $\alpha (0 < \alpha < 1)$ 和任意的 $\theta \in \Theta$，有 $P\{\underline{\theta} < \theta < \overline{\theta}\} \geqslant 1 - \alpha$，则称随机区间 $(\underline{\theta}, \overline{\theta})$ 为参数 θ 的置信水平为 $1 - \alpha$ 的**置信区间**，$\underline{\theta}$ 和 $\overline{\theta}$ 分别称为双侧置信区间的**置信下限**和**置信上限**. 通过构造一个置信区间对未知参数进行估计的方法称为**区间估计**.

当 X 为连续型随机变量时，对于给定的 $\alpha (0 < \alpha < 1)$，总可以按照 $P\{\underline{\theta} < \theta < \overline{\theta}\} = 1 - \alpha$ 求得置信区间 $(\underline{\theta}, \overline{\theta})$；当 X 为离散型随机变量时，常常找不到区间 $(\hat{\theta}_1, \hat{\theta}_2)$，使得 $P\{\underline{\theta} < \theta <$

$\bar{\theta}\}=1-\alpha$,这时需要寻找区间$(\underline{\theta},\bar{\theta})$使得 $P\{\underline{\theta}<\theta<\bar{\theta}\}$ 至少为 $1-\alpha$,且尽量接近 $1-\alpha$.

置信区间 $(\underline{\theta},\bar{\theta})$ 的**统计含义**为:在相同条件下反复抽样 M 次(每次抽样的样本容量均为 n),由于每次得到的样本值不同,故每次得到的区间也可能不同,这样就得到了 M 个区间. 对每个区间而言,它要么包含 θ 的真值,要么不包含 θ 的真值,根据伯努利大数定律,在这 M 个区间中,包含 θ 真值的约占 $100(1-\alpha)\%$,不包含 θ 真值的约占 $100\alpha\%$.

*7.1.7 单侧置信区间

设 θ 为待估参数,$X_1,X_2,\cdots,X_n$ 为来自总体 X 的一组样本,给定 $\alpha>0$,若统计量 $\underline{\theta}=\underline{\theta}(X_1,X_2,\cdots,X_n)$ 满足 $P\{\theta>\underline{\theta}\}=1-\alpha$,则称区间 $(\underline{\theta},\infty)$ 是 θ 的置信水平为 $1-\alpha$ 的**单侧置信区间**,$\underline{\theta}$ 称为**单侧置信下限**;若统计量 $\bar{\theta}=\bar{\theta}(X_1,X_2,\cdots,X_n)$ 满足 $P\{\theta<\bar{\theta}\}=1-\alpha$,则称区间 $(-\infty,\bar{\theta})$ 是 θ 的置信水平为 $1-\alpha$ 的**单侧置信区间**,$\bar{\theta}$ 称为**单侧置信上限**.

7.1.8 正态总体均值与方差的区间估计公式

表 7.1 单个正态总体均值与方差的区间估计

参数	条件	置信水平为 $1-\alpha$ 的双侧置信区间	置信水平为 $1-\alpha$ 的单侧置信限
μ	σ^2 已知	$\left(\bar{X}-\dfrac{\sigma}{\sqrt{n}}z_{\frac{\alpha}{2}},\bar{X}+\dfrac{\sigma}{\sqrt{n}}z_{\frac{\alpha}{2}}\right)$	$\underline{\mu}=\bar{X}-\dfrac{\sigma}{\sqrt{n}}z_\alpha,\bar{\mu}=\bar{X}+\dfrac{\sigma}{\sqrt{n}}z_\alpha$
	σ^2 未知	$\left(\bar{X}\mp\dfrac{S}{\sqrt{n}}t_{\frac{\alpha}{2}}(n-1)\right)$	$\underline{\mu}=\bar{X}-\dfrac{S}{\sqrt{n}}t_{\frac{\alpha}{2}}(n-1),\bar{\mu}=\bar{X}+\dfrac{S}{\sqrt{n}}t_{\frac{\alpha}{2}}(n-1)$
σ^2	μ 未知	$\left(\dfrac{(n-1)S^2}{\chi^2_{\frac{\alpha}{2}}(n-1)},\dfrac{(n-1)S^2}{\chi^2_{1-\frac{\alpha}{2}}(n-1)}\right)$	$\underline{\sigma^2}=\dfrac{(n-1)S^2}{\chi^2_\alpha(n-1)},\overline{\sigma^2}=\dfrac{(n-1)S^2}{\chi^2_{1-\alpha}(n-1)}$

注 表 7.1 中 $X_1,X_2\cdots,X_n$ 为来自总体 $N(\mu,\sigma^2)$ 的样本,$\bar{X}$ 和 $S^2=\dfrac{1}{n-1}\sum_{i=1}^{n}(X_i-\bar{X})^2$ 分别是样本均值和样本方差.

*表 7.2 两个正态总体均值与方差的区间估计

参数	条件	置信水平为 $1-\alpha$ 的双侧置信区间	置信水平为 $1-\alpha$ 的单侧置信限
$\mu_1-\mu_2$	σ_1^2,σ_2^2 已知	$\left((\bar{X}-\bar{Y})\mp z_{\frac{\alpha}{2}}\cdot\sqrt{\dfrac{\sigma_1^2}{m}+\dfrac{\sigma_2^2}{n}}\right)$	$\underline{\mu_1-\mu_2}=\bar{X}-\bar{Y}-z_\alpha\cdot\sqrt{\dfrac{\sigma_1^2}{m}+\dfrac{\sigma_2^2}{n}}$ $\overline{\mu_1-\mu_2}=\bar{X}-\bar{Y}+z_\alpha\cdot\sqrt{\dfrac{\sigma_1^2}{m}+\dfrac{\sigma_2^2}{n}}$
	$\sigma_1^2=\sigma_2^2=\sigma^2,$ σ^2 未知	$\left((\bar{X}-\bar{Y})\mp t_{\frac{\alpha}{2}}(m+n-2)\cdot S_w\cdot\sqrt{\dfrac{1}{m}+\dfrac{1}{n}}\right)$	$\underline{\sigma^2}=\bar{X}-\bar{Y}-t_\alpha(m+n-2)\cdot S_w\cdot\sqrt{\dfrac{1}{m}+\dfrac{1}{n}}$ $\overline{\sigma^2}=\bar{X}-\bar{Y}+t_\alpha(m+n-2)\cdot S_w\cdot\sqrt{\dfrac{1}{m}+\dfrac{1}{n}}$

续表

参数	条件	置信水平为 $1-\alpha$ 的双侧置信区间	置信水平为 $1-\alpha$ 的单侧置信限
σ_1^2/σ_2^2	μ_1,μ_2 未知	$\left(\dfrac{S_1^2}{S_2^2}\dfrac{1}{F_{\frac{\alpha}{2}}(m-1,n-1)},\dfrac{S_1^2}{S_2^2}\dfrac{1}{F_{1-\frac{\alpha}{2}}(m-1,n-1)}\right)$	$\underline{\sigma_1^2/\sigma_2^2}=\dfrac{S_1^2}{S_2^2}\dfrac{1}{F_{\alpha}(m-1,n-1)}$ $\overline{\sigma_1^2/\sigma_2^2}=\dfrac{S_1^2}{S_2^2}\dfrac{1}{F_{1-\alpha}(m-1,n-1)}$

注 表 7.2 中 $X\sim N(\mu_1,\sigma_1^2)$，$Y\sim N(\mu_2,\sigma_2^2)$，$X$ 与 Y 相互独立，$X_1,X_2,\cdots,X_m$ 为来自 X 的一个样本，$Y_1,Y_2,\cdots,Y_n$ 为来自 Y 的一个样本，$\overline{X},\overline{Y},S_1^2,S_2^2$ 分别为总体 X 与 Y 的样本均值与样本方差，$S_w^2=\dfrac{(m-1)S_1^2+(n-1)S_2^2}{m+n-2}$，$S_w=\sqrt{S_w^2}$.

7.2 典型例题分析

7.2.1 题型一 求未知参数的矩估计

例 7.1 设总体 X 的密度函数为
$$f(x;\theta)=\begin{cases}(\theta+1)x^\theta, & 0<x<1,\\ 0, & \text{其他}.\end{cases}$$
其中 $\theta>-1$ 为未知参数，$X_1,X_2,\cdots,X_n$ 为来自总体 X 的样本，试求参数 θ 的矩估计.

解 由于
$$\mu=E(X)=\int_{-\infty}^{+\infty}xf(x;\theta)\mathrm{d}x=\int_0^1 x(\theta+1)x^\theta\mathrm{d}x=\frac{\theta+1}{\theta+2},$$
因此有 $\theta=\dfrac{1}{1-\mu}-2$，故参数 θ 的矩估计为 $\hat{\theta}=\dfrac{1}{1-\overline{X}}-2$，其中 $\overline{X}$ 为样本均值.

例 7.2 设总体 X 的密度函数为
$$f(x;\theta)=\begin{cases}\dfrac{2(\theta-x)}{\theta^2}, & 0<x<\theta,\\ 0, & \text{其他}.\end{cases}$$
其中未知参数 $\theta>0$，$X_1,X_2,\cdots,X_n$ 为来自总体 X 的样本，试求 θ 的矩估计 $\hat{\theta}$，并求 $E(\hat{\theta})$ 和 $D(\hat{\theta})$.

解 由于
$$\mu=E(X)=\int_{-\infty}^{+\infty}xf(x;\theta)\mathrm{d}x=\int_0^\theta x\cdot\frac{2(\theta-x)}{\theta^2}\mathrm{d}x=\frac{2}{\theta^2}\int_0^\theta(\theta x-x^2)\mathrm{d}x=\frac{\theta}{3},$$
因此有 $\theta=3\mu$，故参数 θ 的矩估计为 $\hat{\theta}=3\overline{X}$，其中 $\overline{X}$ 为样本均值.

又因为
$$E(X^2)=\int_{-\infty}^{+\infty}x^2f(x;\theta)\mathrm{d}x=\int_0^\theta x^2\cdot\frac{2(\theta-x)}{\theta^2}\mathrm{d}x=\frac{\theta^2}{6},$$
因此
$$D(X)=E(X^2)-[E(X)]^2=\frac{\theta^2}{6}-\frac{\theta^2}{9}=\frac{\theta^2}{18},$$

故
$$E(\hat{\theta}) = E(3\overline{X}) = 3E(X) = \theta, \quad D(\hat{\theta}) = D(3\overline{X}) = \frac{9}{n}D(X) = \frac{\theta^2}{2n}.$$

例 7.3 设总体 X 的分布律如表 7.3 所示.

表 7.3

X	-1	0	1	2
P	θ	$1-4\theta$	2θ	θ

其中未知参数 $0<\theta<\dfrac{1}{4}$，$X_1, X_2, \cdots, X_n$ 为来自总体 X 的样本，则

(1) 试求参数 θ 的矩估计量；

(2) 若已取得样本值 $-1,1,-1,2,0,1,1,2$，试求 θ 的矩估计值.

解 (1) 由于
$$\mu = E(X) = (-1)\times\theta + 0\times(1-4\theta) + 1\times 2\theta + 2\times\theta = 3\theta,$$
解得 $\theta = \dfrac{\mu}{3}$，因此参数 θ 的矩估计量为 $\hat{\theta} = \dfrac{\overline{X}}{3}$.

(2) 由于
$$\bar{x} = \frac{1}{8}(-1+1-1+2+0+1+1+2) = \frac{5}{8},$$
因此参数 θ 的矩估计量为 $\hat{\theta} = \dfrac{\bar{x}}{3} = \dfrac{5}{24}$.

7.2.2 题型二 求未知参数的最大似然估计

例 7.4 设总体 X 的分布律为
$$P\{X=x\} = \binom{m}{x}\theta^x(1-\theta)^{m-x}, \quad x=0,1,\cdots,m,$$

其中 $0<\theta<1$ 为未知参数，$X_1, X_2, \cdots, X_n$ 是来自总体 X 的样本，试求参数 θ 和 $P\{X=1\}$ 的最大似然估计.

解 设 $x_1, x_2, \cdots, x_n$ 为样本的观测值，似然函数为
$$L(\theta) = \prod_{i=1}^{n} P\{X_i = x_i\} = \prod_{i=1}^{n}\binom{m}{x_i}\theta^{x_i}(1-\theta)^{m-x_i} = \left[\prod_{i=1}^{n}\binom{m}{x_i}\right]\theta^{\sum_{i=1}^{n}x_i}(1-\theta)^{nm-\sum_{i=1}^{n}x_i},$$
因此
$$\ln L(\theta) = \ln\prod_{i=1}^{n}\binom{m}{x_i} + \left(\sum_{i=1}^{n}x_i\right)\cdot\ln\theta + \left(nm - \sum_{i=1}^{n}x_i\right)\cdot\ln(1-\theta),$$
令
$$\frac{\mathrm{d}\ln L(\theta)}{\mathrm{d}\theta} = \left(\sum_{i=1}^{n}x_i\right)\cdot\frac{1}{\theta} - \left(nm - \sum_{i=1}^{n}x_i\right)\cdot\frac{1}{1-\theta} = 0,$$
解得参数 θ 的最大似然估计值为

$$\hat{\theta} = \frac{1}{nm}\sum_{i=1}^{n} x_i = \frac{\bar{x}}{m},$$

因此 θ 的最大似然估计量为 $\frac{\bar{X}}{m}$. 根据最大似然估计的不变性,$P\{X=1\} = \binom{m}{1}\theta(1-\theta)^{m-1}$ 的最大似然估计量为

$$\binom{m}{1} \cdot \frac{\bar{X}}{m} \cdot \left(1-\frac{\bar{X}}{m}\right)^{m-1} = \bar{X} \cdot \left(1-\frac{\bar{X}}{m}\right)^{m-1}.$$

例 7.5 (2014 考研题)设总体 X 的分布函数为

$$F(x;\theta) = \begin{cases} 1-e^{-\frac{x^2}{\theta}}, & x \geq 0, \\ 0, & x < 0, \end{cases}$$

其中 $\theta>0$ 为未知参数,$X_1,X_2,\cdots,X_n$ 为来自总体 X 的样本,试求 θ 的最大似然估计量.

解 X 的密度函数为

$$f(x;\theta) = \begin{cases} \frac{2x}{\theta}e^{-\frac{x^2}{\theta}}, & x \geq 0, \\ 0, & x < 0, \end{cases}$$

设 $x_1,x_2,\cdots,x_n$ 为样本的观测值,似然函数为

$$L(\theta) = \prod_{i=1}^{n} f(x_i;\theta) = \begin{cases} \prod_{i=1}^{n} \frac{2x_i}{\theta}e^{-\frac{x_i^2}{\theta}}, & x_i \geq 0, i=1,\cdots,n, \\ 0, & 其他. \end{cases}$$

当 $x_i>0(i=1,\cdots,n)$ 时,则

$$\ln L(\theta) = n\ln 2 + \sum_{i=1}^{n} \ln(x_i) - n\ln\theta - \frac{1}{\theta}\sum_{i=1}^{n} x_i^2,$$

令

$$\frac{d\ln L(\theta)}{d\theta} = -\frac{n}{\theta} + \frac{1}{\theta^2}\sum_{i=1}^{n} x_i^2 = 0,$$

解得 θ 的最大似然估计值为 $\hat{\theta} = \frac{1}{n}\sum_{i=1}^{n} x_i^2$,$\theta$ 的最大似然估计量为 $\hat{\theta} = \frac{1}{n}\sum_{i=1}^{n} X_i^2$.

例 7.6 设总体 X 的分布律如表 7.4 所示

表 7.4

X	-1	0	1	2
P	$(1-\theta)^2$	$\theta-\theta^2$	θ^2	$\theta-\theta^2$

其中未知参数 $0<\theta<1$,若已取得样本值 $-1,1,-1,2,0$,试求 θ 的最大似然估计值.

解 似然函数为

$$L(\theta) = \prod_{i=1}^{5} P\{X_i = x_i\} = (P\{X=-1\})^2 P\{x=1\}P\{x=2\}P\{x=0\} = \theta^4(1-\theta)^6,$$

令
$$\frac{dL(\theta)}{d\theta} = 4\theta^3(1-\theta)^6 - 6\theta^4(1-\theta)^5 = 0,$$
解得 θ 的最大似然估计值为 $\hat{\theta} = \dfrac{2}{5}$.

7.2.3　题型三　估计量的评选标准问题

例 7.7　设 $X_1, X_2, \cdots, X_n$ 为来自总体 X 的一个样本，$E(X) = \mu$，$D(X) = \sigma^2$，常数 $c_i > 0$，$i = 1, 2, \cdots, n$，$\sum\limits_{i=1}^{n} c_i = 1$，试证明：

(1) $\sum\limits_{i=1}^{n} c_i X_i$ 为 μ 的无偏估计量；

(2) 在 μ 的形如 $\sum\limits_{i=1}^{n} c_i X_i$ 的无偏估计中，$\overline{X} = \dfrac{1}{n}\sum\limits_{i=1}^{n} X_i$ 是最有效的.

证　(1) 由于
$$E\left(\sum_{i=1}^{n} c_i X_i\right) = \sum_{i=1}^{n} c_i E(X_i) = \sum_{i=1}^{n} c_i \mu = \mu \sum_{i=1}^{n} c_i = \mu,$$
故 $\sum\limits_{i=1}^{n} c_i X_i$ 为 μ 的无偏估计量.

(2) 由于
$$D\left(\sum_{i=1}^{n} c_i X_i\right) = \sum_{i=1}^{n} c_i^2 D(X_i) = \sigma^2 \sum_{i=1}^{n} c_i^2 \geq \sigma^2 \cdot \frac{\left(\sum\limits_{i=1}^{n} c_i\right)^2}{n} = \frac{\sigma^2}{n},$$
当且仅当 $c_1 = c_2 = \cdots = c_n = \dfrac{1}{n}$ 时，上述不等式中的等号成立，因此在 μ 的形如 $\sum\limits_{i=1}^{n} c_i X_i$ 的无偏估计中，$\overline{X} = \dfrac{1}{n}\sum\limits_{i=1}^{n} X_i$ 是最有效的.

注　本题中，利用了不等式：
$$(a_1 + a_2 + \cdots + a_n)^2 \leq n(a_1^2 + a_2^2 + \cdots + a_n^2),$$
等号当且仅当 $a_1 = a_2 = \cdots = a_n$ 时成立.

例 7.8　设 $X_1, X_2, \cdots, X_n (n \geq 2)$ 为来自总体 X 样本，$E(X) = \mu$，$D(X) = \sigma^2$，试确定常数 c，使得 $(\overline{X})^2 - c\sum\limits_{i=1}^{n-1}(X_{i+1} - X_i)^2$ 为 μ^2 的无偏估计.

解　由于
$$E\left[(\overline{X})^2 - c\sum_{i=1}^{n-1}(X_{i+1} - X_i)^2\right] = E[(\overline{X})^2] - c\sum_{i=1}^{n-1} E[(X_{i+1} - X_i)^2]$$
$$= D(\overline{X}) + [E(\overline{X})]^2 - c\sum_{i=1}^{n-1}\{D(X_{i+1} - X_i) +$$
$$[E(X_{i+1} - X_i)]^2\}$$

$$= \frac{1}{n}D(X) + [E(X)]^2 - c\sum_{i=1}^{n-1}[D(X_{i+1}) + D(X_i)]$$

$$= \frac{\sigma^2}{n} + \mu^2 - c\sum_{i=1}^{n-1}(\sigma^2 + \sigma^2)$$

$$= \mu^2 + \left[\frac{1}{n} - 2c(n-1)\right]\sigma^2 = \mu^2,$$

因此 $\frac{1}{n} - 2c(n-1) = 0$,故 $c = \frac{1}{2n(n-1)}$.

例 7.9 设 $X_1, X_2, \cdots, X_n$ 为来自总体 $X \sim N(\mu, \sigma^2)$,试证明 $S^2 = \frac{1}{n-1}\sum_{i=1}^{n}(X_i - \overline{X})^2$ 为 σ^2 的相合估计.

证 由于 $\frac{(n-1)S^2}{\sigma^2} \sim \chi^2(n-1)$,因此

$$E\left[\frac{(n-1)S^2}{\sigma^2}\right] = n-1, \quad D\left[\frac{(n-1)S^2}{\sigma^2}\right] = 2(n-1),$$

从而 $E(S^2) = \sigma^2, D(S^2) = 2(n-1)\frac{\sigma^4}{(n-1)^2} = \frac{2\sigma^4}{n-1}$. 对于任意的 $\varepsilon > 0$,有

$$0 \leqslant P\{|S^2 - \sigma^2| \geqslant \varepsilon\} \leqslant \frac{D(S^2)}{\varepsilon^2} = \frac{2\sigma^4}{\varepsilon^2(n-1)} \to 0, \quad (n \to \infty)$$

因此 $\lim_{n\to\infty} P\{|S^2 - \sigma^2| \geqslant \varepsilon\} = 0$,故 S^2 为 σ^2 的相合估计.

*例 7.10** 设总体 X 的密度函数为

$$p(x;\theta) = \begin{cases} e^{-(x-\theta)}, & x > \theta, \\ 0, & x \leqslant \theta, \end{cases}$$

其中 θ 为未知参数,$X_1, X_2, \cdots, X_n$ 为来自总体 X 的样本,则

(1) 证明 $\hat{\theta}_1 = X_{(1)} - \frac{1}{n}$ 和 $\hat{\theta}_2 = \overline{X} - 1$ 均为 θ 的无偏估计,其中 $X_{(1)} = \min\{X_1, X_2, \cdots, X_n\}$;

(2) 比较 $\hat{\theta}_1$ 和 $\hat{\theta}_2$ 的有效性;

解 (1) 当 $x > \theta$ 时,总体 X 的分布函数为

$$F(x) = \int_\theta^x p(x;\theta)\mathrm{d}x = \int_\theta^x e^{-(x-\theta)}\mathrm{d}x = -e^{-(x-\theta)}\bigg|_\theta^x = 1 - e^{-(x-\theta)},$$

因此当 $x > \theta$ 时,$X_{(1)}$ 的概率密度函数为

$$f_1(x) = n[1-F(x)]^{n-1}f(x) = n[e^{-(x-\theta)}]^{n-1}e^{-(x-\theta)} = ne^{-n(x-\theta)},$$

当 $x \leqslant \theta$ 时,$f_1(x) = 0$. 由于

$$E(\hat{\theta}_1) = E[X_{(1)}] - \frac{1}{n} = \int_\theta^{+\infty} xne^{-n(x-\theta)}\mathrm{d}x - \frac{1}{n} = \int_0^{+\infty} n(u+\theta)e^{-nu}\mathrm{d}u - \frac{1}{n}$$

$$= -\int_0^{+\infty}(u+\theta)\mathrm{d}e^{-nu} - \frac{1}{n} = -(u+\theta)e^{-nu}\bigg|_0^{+\infty} + \int_0^{+\infty}e^{-nu}\mathrm{d}u - \frac{1}{n}$$

$$= \theta + \left(-\frac{1}{n}e^{-nu}\right)\bigg|_0^{+\infty} - \frac{1}{n} = \theta + \frac{1}{n} - \frac{1}{n} = \theta,$$

所以 $\hat\theta_1 = X_{(1)} - \dfrac{1}{n}$ 为 θ 的无偏估计. 又因为

$$E(\hat\theta_2) = E(\overline X) - 1 = E(X) - 1 = \int_\theta^{+\infty} x\mathrm{e}^{-(x-\theta)}\mathrm{d}x - 1 = \theta + 1 - 1 = \theta,$$

所以 $\hat\theta_2 = \overline X - 1$ 也为 θ 的无偏估计.

(2) 由方差的性质可知，

$$D(\hat\theta_1) = D\left(X_{(1)} - \dfrac{1}{n}\right) = D(X_{(1)}) = E(X_{(1)}^2) - [E(X_{(1)})]^2,$$

而利用分部积分法可得

$$E(X_{(1)}^2) = \int_\theta^{+\infty} x^2 n\mathrm{e}^{-n(x-\theta)}\mathrm{d}x - \dfrac{1}{n} = \dfrac{2}{n^2} + \dfrac{2}{n}\theta + \theta^2,$$

因此

$$D(\hat\theta_1) = \dfrac{2}{n^2} + \dfrac{2}{n}\theta + \theta^2 - \left(\theta + \dfrac{1}{n}\right)^2 = \dfrac{1}{n^2}.$$

由于

$$D(\hat\theta_2) = D(\overline X - 1) = \dfrac{1}{n}D(X) = \dfrac{1}{n}\{E(X^2) - [E(X)]^2\},$$

利用分部积分法容易证明

$$E(X^2) = \int_\theta^{+\infty} x^2 \mathrm{e}^{-(x-\theta)}\mathrm{d}x = \theta^2 + 2\theta + 2,$$

故

$$D(\hat\theta_2) = \dfrac{1}{n}(\theta^2 + 2\theta + 2) - \dfrac{1}{n}(\theta + 1)^2 = \dfrac{1}{n}.$$

当 $n \geqslant 2$ 时，$D(\hat\theta_1) < D(\hat\theta_2)$，从而 $\hat\theta_1$ 比 $\hat\theta_2$ 更有效.

7.2.4 题型四 区间估计问题

例 7.11 设有一批机器零件，其长度 $X \sim N(\mu, \sigma^2)$，现从中随机抽取了 9 个样品，测得样本均值 $\overline x = 6.8$（单位：cm），则

(1) 根据以往经验知 $\sigma = 0.6$（单位：cm），试求 μ 的置信水平为 0.95 的置信区间；

(2) 若 σ^2 未知，测得样本标准差 $s = 0.6$，试求 μ 和 σ^2 的置信水平为 0.95 的置信区间.

解 (1) 由于 $\sigma^2 = 0.36$ 已知，因此 $X \sim N(\mu, 0.36)$，故 μ 的置信水平为 $1 - \alpha$ 的置信区间为

$$\left(\overline X - \dfrac{\sigma}{\sqrt n}z_{\frac{\alpha}{2}}, \overline X + \dfrac{\sigma}{\sqrt n}z_{\frac{\alpha}{2}}\right).$$

由题意，$n = 9, \overline x = 6.8, \sigma = 0.6, \alpha = 0.05$，查表知 $z_{0.025} = 1.96$，因此 μ 的置信水平为 0.95 的置信区间为 $(6.408, 7.192)$.

(2) 由于 σ^2 未知，故 μ 的置信水平为 $1 - \alpha$ 的置信区间为

$$\left(\overline X - \dfrac{S}{\sqrt n}t_{\frac{\alpha}{2}}(n-1), \overline X + \dfrac{S}{\sqrt n}t_{\frac{\alpha}{2}}(n-1)\right).$$

现 $n=9, \bar{x}=6.8, s=0.6, \alpha=0.05$, 查表知 $t_{0.025}(8)=2.306$, 因此 μ 的置信水平为 0.95 的置信区间为 $(6.339, 7.261)$.

由于 $\dfrac{(n-1)S^2}{\sigma^2} \sim \chi^2(n-1)$, 因此 σ^2 的置信水平为 $1-\alpha$ 的置信区间为

$$\left(\dfrac{(n-1)S^2}{\chi^2_{\frac{\alpha}{2}}(n-1)}, \dfrac{(n-1)S^2}{\chi^2_{1-\frac{\alpha}{2}}(n-1)} \right).$$

由题意, $n=9, s=0.6, \alpha=0.05$, 查表知 $\chi^2_{0.025}(8)=17.535, \chi^2_{0.975}(8)=2.180$, 因此 σ^2 的置信水平为 0.95 的置信区间为 $(0.164, 1.321)$.

例 7.12 为了对比两种不同品种小麦的产量情况,课题组选择了 17 块面积相同的区域种植小麦,其中随机抽取了 8 块区域种植品种 A,剩余的 9 块区域种植品种 B. 测得品种 A 产量的样本均值 $\bar{x}=1080$(单位:斤),标准差 $s_1=4.6$; 品种 B 产量的样本均值 $\bar{y}=980$(单位:斤),标准差 $s_2=4.0$; 假设两个品种的产量均服从正态分布,且方差相等, 试求两种不同品种小麦的产量之差的置信水平为 90% 的置信区间.

解 由于两个总体均服从正态分布,且 $\sigma_1^2=\sigma_2^2$, 因此 $\mu_1-\mu_2$ 的置信水平为 $1-\alpha$ 的置信区间为:

$$\left((\bar{X}-\bar{Y})-t_{\frac{\alpha}{2}}(m+n-2) \cdot S_w \cdot \sqrt{\dfrac{1}{m}+\dfrac{1}{n}}, (\bar{X}-\bar{Y})+t_{\frac{\alpha}{2}}(m+n-2) \cdot S_w \cdot \sqrt{\dfrac{1}{m}+\dfrac{1}{n}} \right),$$

其中 $S_w^2 = \dfrac{(m-1)S_1^2+(n-1)S_2^2}{m+n-2}$.

由题意, $m=8, n=9, \bar{x}=1080, s_1=4.6, \bar{y}=980, s_2=4.0, \alpha=0.1$, 查表知 $t_{0.05}(15)=1.7531$, 因此 $\mu_1-\mu_2$ 的置信水平为 0.90 的置信区间为 $(96.35, 103.65)$.

例 7.13 设总体 $X \sim N(\mu_1, \sigma_1^2), Y \sim N(\mu_2, \sigma_2^2)$, 且 X 和 Y 相互独立, 现从两总体中分别抽取了样本容量为 9 和 16 的两组样本, 测得样本标准差 $s_1=6.18, s_2=7.26$, 试求

(1) 两总体方差 σ_1^2/σ_2^2 的置信水平为 90% 的置信区间;

(2) 两总体方差 σ_1^2/σ_2^2 的置信水平为 90% 的单侧置信上限;

(3) 两总体方差 σ_1^2/σ_2^2 的置信水平为 90% 的单侧置信下限.

解 (1) 由于 μ_1 和 μ_2 均未知, 因此 σ_1^2/σ_2^2 的置信水平为 $1-\alpha$ 的置信区间为:

$$\left(\dfrac{S_1^2}{S_2^2} \dfrac{1}{F_{\frac{\alpha}{2}}(m-1, n-1)}, \dfrac{S_1^2}{S_2^2} \dfrac{1}{F_{1-\frac{\alpha}{2}}(m-1, n-1)} \right).$$

由题意, $m=9, n=16, s_1=6.18, s_2=7.26, \alpha=0.1$, 查表知 $F_{0.05}(8,15)=2.64, F_{0.95}(8,15)=0.31$, 因此 σ_1^2/σ_2^2 的置信水平为 0.90 的置信区间为 $(0.27, 2.34)$.

(2) 由于 μ_1 和 μ_2 均未知, 因此 σ_1^2/σ_2^2 的置信水平为 $1-\alpha$ 单侧置信上限为

$$\dfrac{S_1^2}{S_2^2} \dfrac{1}{F_{1-\alpha}(m-1, n-1)}.$$

由题意, $m=8, n=16, s_1=6.18, s_2=7.26, \alpha=0.1$, 查表知 $\dfrac{1}{F_{0.9}(7,15)}=F_{0.1}(15,7)=2.63$, 因此 σ_1^2/σ_2^2 的置信水平 90% 单侧置信上限为 2.239, 相应的单侧置信区间为 $(0, 2.239)$.

(3) σ_1^2/σ_2^2 的置信水平为 $1-\alpha$ 单侧置信下限为

$$\frac{S_1^2}{S_2^2}\frac{1}{F_\alpha(m-1,n-1)}.$$

由题意,$m=8,n=16,s_1=6.18,s_2=7.26,\alpha=0.1$,查表知 $F_{0.1}(7,15)=2.16$,因此 σ_1^2/σ_2^2 的置信水平为 90% 单侧置信下限为 0.395,相应的单侧置信区间为 $(0.395,+\infty)$.

7.3 习题精选

1. 填空题.

(1) 设总体 X 服从参数为 λ 的泊松分布,$x_1,x_2,\cdots,x_n$ 是来自总体 X 的样本观测值,则似然函数为_____;λ 的最大似然估计为 $\hat{\lambda}=$_____;λ 的矩估计为 $\hat{\lambda}=$_____.

(2) $X_1,X_2,\cdots,X_n$ 是来自总体 X 的一个样本,若统计量 $\hat{\mu}=\sum_{i=1}^{n}a_iX_i$ 是总体均值 $E(X)$ 的无偏估计量,则 $\sum_{i=1}^{n}a_i=$_____.

(3) 设 X_1,X_2 为来自总体 $X\sim N(\mu,\sigma^2)$ 的一个样本,若 $CX_1+\dfrac{1}{2015}X_2$ 为 μ 的一个无偏估计,则 $C=$_____.

(4) 设 $X_1,X_2,\cdots,X_9$ 是来自总体 X 的一个样本,且 $E(X)=\mu,D(X)=\sigma^2$,在 μ 的 3 个无偏估计量 $\hat{\mu}_1=\dfrac{1}{3}\sum_{i=1}^{3}X_i,\hat{\mu}_2=\dfrac{1}{5}\sum_{i=1}^{5}X_i,\hat{\mu}_3=\dfrac{1}{9}\sum_{i=1}^{9}X_i$ 中,最有效的是_____.

(5) 设总体 X 服从方差为 1 的正态分布,现从 X 中抽取样本容量为 16 的一个样本,测得样本均值 $\bar{x}=4.5$,则总体均值 μ 的置信水平为 0.95 的置信区间为_____.

(6) 设总体 $X\sim N(\mu,\sigma^2)$,现从 X 中抽取样本容量为 16 的一个样本,测得样本均值 $\bar{x}=4.5$,样本标准差 $s=1$,则 μ 的置信水平为 0.95 的置信区间为_____;σ^2 的置信水平为 0.95 的置信区间为_____.

(7) 设总体 $X\sim N(\mu,\sigma^2)$,现从 X 中抽取样本容量为 16 的一个样本,测得样本均值 $\bar{x}=4.5$,样本标准差 $s=1$,则 μ 的置信水平为 0.95 的单侧置信上限为_____;μ 的置信水平为 0.95 的单侧置信下限为_____.

(8) 设 $X_1,X_2,\cdots X_n$ 是来自总体 $N(\mu,\sigma^2)$ 的一个样本,其中 σ^2 未知,$\bar{X}$ 为样本均值,S^2 为样本方差,若 μ 的置信度为 $1-\alpha$ 的置信区间为:$\left(\bar{X}-\lambda\dfrac{S}{\sqrt{n}},\bar{X}+\lambda\dfrac{S}{\sqrt{n}}\right)$,则 $\lambda=$_____.

2. 单项选择题.

(1) $X_1,X_2,\cdots,X_n$ 是来自总体 X 的一个样本,则总体方差 σ^2 的无偏估计量是( ).

(A) $\dfrac{1}{n}\sum_{i=1}^{n}X_i^2$;　　(B) $\dfrac{1}{n-1}\sum_{i=1}^{n}(X_i-\bar{X})^2$;

(C) $\dfrac{1}{n-1}\sum_{i=1}^{n-1}X_i^2$;　　(D) $\dfrac{1}{n}\sum_{i=1}^{n-1}(X_i-\bar{X})^2$.

(2) 设 $X_1, X_2, \cdots, X_n$ 是正态总体 $N(\mu, \sigma^2)$ 的样本，则 $\dfrac{1}{n}\sum\limits_{i=1}^{n}(X_i-\overline{X})^2$ 是（　　）．

(A) σ^2 的无偏估计量； (B) σ^2 的最大似然估计量；
(C) σ 的无偏估计量； (D) σ 的最大似然估计量．

(3) 设 θ 是关于总体 X 的参数，θ 的置信水平为 $1-\alpha$ 的置信区间 $(\underline{\theta}, \overline{\theta})$ 统计含义为（　　）．

(A) $(\underline{\theta}, \overline{\theta})$ 以 $1-\alpha$ 的概率包含 θ 的真值；
(B) θ 以 $1-\alpha$ 的概率落入 $(\underline{\theta}, \overline{\theta})$；
(C) θ 以 α 的概率落在 $(\underline{\theta}, \overline{\theta})$ 之外；
(D) 以 $(\underline{\theta}, \overline{\theta})$ 估计 θ 的取值范围，不正确的概率是 $1-\alpha$．

(4) 统计量的评价标准中不包括（　　）．

(A) 相合性； (B) 有效性； (C) 最大似然性； (D) 无偏性．

(5) 设总体 $X \sim N(\mu, 1)$，若样本容量 n 和置信水平 $1-\alpha$ 保持不变，则随着样本均值 $\overline{x}$ 的增大，参数 μ 的置信水平为 $1-\alpha$ 的置信区间的长度（　　）．

(A) 增大； (B) 减小； (C) 不变； (D) 无法确定．

(6) 设 $\hat{\theta}$ 是参数 θ 的无偏估计量，且 $D(\hat{\theta})>0$．则 $\hat{\theta}^2$ 是 θ^2 的（　　）．

(A) 无偏估计量； (B) 相合估计量；
(C) 有偏估计量； (D) 无法确定．

3. 设随机变量 $Y=\ln X$ 服从正态分布 $N(\mu, \sigma^2)$，$X_1, X_2, \cdots, X_n$ 是来自总体 X 的样本，记 $\eta=E(X)$，试求参数 η 的最大似然估计．

4. 设总体 X 的概率密度函数为

$$f(x;\lambda)=\begin{cases}\lambda a x^{a-1}\mathrm{e}^{-\lambda x^a}, & x>0,\\ 0, & x\leqslant 0.\end{cases}$$

其中 $a>0$ 是常数，$\lambda>0$ 是未知参数，设 $X_1, X_2, \cdots, X_n$ 是来自总体 X 的样本，试求 λ 的最大似然估计量．

5. 设总体 X 的概率密度函数为

$$f(x;\theta)=\begin{cases}\theta, & 0<x<1,\\ 2\theta, & 1\leqslant x<2,\\ 1-3\theta, & 2\leqslant x<3,\\ 0, & 其他．\end{cases}$$

其中 $0<\theta<\dfrac{1}{3}$ 为未知参数，$X_1, X_2, \cdots, X_n$ 是来自总体 X 的一个样本，试求 θ 的矩估计．

6. 设 $X_1, X_2, \cdots, X_n$ 是来自总体 X 的一个样本，且 $E(X)=\mu, D(X)=\sigma^2$，$\overline{X}=\dfrac{1}{n}\sum\limits_{i=1}^{n}X_i$，试证明 $S^2=\dfrac{1}{n-1}\sum\limits_{i=1}^{n}(X_i-\overline{X})^2$ 是 σ^2 的无偏估计量．

7. 设总体 X 服从区间 $(\theta, 2\theta)$ 上的均匀分布，其中 $\theta>0$ 为未知参数，$X_1, X_2, \cdots, X_n$

是来自总体 X 的样本, $\overline{X}$ 为样本均值,试求 θ 的矩估计量 $\hat{\theta}$,并讨论 $\hat{\theta}$ 的无偏性.

8. 设从总体 X 中抽取样本容量分别为 m,n 的独立样本, $\overline{X}_1$ 和 $\overline{X}_2$ 分别为两样本的均值,已知 $E(X)=\mu, D(X)=\sigma^2$,则

(1) 试证明对于任意的常数 $t, \hat{\mu}(t)=t\overline{X}_1+(1-t)\overline{X}_2$ 为 μ 的无偏估计;

(2) 试确定常数 t_0,使得 $\hat{\mu}(t_0)$ 在 μ 的形如 $\hat{\mu}(t)$ 的估计中最有效.

9. 设从总体 $X\sim N(\mu,\sigma^2)$,现从 X 中抽取样本容量为 9 的样本,测得样本 $\sum_{i=1}^{9} x_i = 18.9, \sum_{i=1}^{9} x_i^2 = 48.9$,试求解 μ 的置信水平为 90% 的置信区间.

10. 某一饮料加工厂生产一批新投产的饮料,为了检测两条独立流水线的生产情况,现从两条流水线上分别抽取了样本容量为 16 和 20 的样本,测得 $\overline{x}=495$(单位:mL),标准差 $s_1=4.2$; $\overline{y}=506$(单位:mL),标准差 $s_2=3.0$;假设两条流水线生产的饮料容量均服从正态分布,其总体均值分别为 μ_1, μ_2,总体方差分别为 σ_1^2, σ_2^2,则

(1) 若 $\sigma_1^2 = \sigma_2^2$,试求 $\mu_1-\mu_2$ 的置信水平为 90% 的置信区间;

(2) 试求 σ_1^2/σ_2^2 置信水平为 90% 的置信区间.

11. 对方差 σ^2 已知的正态总体,需要抽取容量 n 为多大的样本,才能使总体均值 μ 的置信度为 $1-\alpha$ 的置信区间的长度不大于给定的正数 L?

12. 设 $X_1, X_2, \cdots, X_n$ 为来自总体 $X\sim N(\mu,\sigma^2)$ 的样本,其中 μ, σ^2 为未知参数,试求 σ^2 的置信水平为 $1-\alpha$ 的置信区间的平均长度.

7.4 习题详解

1. 填空题.

(1) $\dfrac{\lambda^{\sum_{i=1}^{n} x_i}}{\prod_{i=1}^{n} x_i!} e^{-n\lambda}, \dfrac{1}{n}\sum_{i=1}^{n} x_i, \dfrac{1}{n}\sum_{i=1}^{n} x_i$; (2) 1; (3) $\dfrac{2014}{2015}$; (4) $\hat{\mu}_3$; (5) $(4.01, 4.99)$;

(6) $(3.967, 5.033)$; $(0.546, 2.395)$; (7) $4.938, 4.062$; (8) $t_{\frac{\alpha}{2}}(n-1)$.

2. 单项选择题.

(1) (B); (2) (B); (3) (A); (4) (C); (5) (C); (6) (C).

3. 由于 $Y=\ln X$ 服从正态分布 $N(\mu,\sigma^2)$,因此 μ 和 σ^2 的最大似然估计为

$$\hat{\mu}=\overline{Y}, \quad \widehat{\sigma^2}=\dfrac{1}{n}\sum_{i=1}^{n}(Y_i-\overline{Y})^2,$$

其中 $Y_i=\ln X_i, \overline{Y}=\dfrac{1}{n}\sum_{i=1}^{n}\ln X_i$. 而 $\eta=E(X)=E(e^Y)=e^{\mu+\frac{\sigma^2}{2}}$. 根据最大似然估计的不变性可知,参数 η 的最大似然估计为 $\hat{\eta}=e^{\hat{\mu}+\frac{\widehat{\sigma^2}}{2}}$,其中

$$\hat{\mu}=\overline{Y}=\dfrac{1}{n}\sum_{i=1}^{n}\ln X_i, \quad \widehat{\sigma^2}=\dfrac{1}{n}\sum_{i=1}^{n}(\ln X_i-\overline{Y})^2.$$

4. 设 $x_1, x_2, \cdots, x_n$ 为样本的观测值,似然函数为

$$L(\lambda) = \prod_{i=1}^{n} f(x_i;\lambda) = \prod_{i=1}^{n} \lambda a x_i^{a-1} e^{-\lambda x_i^a} = (\lambda a)^n \left(\prod_{i=1}^{n} x_i^{a-1}\right) e^{-\lambda \sum_{i=1}^{n} x_i^a},$$

当 $x_i > 0, i=1,2,\cdots,n$ 时,

$$\ln L(\lambda) = n\ln\lambda + n\ln a + \ln\left(\prod_{i=1}^{n} x_i^{a-1}\right) - \lambda \sum_{i=1}^{n} x_i^a,$$

令 $\dfrac{\mathrm{d}\ln L(\lambda)}{\mathrm{d}x} = \dfrac{n}{\lambda} - \sum_{i=1}^{n} x_i^a = 0$,解得 λ 的最大似然估计值为 $\hat{\lambda} = \dfrac{n}{\sum_{i=1}^{n} x_i^a}$,$\lambda$ 的最大似然估计量为

$$\hat{\lambda} = \dfrac{n}{\sum_{i=1}^{n} X_i^a}.$$

5. 由于

$$\mu = E(X) = \int_{-\infty}^{+\infty} f(x;\theta)\mathrm{d}x = \int_0^1 x\theta\mathrm{d}x + \int_1^2 2x\theta\mathrm{d}x + \int_2^3 (1-3\theta)x\mathrm{d}x$$

$$= \dfrac{1}{2}\theta + 3\theta + \dfrac{5}{2}(1-3\theta),$$

解得 $\theta = \dfrac{5}{8} - \dfrac{1}{4}\mu$,故 θ 的矩估计为 $\hat{\theta} = \dfrac{5}{8} - \dfrac{1}{4}\overline{X}$,其中 $\overline{X}$ 为样本均值.

6. 证明过程见第 6 章例 6.8.

7. 由于

$$\mu = E(X) = \int_{\theta}^{2\theta} \dfrac{1}{\theta} x\mathrm{d}x = \dfrac{3}{2}\theta,$$

解的 $\theta = \dfrac{2}{3}\mu$,故 θ 的矩估计量 $\hat{\theta} = \dfrac{2}{3}\overline{X}$. 又因为

$$E(\hat{\theta}) = E\left(\dfrac{2}{3}\overline{X}\right) = \dfrac{2}{3}E(\overline{X}) = \dfrac{2}{3}E(X) = \dfrac{2}{3} \cdot \dfrac{3}{2}\theta = \theta,$$

因此 $\hat{\theta}$ 为参数 θ 的无偏估计量.

8. (1) 由于对任意的常数 t,有

$$E[\hat{\mu}(t)] = tE(\overline{X}_1) + (1-t)E(\overline{X}_2) = tE(X) + (1-t)E(X) = \mu,$$

因此 $\hat{\mu}(t) = t\overline{X}_1 + (1-t)\overline{X}_2$ 为 μ 的无偏估计.

(2) 由于 $\overline{X}_1$ 和 $\overline{X}_2$ 相互独立,因此

$$D[\hat{\mu}(t)] = t^2 D(\overline{X}_1) + (1-t)^2 D(\overline{X}_2) = \left(\dfrac{t^2}{m} + \dfrac{(1-t)^2}{n}\right)\sigma^2.$$

记 $f(t) = \dfrac{t^2}{m} + \dfrac{(1-t)^2}{n}$,令 $f'(t) = \dfrac{2}{m}t - \dfrac{2(1-t)}{n} = 0$,解得 $t = \dfrac{m}{m+n}$. 又因为 $f''(t) = \dfrac{2}{m} + \dfrac{2}{n} > 0$,从而 $f''\left(\dfrac{m}{n+m}\right) > 0$,因此函数 $f(t)$ 在 $t = \dfrac{m}{m+n}$ 处取得最小值. 故当 $t_0 = \dfrac{m}{m+n}$ 时,$\hat{\mu}(t_0)$ 在 μ 的形如 $\hat{\mu}(t)$ 的估计中最有效.

9. 由于 σ^2 未知，故 μ 的置信水平为 $1-\alpha$ 的置信区间为：
$$\left(\overline{X} - \frac{S}{\sqrt{n}} t_{\frac{\alpha}{2}}(n-1), \overline{X} + \frac{S}{\sqrt{n}} t_{\frac{\alpha}{2}}(n-1)\right).$$
由题意，$n=9, \alpha=0.1$，查表知 $t_{0.05}(8)=1.860$，而
$$\bar{x} = \frac{1}{9}\sum_{i=1}^{9} x_i = \frac{18.9}{9} = 2.1, \quad s^2 = \frac{1}{8}\sum_{i=1}^{9}(x_i - \bar{x})^2 = \frac{1}{8}\left(\sum_{i=1}^{9} x_i^2 - 9\bar{x}^2\right) = 1.151.$$
因此 μ 的置信水平为 0.95 的置信区间为 $(1.435, 2.765)$.

10. (1) 由于两个总体均服从正态分布，且 $\sigma_1^2 = \sigma_2^2$，因此 $\mu_1 - \mu_2$ 的置信水平为 $1-\alpha$ 的置信区间为：
$$\left((\overline{X} - \overline{Y}) - t_{\frac{\alpha}{2}}(m+n-2) \cdot S_w \cdot \sqrt{\frac{1}{m} + \frac{1}{n}}, (\overline{X} - \overline{Y}) + t_{\frac{\alpha}{2}}(m+n-2) \cdot S_w \cdot \sqrt{\frac{1}{m} + \frac{1}{n}}\right),$$
其中 $S_w^2 = \frac{(m-1)S_1^2 + (n-1)S_2^2}{m+n-2}$. 由题意，$m=16, n=20, \bar{x}=495, s_1=4.2, \bar{y}=506, s_2=3.0$，$\alpha=0.1$，查表知 $t_{0.05}(34)=1.691$，因此 $\mu_1 - \mu_2$ 的置信水平为 0.90 的置信区间为 $(-13.03, -8.97)$.

(2) σ_1^2/σ_2^2 的置信水平为 $1-\alpha$ 的置信区间为：
$$\left(\frac{S_1^2}{S_2^2} \frac{1}{F_{\frac{\alpha}{2}}(m-1, n-1)}, \frac{S_1^2}{S_2^2} \frac{1}{F_{1-\frac{\alpha}{2}}(m-1, n-1)}\right).$$
由题意，$m=16, n=20, s_1=4.2, s_2=3.0, \alpha=0.1$，查表知 $F_{0.05}(15,19)=2.23$, $F_{0.95}(15,19) = \frac{1}{F_{0.05}(19,15)} = 0.429$，因此 σ_1^2/σ_2^2 的置信水平为 0.90 的置信区间为 $(0.879, 4.569)$.

11. 由于总体的方差 σ^2 已知，因此总体均值 μ 的置信度为 $1-\alpha$ 的置信区间为
$$\left(\overline{X} - \frac{\sigma}{\sqrt{n}} z_{\frac{\alpha}{2}}, \overline{X} + \frac{\sigma}{\sqrt{n}} z_{\frac{\alpha}{2}}\right),$$
从而置信区间的长度为 $\frac{2\sigma}{\sqrt{n}} z_{\frac{\alpha}{2}}$，因此样本容量 n 满足 $\frac{2\sigma}{\sqrt{n}} z_{\frac{\alpha}{2}} \leqslant L$，故有 $n \geqslant \frac{4\sigma^2}{L^2}(z_{\alpha/2})^2$.

12. 由于 μ 未知，且 $\frac{(n-1)S^2}{\sigma^2} \sim \chi^2(n-1)$，因此由
$$P\left\{\chi_{1-\frac{\alpha}{2}}^2(n-1) < \frac{(n-1)S^2}{\sigma^2} < \chi_{\frac{\alpha}{2}}^2(n-1)\right\} = 1 - \alpha$$
可知，σ^2 的置信水平为 $1-\alpha$ 的置信区间为 $\left(\frac{(n-1)S^2}{\chi_{\frac{\alpha}{2}}^2(n-1)}, \frac{(n-1)S^2}{\chi_{1-\frac{\alpha}{2}}^2(n-1)}\right)$. 故置信区间的平均长度为
$$E(L) = E\left(\frac{(n-1)S^2}{\chi_{1-\frac{\alpha}{2}}^2(n-1)} - \frac{(n-1)S^2}{\chi_{\frac{\alpha}{2}}^2(n-1)}\right) = (n-1)\left(\frac{1}{\chi_{1-\frac{\alpha}{2}}^2(n-1)} - \frac{1}{\chi_{\frac{\alpha}{2}}^2(n-1)}\right) E(S^2)$$
$$= (n-1)\sigma^2\left(\frac{1}{\chi_{1-\frac{\alpha}{2}}^2(n-1)} - \frac{1}{\chi_{\frac{\alpha}{2}}^2(n-1)}\right).$$

第 8 章

假设检验

8.1 内容提要

8.1.1 假设检验的概念

在总体的分布函数完全未知或只知其形式、但不知其参数的情况下,为了推断总体的某些性质,提出某些关于总体的论断或猜测,这些论断或猜测称为**统计假设**,人们根据样本所提供的信息对所提出的假设作出接受或拒绝的决策的过程称为**假设检验**. 例如考虑如下假设

$$H_0: \mu = \mu_0, \quad H_1: \mu \neq \mu_0,$$

其中论断 H_0(总体均值等于已知数 μ_0)称为**原假设**,H_1 与 H_0 相对立,称为**备择假设**,这是两个对立的假设,我们必须在 H_1 与 H_0 之间作出选择,接受 H_0 或拒绝 H_0,若拒绝 H_0 则意味着接受 H_1.

例如,设 $X_1, X_2, \cdots, X_n$ 是来自总体 $X \sim N(\mu, \sigma_0^2)$ 的一个样本,其中 σ_0^2 已知,$x_1, x_2, \cdots, x_n$ 为样本的观测值. 由于当 H_0 成立时,$Z = \dfrac{\overline{X} - \mu_0}{\sigma_0/\sqrt{n}} \sim N(0,1)$,因此给定一个很小的正数 $\alpha(0 < \alpha < 1$,例如 $\alpha = 0.05$ 或 $\alpha = 0.1$ 等),由标准正态分布分位点的定义得

$$P\left\{ \left| \frac{\overline{X} - \mu_0}{\sigma_0/\sqrt{n}} \right| \geq z_{\frac{\alpha}{2}} \right\} = \alpha,$$

即取 $k = z_{\frac{\alpha}{2}}$,当 $|z| = \dfrac{|\bar{x} - \mu_0|}{\sigma_0/\sqrt{n}} \geq k$ 时,拒绝 H_0,当 $|z| = \dfrac{|\bar{x} - \mu_0|}{\sigma_0/\sqrt{n}} < k$ 时,接受 H_0. 其中的 α 称为**显著性水平**,统计量 $Z = \dfrac{\overline{X} - \mu_0}{\sigma_0/\sqrt{n}}$ 称为**检验统计量**,当检验统计量取某个区域 C 中的值时,我们拒绝原假设 H_0,则称区域 C 为**拒绝域**,拒绝域的边界点称为**临界点**. 本例中,拒绝域为 $|z| \geq z_{\alpha/2}$,临界点为 $z = -z_{\alpha/2}, z = z_{\alpha/2}$.

8.1.2 两类错误

假设检验的**推断原理**为:小概率事件在一次试验中几乎是不可能发生的.但几乎是不可能发生不等于不发生,因而假设检验所作出的结论有可能是错误的.表 8.1 给出了可能出现的两类错误.

表 8.1 假设检验的两类错误

类 型	含 义	犯错误的概率
第一类错误	H_0 为真,拒绝了 H_0,即弃真的错误	$P\{H_0$ 为真时拒绝 $H_0\}$
第二类错误	H_0 不真,接受了 H_0,即取伪的错误	$P\{H_0$ 不真时接受 $H_0\}$

注 (1) 只对犯第一类错误的概率加以控制,而不考虑犯第二类错误的概率的检验,称为**显著性检验**.

(2) 当样本容量 n 一定时,若减少犯第一类错误的概率,则犯第二类错误的概率往往增大.若要使犯两类错误的概率都同时减小,除非增加样本容量.

8.1.3 假设检验的类型

表 8.2 假设检验的类型

类 型		H_0	H_1
双边检验		$\theta=\theta_0$	$\theta\neq\theta_0$
单边检验	右边检验	$\theta\leqslant\theta_0$	$\theta>\theta_0$
	左边检验	$\theta\geqslant\theta_0$	$\theta<\theta_0$

8.1.4 假设检验的步骤

(1) 根据实际问题,提出原假设 H_0 和备择假设 H_1;
(2) 给定显著性水平 α 和样本容量 n;
(3) 选取适当的检验统计量,并在 H_0 为真的条件下确定检验统计量的分布;
(4) 给出拒绝域;
(5) 由样本观测值计算统计量的观测值,看是否属于拒绝域,从而对 H_0 作出选择.

8.1.5 原假设的选择原则

在进行显著性检验时,由于犯第一类错误的概率是可以控制的,因此原假设 H_0 和备择假设 H_1 的地位是不对等的.在选择 H_0 和 H_1 时,要使得两类错误中后果更严重的错误成为第一类错误,最大限度地降低因犯错误造成的不良影响.如果两类错误造成的后果严重程度差不多,则常常取 H_0 为维持现状,以减少不必要的经济损失.

8.1.6 正态总体均值与方差的检验

表 8.3 正态总体均值与方差的检验（显著性水平为 α）

原假设 H_0	备择假设 H_1	条件	检验统计量	拒绝域
$\mu=\mu_0$ $\mu\leqslant\mu_0$ $\mu\geqslant\mu_0$	$\mu\neq\mu_0$ $\mu>\mu_0$ $\mu<\mu_0$	σ^2 已知	$Z=\dfrac{\overline{X}-\mu_0}{\sigma/\sqrt{n}}$	$\|z\|\geqslant z_{\alpha/2}$ $z\geqslant z_\alpha$ $z\leqslant -z_\alpha$
$\mu=\mu_0$ $\mu\leqslant\mu_0$ $\mu\geqslant\mu_0$	$\mu\neq\mu_0$ $\mu>\mu_0$ $\mu<\mu_0$	σ^2 未知	$t=\dfrac{\overline{X}-\mu_0}{S/\sqrt{n}}$	$\|t\|\geqslant t_{\alpha/2}(n-1)$ $t\geqslant t_\alpha(n-1)$ $t\leqslant -t_\alpha(n-1)$
$\mu_1-\mu_2=\delta$ $\mu_1-\mu_2\leqslant\delta$ $\mu_1-\mu_2\geqslant\delta$	$\mu_1-\mu_2\neq\delta$ $\mu_1-\mu_2>\delta$ $\mu_1-\mu_2<\delta$	σ_1^2,σ_2^2 已知	$Z=\dfrac{\overline{X}-\overline{Y}-\delta}{\sqrt{\dfrac{\sigma_1^2}{n_1}+\dfrac{\sigma_2^2}{n_2}}}$	$\|z\|\geqslant z_{\alpha/2}$ $z\geqslant z_\alpha$ $z\leqslant -z_\alpha$
$\mu_1-\mu_2=\delta$ $\mu_1-\mu_2\leqslant\delta$ $\mu_1-\mu_2\geqslant\delta$	$\mu_1-\mu_2\neq\delta$ $\mu_1-\mu_2>\delta$ $\mu_1-\mu_2<\delta$	$\sigma_1^2=\sigma_2^2$ 未知	$t=\dfrac{\overline{X}-\overline{Y}-\delta}{S_w\sqrt{\dfrac{1}{n_1}+\dfrac{1}{n_2}}}$	$\|t\|\geqslant t_{\alpha/2}(n_1+n_2-2)$ $t\geqslant t_\alpha(n_1+n_2-2)$ $t\leqslant -t_\alpha(n_1+n_2-2)$
$\sigma_1^2=\sigma_0^2$ $\sigma_1^2\leqslant\sigma_0^2$ $\sigma_1^2\geqslant\sigma_0^2$	$\sigma_1^2\neq\sigma_0^2$ $\sigma_1^2>\sigma_0^2$ $\sigma_1^2<\sigma_0^2$	μ 未知	$\chi^2=\dfrac{(n-1)S^2}{\sigma_0^2}$	$\chi^2\geqslant\chi_{\alpha/2}^2(n-1)$ 或 $\chi^2\geqslant\chi_{1-\frac{\alpha}{2}}^2(n-1)$ $\chi^2\geqslant\chi_\alpha^2(n-1)$ $\chi^2\leqslant\chi_{1-\alpha}^2(n-1)$
$\sigma_1^2=\sigma_2^2$ $\sigma_1^2\leqslant\sigma_2^2$ $\sigma_1^2\geqslant\sigma_2^2$	$\sigma_1^2\neq\sigma_2^2$ $\sigma_1^2>\sigma_2^2$ $\sigma_1^2<\sigma_2^2$	μ_1,μ_2 未知	$F=\dfrac{S_1^2}{S_2^2}$	$F\geqslant F_{\alpha/2}(n_1-1,n_2-1)$ 或 $F\leqslant F_{1-\frac{\alpha}{2}}(n_1-1,n_2-1)$ $F\geqslant F_\alpha(n_1-1,n_2-1)$ $F\leqslant F_{1-\alpha}(n_1-1,n_2-1)$
$\mu_D=0$ $\mu_D\leqslant 0$ $\mu_D\geqslant 0$	$\mu_D\neq 0$ $\mu_D>0$ $\mu_D<0$	成对数据	$t=\dfrac{\overline{D}-0}{S_D/\sqrt{n}}$	$\|t\|\geqslant t_{\alpha/2}(n-1)$ $t\geqslant t_\alpha(n-1)$ $t\leqslant -t_\alpha(n-1)$

注 $S_w^2=\dfrac{(n_1-1)S_1^2+(n_2-1)S_2^2}{(n_1+n_2-2)}$.

8.1.7 分布拟合检验

分布拟合检验是一种非参数检验方法，可以用来检验总体是否服从某个指定分布或属于某个分布族. 检验的原假设 H_0 为，总体 X 的分布函数为 $F(x)$，其中 $F(x)$ 不含未知参数. 在原假设 H_0 成立的条件下，可以将总体分为互不相交的 k 个类：$A_1,A_2,\cdots,A_k$，现有来自总体 X 的样本观测值 $x_1,x_2,\cdots,x_n$，k 个类出现的频数分别为 $f_1,f_2,\cdots,f_k$，且 $\sum_{i=1}^{k}f_i=n$，记 $p_i=P(A_i),i=1,2,\cdots,k$，皮尔逊检验统计量为

$$\chi^2=\sum_{i=1}^{k}\dfrac{(f_i-np_i)^2}{np_i}=\sum_{i=1}^{k}\dfrac{f_i^2}{np_i}-n,$$

检验的拒绝域为 $C=\{\chi^2\geqslant\chi_\alpha^2(k-1)\}$，其中 α 为显著性水平. 该结论在实际使用时，一般

要求 $n \geq 50, np_i \geq 5$.

若原假设 H_0 中的 $F(x)$ 含有未知参数，例如 $F(x) = F(x; \theta_1, \theta_2, \cdots, \theta_r)$，这时可以先利用最大似然估计出未知参数的估计，然后计算出 p_i 的估计值 $\hat{p}_i = \hat{P}(A_i), i = 1, 2, \cdots, k$，皮尔逊检验统计量为

$$\chi^2 = \sum_{i=1}^{k} \frac{(f_i - n\hat{p}_i)^2}{n\hat{p}_i} = \sum_{i=1}^{k} \frac{f_i^2}{n\hat{p}_i} - n,$$

检验的拒绝域为 $C = \{\chi^2 \geq \chi_\alpha^2(k-r-1)\}$.

注 分布拟合检验的原假设 H_0 本质上为

$$P(A_i) = p_i, i = 1, 2, \cdots, k, \text{其中 } p_i \geq 0, \text{且} \sum_{i=1}^{k} p_i = 1.$$

8.1.8 p 值检验法

在假设检验中，给出检验的拒绝域常用的方法有两种，一种是临界值法；另一种就是 p 值检验法。所谓 p 值，指的是在假设检验问题中，利用观测值能够作出的拒绝原假设的最小显著性水平。根据 p 值的定义，对于给定的显著性水平 α，若 $p \leq \alpha$，则拒绝原假设 H_0，若 $p > \alpha$，则接受原假设 H_0.

8.2 典型例题分析

8.2.1 题型一 单个正态总体的假设检验问题

例 8.1 设 $X_1, X_2, \cdots, X_{16}$ 是来自正态总体 $X \sim N(\mu, 1)$ 的样本，测得样本均值为 $\bar{x}$，现检验假设

$$H_0: \mu = 5.0, \quad H_1: \mu \neq 5.0,$$

给定显著性水平 $\alpha = 0.1$，已知检验的拒绝域为：$|\bar{x} - 5.0| \geq k$，试确定常数 k 的值.

解 当原假设 H_0 成立时，

$$Z = \frac{\bar{X} - \mu_0}{\sigma/\sqrt{n}} = \frac{\bar{X} - 5.0}{1/\sqrt{n}} \sim N(0, 1),$$

因此常数 k 应满足

$$\begin{aligned}
\alpha &= P\{|\bar{X} - 5.0| \geq k \mid \mu = \mu_0\} = P_{\mu_0}\{\sqrt{n}|\bar{X} - 5.0| \geq \sqrt{n}k\} \\
&= 1 - P_{\mu_0}\{\sqrt{n}|\bar{X} - 5.0| < \sqrt{n}k\} = 1 - [\Phi(\sqrt{n}k) - \Phi(-\sqrt{n}k)] \\
&= 2 - 2\Phi(\sqrt{n}k) = 2 - 2\Phi(4k),
\end{aligned}$$

故 $\Phi(4k) = 1 - \frac{\alpha}{2} = 0.95$，从而 $4k = 1.65$，因此 $k = 0.413$.

例 8.2 已知某企业生产的某种电子器件的质量 $X \sim N(\mu, \sigma^2)$，其中总体均值 $\mu = 10$（单位：g），现从某天生产的电子器件中随机抽取了 16 件，测得样本均值 $\bar{x} = 10.1$，样本标准差 $s = 0.12$，试问当天生产的电子器件的质量是否有显著变化（$\alpha = 0.05$）？

解 由题意,检验如下假设
$$H_0: \mu = 10, \quad H_1: \mu \neq 10,$$
由于总体方差 σ^2 未知,因此取检验统计量 $t = \dfrac{\overline{X} - \mu_0}{S/\sqrt{n}}$,由于 $\alpha = 0.05$,检验的拒绝域为: $|t| \geq t_{0.025}(15) = 2.132$. 由 $n = 16, \mu_0 = 10, s = 0.12$,计算得 $t = 3.33 > t_{0.025}(15)$,故拒绝 H_0,认为当天生产的电子器件的质量有显著变化.

例 8.3 某市质检单位从某种儿童奶酪制品的同一批次中随机抽取了 6 件产品,测得其质量(单位:g)分别为
$$15.8, 15.4, 14.2, 15.1, 15.5, 14.6,$$
假设同一批次的奶酪制品的质量服从正态分布,问在显著性水平 $\alpha = 0.05$ 下,该批次的产品的质量是否不小于 15g?

解 由题意,检验如下假设
$$H_0: \mu \geq 15, \quad H_1: \mu < 15,$$
由于总体方差 σ^2 未知,因此取检验统计量 $t = \dfrac{\overline{X} - \mu_0}{S/\sqrt{n}}$,由于 $\alpha = 0.05$,检验的拒绝域为:
$$t \leq -t_{0.05}(5) = -2.015.$$
由于
$$\overline{x} = \frac{1}{n}\sum_{i=1}^{n} x_i = 15.1, \quad s^2 = \frac{1}{n-1}\left(\sum_{i=1}^{n} x_i^2 - n\overline{x}^2\right) = 0.36,$$
由 $\mu_0 = 15, s = 0.6$,计算得 $t = 0.408 > -t_{0.05}(5)$,故接受 H_0,认为该批次的产品的质量不小于 15g.

例 8.4 某一零件加工企业利用自动流水线加工一批机器配件,已知该机器配件的长度服从方差为 $\sigma_0^2 = 0.12$ 的正态分布,为了检测自动流水线的加工精度,现随机抽取了 24 件机器配件,测得机器配件长度的样本标准差为 $s = 0.39$,给定的显著性水平 $\alpha = 0.05$,试问:(1)产品的总体方差 σ^2 是否有显著变化;(2)产品的总体方差 σ^2 是否有显著变大.

解 (1) 检验如下假设
$$H_0: \sigma^2 = 0.12, \quad H_1: \sigma^2 \neq 0.12,$$
取检验统计量 $\chi^2 = \dfrac{(n-1)S^2}{\sigma_0^2}, \alpha = 0.05$,检验的拒绝域为:
$$\chi^2 \geq \chi_{0.025}^2(23) = 38.075 \quad \text{或者} \quad \chi^2 \leq \chi_{0.975}^2(23) = 11.688,$$
由 $n = 24, s^2 = 0.152, \sigma_0^2 = 0.12$,计算得 $\chi^2 = 29.133$,由于
$\chi_{0.975}^2(23) < \chi^2 < \chi_{0.025}^2(23)$,故接受 H_0,认为总体方差 σ^2 没有显著变化.

(2) 检验如下假设
$$H_0: \sigma^2 \leq 0.12, \quad H_1: \sigma^2 > 0.12,$$
取检验统计量为 $\chi^2 = \dfrac{(n-1)S^2}{\sigma_0^2}, \alpha = 0.05$,检验的拒绝域为:$\chi^2 \geq \chi_{0.05}^2(23) = 35.172$,现在 $n = 24, s^2 = 0.152, \sigma_0^2 = 0.12$,计算得 $\chi^2 = 29.133$,由于 $\chi^2 < \chi_{0.05}^2(23)$,因此总体方差 σ^2 没有显著变大.

8.2.2 题型二 两个正态总体的假设检验问题

例 8.5 某大学进行"线性代数"科目的期末考试,现从大学二年级中随机抽取 25 名学生的成绩,其中女生 9 人,男生 16 人,测得女生的平均成绩 $\bar{x}_1=80.2$,样本标准差 $s_1=4.2$,男生的平均成绩 $\bar{x}_2=75.4$,样本标准差 $s_2=4.6$.假设女生成绩与男生成绩均服从正态分布且方差相等,试问该年级女生的平均成绩显著高于男生吗?($\alpha=0.05$)

解 设 μ_1 和 μ_2 分别为女生和男生的平均成绩,由题意,检验假设:

$$H_0:\mu_1\leqslant\mu_2,\quad H_1:\mu_1>\mu_2$$

由于 $\sigma_1^2=\sigma_2^2$,采用检验统计量 $t=\dfrac{\bar{X}_1-\bar{X}_2-\delta}{S_w\sqrt{\dfrac{1}{n_1}+\dfrac{1}{n_2}}}$,其中 $\delta=0$,由于 $\alpha=0.05$,拒绝域为: $t\geqslant t_{0.05}(23)=1.714$,这里 $n_1=9,n_2=16,S_w^2=\dfrac{(n_1-1)S_1^2+(n_2-1)S_2^2}{(n_1+n_2-2)}$,$\bar{x}_1=80.2,s_1=4.2$,$\bar{x}_2=75.4,s_2=4.6$,计算得 $t=7.194$,由于 $t=7.149>t_{0.05}(23)$,因此拒绝原假设 H_0,认为 $\mu_1>\mu_2$,即该年级女生的平均成绩显著高于男生.

例 8.6 某大型企业的研究机构进行一项试验,以确认新工艺能否提高产品产量,为了比较新旧工艺的差异,在新工艺条件下,重复了 8 次试验,得到 $\bar{x}_1=85.4,s_1^2=2.1$,然后随机抽取 10 件采用旧工艺生产的产品,测得 $\bar{x}_2=80.2,s_2^2=2.5$,设两个样本相互独立,且分别来自正态总体 $N(\mu_1,\sigma_1^2)$ 和 $N(\mu_2,\sigma_2^2)$,其中 μ_1,σ_1^2,μ_2 及 σ_2^2 均未知.给定显著性水平 $\alpha=0.05$,则

(1) 试问 σ_1^2 与 σ_2^2 是否存在显著差异?(2) 试问采用新工艺能否显著提高产品的质量?

解 (1) 检验如下假设:

$$H_0:\sigma_1^2=\sigma_2^2,\quad H_1:\sigma_1^2\neq\sigma_2^2,$$

采用 F 检验,取检验统计量为 $F=\dfrac{S_1^2}{S_2^2}$,由于 $\alpha=0.05$,检验的拒绝域为

$$\dfrac{s_1^2}{s_2^2}\geqslant F_{0.025}(7,9)=4.20\quad \text{或} \quad \dfrac{s_1^2}{s_2^2}\leqslant F_{0.975}(7,9)=\dfrac{1}{F_{0.025}(9,7)}=\dfrac{1}{4.82}=0.207.$$

由题意,$s_1^2=2.1,s_2^2=2.5$,计算得 $F=0.84$,由于 $F_{0.975}(7,9)<F=0.84<F_{0.025}(7,9)$,因此接受 H_0,认为 σ_1^2 与 σ_2^2 之间不存在显著差异.

(2) 由题意,检验假设:

$$H_0:\mu_1\leqslant\mu_2,\quad H_1:\mu_1>\mu_2$$

由(1)知,$\sigma_1^2=\sigma_2^2$,采用检验统计量 $t=\dfrac{\bar{X}_1-\bar{X}_2-\delta}{S_w\sqrt{\dfrac{1}{n_1}+\dfrac{1}{n_2}}}$,其中 $\delta=0$,由于 $\alpha=0.05$,拒绝域为:$t\geqslant t_{0.05}(16)=1.7459$,这里 $n_1=8,n_2=10,S_w^2=\dfrac{(n_1-1)S_1^2+(n_2-1)S_2^2}{(n_1+n_2-2)}$,$\bar{x}_1=85.4,s_1^2=2.1$,$\bar{x}_2=80.2,s_2^2=2.5$,计算得 $t=7.194$,由于 $t=7.194>t_{0.05}(16)$,因此拒绝原假设 H_0,认为 $\mu_1>\mu_2$,即采用新工艺能够显著提高产品的质量.

例 8.7 设总体 $X \sim N(\mu_1, \sigma_0^2)$ 和 $Y \sim N(\mu_2, \sigma_0^2)$ 相互独立,其中 σ_0^2 已知,现从两总体中分别抽取样本 $X_1, X_2, \cdots, X_{n1}$ 和 $Y_1, Y_2, \cdots, Y_{n2}$,给定显著性水平 α,试给出检验

$$H_0: \mu_1 \leqslant k\mu_2, \quad H_1: \mu_1 > k\mu_2$$

的拒绝域,其中 $k>0$ 为常数.

解 记 $\overline{X}$ 和 $\overline{Y}$ 分别为两样本的样本均值,则拒绝域的形式为 $\bar{x} - k\bar{y} \geqslant c$. 由于

$$\frac{\overline{X} - k\overline{Y} - (\mu_1 - k\mu_2)}{\sqrt{\frac{\sigma_0^2}{n_1} + \frac{k^2\sigma_0^2}{n_2}}} = \frac{\overline{X} - k\overline{Y} - (\mu_1 - k\mu_2)}{\sigma_0\sqrt{\frac{1}{n_1} + \frac{k^2}{n_2}}} \sim N(0,1),$$

因此

$$P\{\text{拒绝 } H_0 \mid H_0 \text{ 为真}\} = P_{H_0}\{\overline{X} - k\overline{Y} \geqslant c\}$$

$$= P_{H_0}\left\{\frac{\overline{X} - k\overline{Y}}{\sigma_0\sqrt{\frac{1}{n_1} + \frac{k^2}{n_2}}} \geqslant \frac{c}{\sigma_0\sqrt{\frac{1}{n_1} + \frac{k^2}{n_2}}}\right\}$$

$$\leqslant P_{H_0}\left\{\frac{\overline{X} - k\overline{Y} - (\mu_1 - k\mu_2)}{\sigma_0\sqrt{\frac{1}{n_1} + \frac{k^2}{n_2}}} \geqslant \frac{c}{\sigma_0\sqrt{\frac{1}{n_1} + \frac{k^2}{n_2}}}\right\} = \alpha,$$

取 $\dfrac{c}{\sigma_0\sqrt{\frac{1}{n_1} + \frac{k^2}{n_2}}} = z_\alpha$,解得 $c = z_\alpha \sigma_0 \sqrt{\dfrac{1}{n_1} + \dfrac{k^2}{n_2}}$. 从而在显著性水平 α 下,检验的拒绝域为

$$\bar{x} - k\bar{y} \geqslant z_\alpha \sigma_0 \sqrt{\frac{1}{n_1} + \frac{k^2}{n_2}}.$$

8.2.3 题型三 成对数据的假设检验问题

例 8.8 为了检测两种不同型号的温度计的测量效果是否存在显著差异,分别用来测量 6 个人的腋下体温,测得数值如表 8.4 所示:

表 8.4

| 型号 A(x) | 36.7 | 36.4 | 36.6 | 36.2 | 36.6 | 36.8 |
| 型号 B(y) | 36.6 | 36.5 | 36.8 | 36.3 | 36.4 | 36.9 |

问能否认为这两种不同型号的温度计的测量效果存在显著差异?($\alpha = 0.05$)

解 记 $D_i = X_i - Y_i (i=1,2,\cdots,6)$,可以认为 D_i 是总体分布为 $N(\mu_D, \sigma_D^2)$ 的样本,其中 μ_D, σ_D^2 均未知. 由题意,检验如下假设

$$H_0: \mu_D = 0, \quad H_1: \mu_D \neq 0.$$

检验统计量为 $t = \dfrac{\overline{D} - \mu_D}{S_D/\sqrt{n}}$,$\alpha = 0.05$,检验的拒绝域为:

$$|t| = \frac{|\bar{d}|}{s_D/\sqrt{n}} \geqslant t_{0.025}(5) = 2.571.$$

由 $d_i = x_i - y_i$,计算得 $\bar{d} = -0.033$,$s_d = \sqrt{\dfrac{1}{n-1}\left(\sum_{i=1}^{n} d_i^2 - n\bar{d}^2\right)} = 0.1502$,计算的 $t =$

$\dfrac{\bar{d}}{s_D/\sqrt{n}} = -0.5423$. 由于 $|t| < t_{0.025}(5) = 2.5706$,因此接受原假设 H_0,认为这两种不同型号的温度计的测量效果不存在显著差异.

8.2.4 题型四 非正态总体的假设检验问题

*例 8.9 假设某电话总机在单位时间内接到的呼叫次数服从参数为 λ 的泊松分布,现观测了 100 个单位时间内的电话呼叫次数,测得样本均值 $\bar{x} = 2.78$,给定显著性水平 $\alpha = 0.05$,

(1) 能否认为在单位时间内平均呼叫次数等于 3 次?

(2) 能否认为在单位时间内平均呼叫次数不低于 3 次?

解 (1) 设 X 表示单位时间内接到的电话呼叫次数,则 $X \sim \pi(\lambda)$,由题意,需做如下检验
$$H_0: \lambda = \lambda_0 = 3, \quad H_1: \lambda \neq 3.$$

由于 $n = 100$ 比较大,因此可以采用大样本检验.检验统计量为 $Z = \dfrac{\sqrt{n}(\bar{X} - \lambda_0)}{\sqrt{\lambda_0}}$,当 H_0 成立时,检验统计量 Z 近似地服从 $N(0,1)$,检验的拒绝域为 $|Z| \geq z_{0.025} = 1.96$. 由题意,$\bar{x} = 2.78, \lambda_0 = 3, n = 100$,计算得 $|Z| = 1.27 < z_{0.025}$,因此接受 H_0,认为在单位时间内平均呼叫次数等于 3 次.

(2) 由题意,需做如下检验
$$H_0: \lambda \geq 3, \quad H_1: \lambda < 3.$$

由于 $n = 100$ 比较大,因此可以采用大样本检验.检验统计量为 $Z = \dfrac{\sqrt{n}(\bar{X} - \lambda_0)}{\sqrt{\lambda_0}}$,检验的拒绝域为 $Z < -z_{0.05} = -1.65$. $\bar{x} = 2.78, \lambda_0 = 3, n = 100$,计算得 $Z = -1.27 > -z_{0.05}$,故接受 H_0,认为在单位时间内平均呼叫次数不低于 3 次.

8.2.5 题型五 两类错误问题

例 8.10 在假设检验中,则犯第一类错误的概率( ).

(A) 等于 $P\{H_0 \text{ 不真时接受 } H_0\}$; (B) 等于 $P\{H_0 \text{ 为真时拒绝 } H_0\}$;

(C) 等于显著性水平 α; (D) 无法确定.

解 答案选(B);需要注意的是,犯第一类错误的概率不大于显著性水平 α.

例 8.11 设样本 $X_1, X_2, \cdots, X_n$ 来自总体 $N(\mu, \sigma_0^2)$,其中 σ_0^2 已知. 对于检验
$$H_0: \mu = \mu_0, \quad H_1: \mu = \mu_1, (\mu_1 > \mu_0)$$

设检验的拒绝域为 $\bar{x} - \mu_0 \geq c$,其中 c 为常数,试计算犯两类错误的概率.

解 当 H_0 成立时,$\dfrac{\bar{X} - \mu_0}{\sigma_0/\sqrt{n}} \sim N(0,1)$,因此犯第一类错误的概率为

$$P\{H_0 \text{ 为真时拒绝 } H_0\} = P_{\mu_0}\{\bar{X} - \mu_0 \geq c\} = P_{\mu_0}\left(\dfrac{\bar{X} - \mu_0}{\sigma_0/\sqrt{n}} \geq \dfrac{c}{\sigma_0/\sqrt{n}}\right)$$

$$= 1 - P_{\mu_0}\left(\frac{\overline{X}-\mu_0}{\sigma_0/\sqrt{n}} < \frac{c}{\sigma_0/\sqrt{n}}\right)$$

$$= 1 - \Phi\left(\frac{c}{\sigma_0/\sqrt{n}}\right).$$

当 H_1 成立时,$\dfrac{\overline{X}-\mu_1}{\sigma_0/\sqrt{n}} \sim N(0,1)$,因此犯第二类错误的概率为

$$P\{H_0 \text{ 不真时接受 } H_0\} = P_{\mu_1}\{\overline{X}-\mu_0 < c\} = P_{\mu_1}\left(\frac{\overline{X}-\mu_1}{\sigma_0/\sqrt{n}} < \frac{c+(\mu_0-\mu_1)}{\sigma_0/\sqrt{n}}\right)$$

$$= \Phi\left(\frac{c+(\mu_0-\mu_1)}{\sigma_0/\sqrt{n}}\right).$$

8.2.6　题型六　分布拟合检验问题

例 8.12　为了检测某种电子元件的使用寿命,现从某个批次的电子元件中随机抽取了 80 只电子元件做生存实验,测得结果如表 8.5 所示:

表　8.5

寿命 $X(h)$	[0,50)	[50,100)	[100,200)	[200,300)	[300,+∞)
元件个数	21	14	19	16	10

且样本均值 $\overline{x}=156$,取显著性水平 $\alpha=0.05$,能否认为该批次的电子元件的寿命服从指数分布?

解　由题意,需检验假设 $H_0:X$ 的密度函数为

$$f(x) = \begin{cases} \dfrac{1}{\theta}e^{-\frac{x}{\theta}}, & x > 0, \\ 0, & x \leqslant 0. \end{cases}$$

由于 H_0 中含有未知参数,因此先由最大似然估计求得 θ 的估计值 $\hat{\theta}=\overline{x}=156$. 在 H_0 成立条件下,将 X 可能取值的全体 Ω 为 $[0,+\infty)$,将区间 $[0,+\infty)$ 分为 $k=5$ 个互不重叠的小区间,即 $A_1=[0,50), A_2=[50,100), A_3=[100,200), A_4=[200,300), A_5=[300,+\infty)$.

若 H_0 为真,X 的分布函数为

$$F(x) = \begin{cases} 1-e^{-\frac{x}{156}}, & x > 0, \\ 0, & x \leqslant 0. \end{cases}$$

因此

$$\hat{p}_1 = \hat{P}(A_1) = F(50) - F(0) = 1 - e^{-\frac{50}{156}} \approx 0.2742,$$

$$\hat{p}_2 = \hat{P}(A_2) = F(100) - F(50) = e^{-\frac{50}{156}} - e^{-\frac{100}{156}} \approx 0.199,$$

$$\hat{p}_3 = \hat{P}(A_3) = F(200) - F(100) = e^{-\frac{100}{156}} - e^{-\frac{200}{156}} \approx 0.2493,$$

$$\hat{p}_4 = \hat{P}(A_4) = F(300) - F(200) = e^{-\frac{200}{156}} - e^{-\frac{300}{156}} \approx 0.1313,$$

$$\hat{p}_5 = \hat{P}(A_5) = 1 - \sum_{i=1}^{4} p_i \approx 0.1462.$$

相关数据见表 8.6.

表 8.6

A_i	f_i	$\hat{p}_i$	$n\hat{p}_i$	$f_i^2/n\hat{p}_i$
A_1	21	0.274 2	21.936	20.104
A_2	14	0.199 0	15.920	12.312
A_3	19	0.249 3	19.944	18.101
A_4	16	0.131 3	10.504	24.372
A_5	10	0.146 2	11.696	8.550

现 $\chi^2 = \sum_{i=1}^{5} \dfrac{f_i^2}{n\hat{p}_i} - n = 83.439 - 80 = 3.439$，$k=5$，$\chi^2_{0.05}(k-1) = \chi^2_{0.05}(4) = 9.488$，由于 $\chi^2 = 3.439 < \chi^2_{0.05}(4)$，故接受 H_0，认为该批次的电子元件的寿命服从指数分布.

例 8.13 现有 82 只小鼠后代,其中灰色 36 只,黑色 25 只,白色 21 只,按照孟德尔遗传规律,它们之间的比例应该为 2∶1∶1,给定显著性水平 $\alpha = 0.05$,试问这些数据与孟德尔遗传定律是否一致？

解 记小鼠后代出现灰色、黑色和白色的概率分别为 p_1, p_2, p_3,由题意,需检验假设

$$H_0: p_1 = \frac{1}{2}, p_2 = \frac{1}{4}, p_3 = \frac{1}{4}.$$

在 H_0 成立条件下,样本按灰色、黑色和白色分为 3 个两两互不相交的子集 A_1, A_2, A_3,列表如表 8.7 所示.

表 8.7

A_i	f_i	p_i	np_i	f_i^2/np_i
A_1	36	0.5	41	31.61
A_2	25	0.25	20.5	30.49
A_3	21	0.25	20.5	21.51

现 $\chi^2 = \sum_{i=1}^{3} \dfrac{f_i^2}{np_i} - n = 83.61 - 82 = 1.61$，$k=3$，$\chi^2_{0.05}(2) = 5.992$，由于 $\chi^2 = 1.61 < \chi^2_{0.05}(2)$，故接受 H_0，认为这些数据与孟德尔遗传定律是一致的.

8.3 习题精选

1. 填空题.

(1) 在假设检验中,原假设 H_0 正确但是接受备择假设 H_1,这类错误称为_____错误；原假设 H_0 错误却接受了 H_0,这类错误称为_____错误；显著性水平 α 是用来控制犯_____错误的概率.

(2) 检验两个相互独立的正态总体的方差是否存在显著性差异,应该使用_____检验.

(3) 设总体 $X \sim N(\mu, 4)$,$X_1, X_2, \cdots, X_n$ 是来自总体 X 的样本,$\overline{X}, S^2$ 分别为样本均值与样本方差. 要检验原假设 $H_0: \mu = \mu_0$,采用的检验统计量是_____；在 H_0 成立时,

该统计量服从_____分布.

(4) 设 $X_1, X_2, \cdots, X_n$ 是正态总体 $N(\mu, \sigma^2)$ 的一个样本. 若检验 $H_0: \mu \leq \mu_0, H_1: \mu > \mu_0$, 则检验统计量为_____.

(5) 样本 $X_1, X_2, \cdots, X_n$ 来自正态总体 $N(\mu, \sigma^2)$, 要检验 $H_0: \sigma^2 = \sigma_0^2$, 则采用统计量为_____, 在 H_0 成立时, 该统计量服从_____分布.

(6) 小概率事件原理指的是_____.

(7) 设总体 $X \sim N(\mu_1, \sigma_1^2), Y \sim N(\mu_2, \sigma_2^2)$, 且 X 和 Y 相互独立, 现从两总体中分别抽取容量为 n_1, n_2 的样本, 其样本方差分别为 S_1^2 和 S_2^2, 则检验统计量 $F = S_1^2/S_2^2 \sim F(n_1-1, n_2-1)$ 成立的条件是_____.

(8) 假设检验中的 p 值指的是_____.

2. 单项选择题.

(1) 在假设检验时, 若其他条件不变的情况下增大样本容量, 则犯两类错误的概率(   ).

    (A) 都增大;　　　　　　　　　(B) 都减小;
    (C) 都不变;　　　　　　　　　(D) 一个增大, 一个减小.

(2) 在假设检验中, 如果接受了原假设 H_0, 则(   ).

    (A) 可能会犯第一类错误;　　　(B) 可能会犯第二类错误;
    (C) 两类错误都可能犯;　　　　(D) 两类错误都不犯.

(3) 设总体 $X \sim N(\mu, \sigma^2)$, 其中 σ^2 未知, 通过样本 $X_1, X_2, \cdots, X_n$ 检验假设 $H_0: \mu = \mu_0$, 则检验统计量为(   ).

  (A) $\dfrac{\overline{X}-\mu_0}{\sigma/\sqrt{n}}$;　　(B) $\dfrac{\overline{X}-\mu}{S/\sqrt{n}}$;　　(C) $\dfrac{\overline{X}-\mu}{\sigma/\sqrt{n}}$;　　(D) $\dfrac{\overline{X}-\mu_0}{S/\sqrt{n}}$.

**(4) 设总体 $X \sim N(\mu, \sigma^2)$, 在显著性检验 $H_0: \mu = \mu_0, H_1: \mu \neq \mu_0$ 中, 若在显著性水平 $\alpha = 0.1$ 下接受原假设 H_0, 那么在显著性水平 $\alpha = 0.05$ 下有(   ).

    (A) 拒绝 H_0;　　　　　　　　(B) 接受 H_0;
    (C) 可能接受 H_0, 也可能拒绝 H_0;　(D) 无法确定.

(5) 在假设检验中, 显著性水平 α(   ).

    (A) 一定等于犯第一类错误的概率;
    (B) 一定等于犯第二类错误的概率;
    (C) 用于控制犯第一类错误的概率;
    (D) 用于控制犯第二类错误的概率.

(6) 设总体 $X \sim N(\mu, \sigma^2)$, 其中 σ^2 未知, $\overline{X}$ 为样本均值, S^2 为修正的样本方差, 样本容量为 n, 对于假设检验问题: $H_0: \mu \leq 1, H_1: \mu > 1$, 若取得显著性水平 $\alpha = 0.05$, 则其拒绝域为(   ).

  (A) $|\overline{X}-1| > z_{0.05} \dfrac{\sigma}{\sqrt{n}}$;　　　　(B) $\overline{X} > 1 + \dfrac{S}{\sqrt{n}} t_{0.05}(n-1)$;

(C) $|\bar{X}-1|>\dfrac{S}{\sqrt{n}}t_{0.05}(n-1)$;   (D) $\bar{X}<1-\dfrac{S}{\sqrt{n}}t_{0.05}(n-1)$.

3. 设 $X_1,X_2,\cdots,X_n$ 是来自正态总体 $X\sim N(\mu,1)$ 的样本,测得样本均值为 $\bar{x}$,现检验假设 $H_0:\mu=5.0, H_1:\mu\neq 5.0$,给定显著性水平 $\alpha=0.1$,已知检验的拒绝域为:$|\bar{x}-5.0|\geqslant 0.2$,试确定样本容量 n 最小取值.

4. 某食品加工厂生产一种盒装的奶油蛋糕,为检验产品的质量是否符合要求,现从某个批次的奶油蛋糕中随机抽取了 16 盒,测得 $\bar{x}=426.1, s^2=16$,假设盒装蛋糕的质量服从正态分布,给定显著性水平 $\alpha=0.05$,则

(1) 若厂家规定每个包装盒的标准重量为 428g,试问这批食品是否符合生产标准?

(2) 若厂家规定每个包装盒的标准重量不小于 428g,试问这批食品是否符合标准?

5. 某饮料生产企业采用自动生产线灌装饮料,假定生产标准规定瓶装填量的标准差不超过 3ml,企业的质检部门在某个批次的饮料中随机抽取了 16 瓶进行检验,测得样本的标准差为 $s=2.6$ml,试问在显著性水平 $\alpha=0.05$ 下,该批次的饮料是否符合生产标准?

6. 从一台车床加工的一批轴料中抽取 12 件测量其椭圆度,计算得到 $s=0.025$,椭圆度服从正态分布,给定显著性水平 $\alpha=0.05$,试问该批轴料椭圆度的总体方差与规定的 $\sigma_0^2=0.02^2$ 有无显著差别?

7. 为了检验某种药物对高血压是否有疗效,现选取了 9 名测试者,分别测得了他们服药前后的收缩压,数值如下:

编号	1	2	3	4	5	6	7	8	9
服药前血压	142	136	128	130	127	132	122	136	145
服药后血压	134	138	124	128	118	126	124	136	128

假设服药前后的收缩压的差值服从正态分布,试问在显著性水平 $\alpha=0.05$ 下,该药物对高血压是否有显著疗效?

8. 为了比较两种安眠药的疗效,现选取了 9 名测试者,分别测得了他们服用两种药物的睡眠延长时间(单位:h),数值如下:

编号	1	2	3	4	5	6	7	8	9
服用药物 A 的延睡时间 x	0.8	1.2	0.1	0.6	2.6	4.3	1.2	3.4	1.9
服用药物 B 的延睡时间 y	1.2	0.9	−0.1	0.2	1.8	3.8	1.6	2.8	1.2
$z=x-y$	−0.4	0.3	0.2	0.4	0.8	0.5	−0.4	0.6	0.7

假定服用两种药物后的延睡时间服从正态分布,给定显著性水平 $\alpha=0.05$,试问这两种药物的疗效是否存在显著差异?

9. 设 $X_1,X_2,\cdots,X_n$ 是来自总体 $X\sim N(\mu,\sigma_0^2)$,其中 σ_0^2 已知. 考虑双边假设检验 $H_0:\mu=\mu_0, H_1:\mu\neq\mu_0$,显著性水平为 α,试讨论该双边假设检验问题与参数 μ 区间估计问

题的对应关系.

10. 甲、乙两台机床加工同一种型号的机器零件,现从甲、乙机床加工的零件中分别随机抽取了样本容量为 9 和 13 的样本,测得 $\bar{x}=20.93$, $s_1^2=0.221$, $\bar{y}=21.2$, $s_2^2=0.342$. 假设两台机床所加工零件的长度均服从正态分布,问:两台机床加工零件的长度是否存在显著差异?($\alpha=0.05$)

***11.** 商家规定,若如果一批产品的次品率不超过 0.01,这批产品便被接收,为了检验某个批次的产品是否合格,现从某个批次的产品中随机地取出 200 件,其中有 3 件是次品,给定显著性水平 $\alpha=0.05$,问这批产品可以接受吗?

12. 设 X 为每分钟内进入某银行的顾客人数,任取 90min 所得数据如下:

顾客人数	0	1	2	3	4	≥5
频数 f_i	30	38	16	4	2	0

能否认为 X 服从泊松分布?($\alpha=0.05$)

13. 某条大街在一年内的交通事故按星期日,星期一,……,星期六分为七类进行统计,记录如下:

星期	日	一	二	三	四	五	六	合计
事故数	11	11	8	9	7	9	12	67

令 p_i 表示星期 i 发生事故的概率,问:假设 $p_i=\dfrac{1}{7}$, $i=1,2,\cdots,7$ 是否成立,即事故的发生是否与星期几有关?($\alpha=0.05$)

8.4 习题详解

1. 填空题.

(1) 第一类,第二类,第一类; (2) F; (3) $\dfrac{\bar{X}-\mu_0}{2/\sqrt{n}}$; $N(0,1)$; (4) $t=\dfrac{\bar{X}-\mu_0}{S/\sqrt{n}}$;

(5) $\chi^2=\dfrac{(n-1)S^2}{\sigma_0^2}$; $\chi^2(n-1)$;

(6) 概率很小的事件在一次试验中几乎是不可能发生的;

(7) $\sigma_1^2=\sigma_2^2$;

(8) 利用观测值能够作出的拒绝原假设的最小的显著性水平.

2. 单项选择题.

(1) (B); (2) (B); (3) (D); (4) (B);

提示 不论总体方差 σ^2 已知还是未知,当显著性水平 α 变小时,检验的拒绝域会变小,从而接受域增大,因此在 $\alpha=0.1$ 下接受原假设 H_0,则在 $\alpha=0.05$ 下必接受 H_0.

(5) (C); (6) (B).

3. 当原假设 H_0 成立时,$Z=\dfrac{\overline{X}-\mu_0}{\sigma/\sqrt{n}}=\dfrac{\overline{X}-5.0}{1/\sqrt{n}} \sim N(0,1)$,因此样本容量 n 应满足

$$\begin{aligned}
\alpha \geqslant P\{\,|\,\overline{X}-5.0\,|\geqslant 0.2\,|\,\mu=\mu_0\} &= P_{\mu_0}\{\sqrt{n}\,|\,\overline{X}-5.0\,|\geqslant 0.2\sqrt{n}\}\\
&= 1-P_{\mu_0}\{\sqrt{n}\,|\,\overline{X}-5.0\,|< 0.2\sqrt{n}\}\\
&= 1-[\Phi(0.2\sqrt{n})-\Phi(-0.2\sqrt{n})]\\
&= 2-2\Phi(0.2\sqrt{n}),
\end{aligned}$$

故 $\Phi(0.2\sqrt{n})\geqslant 1-\dfrac{\alpha}{2}=0.95$,从而 $0.2\sqrt{n}\geqslant 1.645$,解得 $n\geqslant 67.651$,取 $n=68$。

4. (1) 由题意,检验假设

$$H_0:\mu_1=\mu_0=428,\quad H_1:\mu_1\neq\mu_0,$$

由于总体方差 σ^2 未知,故取检验统计量 $t=\dfrac{\overline{X}-\mu_0}{S/\sqrt{n}}$,$\alpha=0.05$,$n=16$,检验的拒绝域为:

$$|\,t\,|\geqslant t_{0.025}(15)=2.132.$$

由 $\mu_0=428,\bar{x}=426.1,s^2=16$,计算得 $|t|=1.9<t_{0.025}(15)$,故接受 H_0,认为这批食品符合生产标准。

(2) 由题意,检验假设

$$H_0:\mu_1\geqslant\mu_0=428,\quad H_1:\mu_1<\mu_0,$$

由于总体方差 σ^2 未知,因此取检验统计量 $t=\dfrac{\overline{X}-\mu_0}{S/\sqrt{n}}$,$\alpha=0.05$,$n=16$,检验的拒绝域为:

$$t\leqslant -t_{0.05}(15)=-1.753.$$

由 $\mu_0=428,\bar{x}=426.1,s^2=16$,计算得 $t=-1.9<-t_{0.05}(15)$,故拒绝 H_0,认为这批食品不符合生产标准。

5. 设瓶装饮料填量的方差为 σ^2,由题意,需检验假设

$$H_0:\sigma^2\leqslant\sigma_0^2=9,\quad H_1:\sigma^2>\sigma_0^2,$$

取检验统计量为 $\chi^2=\dfrac{(n-1)S^2}{\sigma_0^2}$,$\alpha=0.05$,检验的拒绝域为:

$$\chi^2\geqslant\chi_{0.05}^2(15)=24.996.$$

现在 $n=16,s^2=(2.6)^2=6.76,\sigma_0^2=9$,计算得 $\chi^2=11.27$,由于 $\chi^2<\chi_{0.05}^2(23)$,因此接受原假设 H_0,认为该批次的饮料符合生产标准。

6. 由题意 $H_0:\sigma^2=\sigma_0^2=0.02^2\quad H_1:\sigma^2\neq\sigma_0^2$。由于总体均值 μ 未知,因此取检验统计量 $\chi^2=\dfrac{(n-1)S^2}{\sigma_0^2}$,$\alpha=0.05$,检验的拒绝域为:

$$\chi^2\geqslant\chi_{0.025}^2(11)=21.920 \quad 或者 \quad \chi^2\leqslant\chi_{0.975}^2(11)=3.816,$$

由 $n=12,s=0.025,\sigma_0^2=0.02^2$,计算得 $\chi^2=17.188$,由于 $\chi_{0.975}^2(11)<\chi^2<\chi_{0.025}^2(11)$,故接受 H_0,认为该批轴料椭圆度的总体方差与规定的 $\sigma_0^2=0.02^2$ 不存在显著差别。

7. 记 X 为服药前后血压的差值,由题意 $X\sim N(\mu,\sigma^2)$。由题意,检验如下假设

$$H_0:\mu\leqslant 0,\quad H_1:\mu>0.$$

现有样本容量 $n=9$ 的样本观测值,具体为 $8,-2,4,2,9,6,-2,0,17$,计算的 $\bar{x}=4.667$, $s^2=\dfrac{1}{n-1}\left(\sum\limits_{i=1}^{n}x_i^2-n\bar{x}^2\right)=37.75$,由于总体均值 μ 未知,因此取检验统计量 $t=\dfrac{\overline{X}-\mu_0}{S/\sqrt{n}}$,由于 $\alpha=0.05$,检验的拒绝域为:

$$t\geqslant t_{0.05}(8)=1.860.$$

由 $\mu_0=0$,计算得 $t=1.074<t_{0.05}(8)$,故拒绝 H_0,认为该药物对高血压有显著疗效.

8. 设 X,Y 分别表示服用 A,B 两种药物的延睡时间,由于不同的人之间存在较大差异,且同一人服用两种药物后的延睡时间一般会存在一定的内在联系,因此可以使用成对数据的检验方法,由题设 $Z=X-Y\sim N(\mu,\sigma^2)$,需做如下检验

$$H_0:\mu=0,\quad H_1:\mu\neq0.$$

由于总体方差 σ^2 未知,故取检验统计量 $t=\dfrac{\overline{X}-\mu_0}{S/\sqrt{n}}$,$\alpha=0.05$,$n=9$,检验的拒绝域为

$$|t|\geqslant t_{0.025}(9)=2.262.$$

由 $\mu_0=0$,$\bar{x}=0.3$,$s^2=\dfrac{1}{n-1}\left(\sum\limits_{i=1}^{n}x_i^2-n\bar{x}^2\right)=0.193$,计算得 $|t|=2.050<t_{0.025}(9)$,故接受 H_0,认为两种药物的疗效不存在显著差异.

9. 对于任意的 $\mu_0\in\Theta$,考虑双边假设检验问题 $H_0:\mu=\mu_0$,$H_1:\mu\neq\mu_0$,给定显著性水平 α,检验的拒绝域为 $\left|\dfrac{\bar{x}-\mu_0}{\sigma_0/\sqrt{n}}\right|\geqslant z_{\frac{\alpha}{2}}$,从而检验的接受域为 $\left|\dfrac{\bar{x}-\mu_0}{\sigma_0/\sqrt{n}}\right|<z_{\frac{\alpha}{2}}$,解得

$$\mu_0\in\left(\bar{x}-z_{\frac{\alpha}{2}}\dfrac{\sigma_0}{\sqrt{n}},\bar{x}-z_{\frac{\alpha}{2}}\dfrac{\sigma_0}{\sqrt{n}}\right),$$

即有

$$P\left\{\mu_0\in\left(\overline{X}-z_{\frac{\alpha}{2}}\dfrac{\sigma_0}{\sqrt{n}},\overline{X}-z_{\frac{\alpha}{2}}\dfrac{\sigma_0}{\sqrt{n}}\right)\right\}=1-\alpha,$$

由 μ_0 的任意性可知,对于任意的 $\mu\in\Theta$,有

$$P\left\{\mu\in\left(\overline{X}-z_{\frac{\alpha}{2}}\dfrac{\sigma_0}{\sqrt{n}},\overline{X}-z_{\frac{\alpha}{2}}\dfrac{\sigma_0}{\sqrt{n}}\right)\right\}=1-\alpha,$$

故参数 μ 的置信水平为 $1-\alpha$ 的置信区间为 $\left(\overline{X}-z_{\frac{\alpha}{2}}\dfrac{\sigma_0}{\sqrt{n}},\overline{X}-z_{\frac{\alpha}{2}}\dfrac{\sigma_0}{\sqrt{n}}\right)$.

反之,给定参数 μ 的置信水平为 $1-\alpha$ 的置信区间为 $\left(\overline{X}-z_{\frac{\alpha}{2}}\dfrac{\sigma_0}{\sqrt{n}},\overline{X}-z_{\frac{\alpha}{2}}\dfrac{\sigma_0}{\sqrt{n}}\right)$,考虑双边假设检验问题 $H_0:\mu=\mu_0$,$H_1:\mu\neq\mu_0$,当原假设 H_0 成立时,有

$$P\left\{\mu_0\in\left(\overline{X}-z_{\frac{\alpha}{2}}\dfrac{\sigma_0}{\sqrt{n}},\overline{X}-z_{\frac{\alpha}{2}}\dfrac{\sigma_0}{\sqrt{n}}\right)\right\}=1-\alpha,$$

从而 $P\left\{\left|\dfrac{\overline{X}-\mu_0}{\sigma_0/\sqrt{n}}\right|\geqslant z_{\frac{\alpha}{2}}\right\}=\alpha$,给定显著性水平 α,检验的拒绝域为 $\left|\dfrac{\bar{x}-\mu_0}{\sigma_0/\sqrt{n}}\right|\geqslant z_{\frac{\alpha}{2}}$,检验的接

受域为 $\left|\dfrac{\bar{x}-\mu_0}{\sigma_0/\sqrt{n}}\right|<z_{\frac{\alpha}{2}}$,即 $\mu_0 \in \left(\bar{x}-z_{\frac{\alpha}{2}}\dfrac{\sigma_0}{\sqrt{n}}, \bar{x}-z_{\frac{\alpha}{2}}\dfrac{\sigma_0}{\sqrt{n}}\right)$.

由此可见,双边假设检验问题 $H_0:\mu=\mu_0$, $H_1:\mu\neq\mu_0$ 在给定显著性水平 α 下,其接受域与参数 μ 的置信水平为 $1-\alpha$ 的置信区间是相互对应的,其中的一个问题解决了,另一个问题也有了相应的解决方案.

10. 首先检验两总体的方差是否相等,即检验如下假设:
$$H_0:\sigma_1^2=\sigma_2^2, \quad H_1:\sigma_1^2\neq\sigma_2^2,$$
采用 F 检验,取检验统计量为 $F=\dfrac{S_1^2}{S_2^2}$,由于 $\alpha=0.05$,检验的拒绝域为:$\dfrac{s_1^2}{s_2^2}\geqslant F_{0.025}(8,12)=3.51$ 或 $\dfrac{s_1^2}{s_2^2}\leqslant F_{0.975}(8,12)=\dfrac{1}{F_{0.025}(12,8)}=\dfrac{1}{4.20}=0.238$.

由 $s_1^2=0.221, s_2^2=0.342$,计算得 $F=0.646$,由于 $F_{0.975}(8,12)<0.646<F_{0.025}(8,12)$,因此接受 H_0,认为 σ_1^2 与 σ_2^2 之间不存在显著差异.

下面检验两总体的均值是否相等,即检验假设
$$H_0:\mu_1=\mu_2, \quad H_1:\mu_1\neq\mu_2,$$
由(1)知,$\sigma_1^2=\sigma_2^2$,采用检验统计量 $t=\dfrac{\bar{X}_1-\bar{X}_2-\delta}{S_w\sqrt{\dfrac{1}{n_1}+\dfrac{1}{n_2}}}$,其中 $\delta=0$,由于 $\alpha=0.05$,拒绝域为:

$|t|\geqslant t_{0.025}(20)=2.086$,这里 $n_1=9, n_2=13, S_w^2=\dfrac{(n_1-1)S_1^2+(n_2-1)S_2^2}{(n_1+n_2-2)}$,$\bar{x}=20.93, s_1^2=0.221, \bar{y}=21.2, s_2^2=0.342$,算得 $t=-1.148$,由于 $|t|=1.148<t_{0.025}(20)$,因此接受原假设 H_0,认为两台机床加工零件的长度不存在显著差异.

11. 设 $X=\begin{cases}0, & \text{产品为正品,}\\ 1, & \text{产品为次品,}\end{cases}$ 则 $X\sim b(1,p)$,由题意,需做如下检验
$$H_0:p\leqslant p_0=0.01, \quad H_1:p>0.01.$$
由于 $n=200$ 比较大,因此可以采用大样本检验.检验统计量为 $Z=\dfrac{\sum\limits_{i=1}^{n}X_i-np_0}{\sqrt{np_0(1-p_0)}}$,检验的拒绝域为 $Z\geqslant z_{0.05}=1.65$.由题意 $\sum\limits_{i=1}^{n}x_i=3$, $p_0=0.01$,计算的 $Z=0.711<z_{0.05}$,因此接受 H_0,认为这批产品可以接受.

12. 由题意,需检验假设
$$H_0:X \text{ 的分布律为 } P\{X=k\}=\dfrac{\lambda^k}{k!}e^{-\lambda}, \quad k=0,1,2,\cdots.$$
由于 H_0 中含有未知参数 λ,利用最大似然估计给出 λ 的估计为 $\hat{\lambda}=\bar{x}=1.0$,记
$$\hat{p}_i=\hat{P}\{X=k\}=\dfrac{e^{-1}}{k!}, \quad k=0,1,2,\cdots.$$

列表为

A_i	f_i	$\hat{p}_i$	$n\hat{p}_i$	$f_i^2/n\hat{p}_i$
$A_0:\{X=0\}$	30	0.368	33.12	27.17
$A_1:\{X=1\}$	38	0.368	33.12	43.60
$A_2:\{X=2\}$	16	0.184	16.56	15.46
$A_3:\{X=3\}$	4	0.061	5.49	
$A_4:\{X=4\}$	2	0.015	1.35	5.93
$A_5:\{X\geqslant 5\}$	0	0.004	0.36	

现 $\chi^2=\sum\limits_{i=0}^{6}\dfrac{f_i^2}{np_i}-n=92.16-90=2.16$，经合并分组后 $k=4, r=1, \chi_{0.05}^2(k-r-1)=\chi_{0.05}^2(2)=5.992$，由于 $\chi^2=2.16<\chi_{0.05}^2(2)$，故接受 H_0，认为每分钟内进入某银行的顾客人数服从泊松分布.

13. 由题意，需检验假设

$$H_0: p_i=\frac{1}{7}, \quad i=1,2,\cdots,7.$$

在 H_0 成立条件下，样本按星期分为 7 个互不相交的子集 $A_1, A_2, \cdots, A_7$，列表如下。

A_i	f_i	p_i	np_i	f_i^2/np_i
A_1	11	$\dfrac{1}{7}$	9.57	12.64
A_2	11	$\dfrac{1}{7}$	9.57	12.64
A_3	8	$\dfrac{1}{7}$	9.57	6.69
A_4	9	$\dfrac{1}{7}$	9.57	8.46
A_5	7	$\dfrac{1}{7}$	9.57	5.12
A_6	9	$\dfrac{1}{7}$	9.57	8.46
A_7	12	$\dfrac{1}{7}$	9.57	15.05

现 $\chi^2=\sum\limits_{i=1}^{7}\dfrac{f_i^2}{np_i}-n=69.06-67=2.06, k=7$，查表 $\chi_{0.05}^2(6)=12.592$，由于 $\chi^2=2.06<\chi_{0.05}^2(6)$，故接受 H_0，认为事故的发生与星期几无关.

第二部分

模拟试题及解答

第二部分

林纾的翻译文存

模拟试题一

一、填空题

(1) 已知 $P(A)=0.8, P(A-B)=0.1$,则 $P(\overline{AB})=$ _____.

(2) 在区间 $(0,2)$ 上随机取两个数,它们的和不大于 3 的概率是 _____.

(3) 设随机变量 X 的分布律为

X	-1	0	1	2
p	$1/2a$	$3/4a$	$5/8a$	$1/8a$

则 $a=$ _____.

(4) 设随机变量 $X \sim N(\mu, 3^2), Y \sim N(\mu, 4^2)$,令 $p_1 = P\{X \leqslant \mu-3\}, p_2 = P\{Y \geqslant \mu+4\}$,则 p_1 与 p_2 的大小关系是 _____.

(5) 设二维随机变量 (X,Y) 的分布函数为 $F(x,y)$,则 $P\{X \leqslant b, Y \leqslant c\}=$ _____.

(6) 已知随机变量 X 与 Y 相互独立,且 $E(X)=E(Y)=0, D(X)=D(Y)=1$,则 $E[(X+2Y)^2]=$ _____.

(7) 已知随机变量 X, Y 满足 $D(X)=D(Y)=D(X+Y) \neq 0$,则 X 与 Y 的相关系数 $\rho_{XY}=$ _____.

(8) 设总体 X 服从参数为 $1/3$ 的指数分布,$X_1, X_2, \cdots, X_n$ 为来自该总体的简单随机样本,则当 $n \to \infty$ 时,$\overline{X} = \dfrac{1}{n}\sum_{i=1}^{n} X_i$ 依概率收敛于 _____.

(9) 在参数估计中,估计量的评选标准有 _____,_____,_____.

(10) 已知一批零件的长度 $X \sim N(\mu, 0.5^2)$,若要总体均值 μ 的 95% 的置信区间长度不超过 l,则样本容量至少为 _____.

二、单项选择题

(1) 若 $D(X+Y)=D(X-Y)$,则下列选项中必成立的是( ).

(A) X 和 Y 相互独立;   (B) X 和 Y 不相关;

(C) $D(XY)=D(X)D(Y)$;   (D) $D(X-Y)=0$.

(2) 设 X 为连续型随机变量,其密度为 $f(x)$,则 X 的 k 阶中心矩是( ).

(A) $E(X^k)$;
(B) $\int_{-\infty}^{\infty} f(x)[x-E(X)]^k dx$;

(C) $E[X-E(X^k)]$;
(D) $\int_{-\infty}^{\infty} [x-E(X)^k]f(x) dx$.

(3) 设 $X_1, X_2, \cdots, X_n$ 为来自总体 $N(\mu, \sigma^2)$ 的简单随机样本,则 $Y=\sum_{i=1}^{n}\dfrac{(X_i-\mu)^2}{\sigma^2}$ 服从的分布是( ).

(A) $\chi^2(n-1)$; (B) $\chi^2(n)$; (C) $N(\mu, \sigma^2)$; (D) $N\left(\mu, \dfrac{\sigma^2}{n}\right)$.

(4) 总体 $X \sim N(\mu, \sigma^2)$ 均值 μ 的置信水平为 95% 的置信区间指的是这个区间( ).

(A) 平均含有总体 95% 的值;
(B) 平均含有样本 95% 的值;

(C) 有 95% 的机会含样本的值;
(D) 有 95% 的机会含有 μ.

(5) 对正态总体 $N(\mu, \sigma^2)$ 中的参数进行假设检验时,统计量 $t=\dfrac{\overline{X}-\mu_0}{S/\sqrt{n}}$ 适用于( ).

(A) μ 未知,检验 $\sigma^2=\sigma_0^2$;
(B) μ 已知,检验 $\sigma^2=\sigma_0^2$;

(C) σ^2 未知,检验 $\mu=\mu_0$;
(D) σ^2 已知,检验 $\mu=\mu_0$.

三、计算题

1. 设随机变量 X 的概率密度为 $f(x)=\begin{cases} cx^2, & 0<x<1, \\ 0, & \text{其他} \end{cases}$,其中 c 为未知常数,试求:

(1) 常数 c;(2) $P\left\{\dfrac{1}{8}<X\leqslant\dfrac{3}{2}\right\}$;(3) $E(X)$.

2. 设一商店销售的某种产品是由甲、乙、丙 3 个厂家提供的,所占的份额分别为 50%、25%、25%,已知 3 个厂家生产的产品不合格率分别为 0.2%、0.3%、0.5%. 今一位顾客从商店购买了一件该产品,试求:(1) 这件产品为不合格品的概率;(2) 若发现这件产品为不合格品,求其是每个厂家生产的概率.

3. 设随机变量 X 的分布函数为 $F(x)=\begin{cases} 0, & x<-1 \\ 0.2, & -1\leqslant x<0 \\ 0.5, & 0\leqslant x<1 \\ 1, & x\geqslant 1 \end{cases}$,试求:

(1) 随机变量 X 的分布律;(2) $P\{|X|<1\}$;(3) $D(X)$.

4. 已知随机变量 (X,Y) 的分布律为

Y \ X	1	2	3
1	0	a	b
2	a	b	0
3	b	0	0

且 $E(X)=5/3$，其中 a,b 为常数. 试求：

(1) a,b 的值；(2) $X=1$ 时, Y 的条件分布律；(3) $\min(X,Y)$ 的分布律；(4) $\mathrm{Cov}(X,Y)$.

5. 设二维随机变量 (X,Y) 的概率密度函数
$$f(x,y)=\begin{cases} 8xy, & 0<x<y<1, \\ 0, & \text{其他}. \end{cases}$$
试求：(1) $P\{X>0.5\}$；(2) 判断 X 与 Y 是否相互独立.

6. 一个系统由 100 个独立工作的部件组成，在系统运行期间，每个部件损坏的概率均为 0.1，已知系统起作用，至少要有 85 个部件正常工作，求系统起作用的概率.
$$\Phi(1.67)=0.9525, \Phi(0.17)=0.5675, \Phi(0.56)=0.7123$$

7. 某专业研究生面试成绩 X 服从正态分布 $N(\mu,\sigma^2)$，随机抽取 9 名考生面试成绩为：
$$67,\quad 68,\quad 78,\quad 71,\quad 66,\quad 67,\quad 70,\quad 65,\quad 69,$$
试求：(1) μ 的矩估计值；(2) μ 的置信水平为 95% 的置信区间.
$$t_{0.05}(9)=1.8381, t_{0.05}(8)=1.8595, t_{0.025}(9)=2.2622,$$
$$t_{0.025}(8)=2.3062, Z_{0.05}=1.65, Z_{0.025}=1.96$$

四、证明题

设 $\hat{\theta}$ 为参数 θ 的无偏估计，并且 $D(\hat{\theta})>0$. 证明 $(\hat{\theta})^2$ 不是 θ^2 的无偏估计.

模拟试题二

一、填空题

(1) 对相互独立的事件 A、B,若 $P(A)=0.6, P(A \cup B)=0.7$,则 $P(B)=$ _____.

(2) 已知离散型随机变量 X 的分布函数为 $F(x)=\begin{cases} 0 & x<-1 \\ \dfrac{1}{4} & -1 \leqslant x<2 \\ \dfrac{3}{4} & 2 \leqslant x<3 \\ 1 & x \geqslant 3 \end{cases}$,则随机变量 X 的分布律为 _____.

(3) 若离散型随机变量 X 的分布律为 $\begin{pmatrix} -2 & 0 & 2 \\ 0.4 & 0.3 & 0.3 \end{pmatrix}$,则 $E\left(\dfrac{1}{X+1}\right)=$ _____.

(4) 随机变量 X_1, X_2, X_3 相互独立,$X_1 \sim N(2,8)$,$X_2 \sim U(0,4)$,X_3 服从参数为 $\theta=2$ 的指数分布,令 $Y=1-\dfrac{1}{2}X_1+3X_2-X_3$,则 $E(Y)=$ _____,$D(Y)=$ _____.

(5) 设 X_1, X_2, X_3 为总体 X 的样本,且 $X \sim N(0,1)$,则 (X_1, X_2, X_3) 的概率密度函数为 _____.

(6) 设 $X_1, X_2, \cdots, X_n$ 为来自总体 X 的一个样本,且 $X \sim N(\mu, \sigma^2)$,则 $\dfrac{\sum_{i=1}^{n}(X_i - \overline{X})^2}{\sigma^2} \sim$ _____.

(7) 设 $X_1, X_2, \cdots, X_n$ 为总体 X 的一个样本,且 $X \sim N(\mu, 12^2)$,检验 $H_0: \mu=100$,采用的统计量为 _____.

(8) 设 $X_1, X_2, \cdots, X_{n_1}$ 为总体 $X \sim N(\mu_1, \sigma_1^2)$ 的一个样本,$Y_1, Y_2, \cdots, Y_{n_2}$ 为总体 $Y \sim N(\mu_2, \sigma_2^2)$ 的样本,且 X 与 Y 相互独立,σ_1^2, σ_2^2 已知,则 $\mu_1 - \mu_2$ 的置信水平为 $100(1-\alpha)\%$ 的置信区间是 _____.

二、单项选择题

(1) 从某所人数很多的小学中随机抽取了 10 名小学生,他们出生在不同月份的概率为( ).

(A) $\dfrac{10!}{12!}$； (B) $\dfrac{10!}{12^{10}}$； (C) $\dfrac{C_{12}^{10}}{12^{10}}$； (D) $\dfrac{A_{12}^{10}}{12^{10}}$.

(2) 随机变量的分布密度 $f(x)$ 一定满足( ).

(A) $0 \leqslant f(x) \leqslant 1$； (B) 在定义域内单调不减；

(C) $\int_{-\infty}^{+\infty} f(x)\mathrm{d}x = 1$； (D) $\lim_{x \to +\infty} f(x) = 1$.

(3) 随机变量 $X \sim N(\mu, 4^2)$，$Y \sim N(\mu, 5^2)$，若记 $p_1 = P\{X \leqslant \mu - 4\}$，$p_2 = P\{Y \geqslant \mu + 5\}$，则下列选项正确的是( ).

(A) 对任意的 μ，$p_1 < p_2$； (B) 对任意的 μ，$p_1 = p_2$；

(C) 对任意的 μ，$p_1 > p_2$； (D) 对个别的 μ，$p_1 > p_2$.

(4) 已知随机变量 X 与 Y 的相关系数为 ρ，$Z = aX + b$，则 Y 与 Z 的相关系数仍为 ρ 的充要条件是( ).

(A) $a = 1$, b 为任意实数； (B) $a > 0$, b 为任意实数；

(C) $a < 0$, b 为任意实数； (D) $a = 0$, b 为任意实数.

(5) 设 $X \sim N(\mu, \sigma^2)$，由切比雪夫不等式可知 $P\{|X - \mu| \geqslant 3\sigma\}$ ( ).

(A) $\geqslant \dfrac{1}{3}$； (B) $\leqslant \dfrac{1}{3}$； (C) $\geqslant \dfrac{1}{9}$； (D) $\leqslant \dfrac{1}{9}$.

(6) 设随机变量 X 与 Y 独立同分布，X 的分布函数为 $F(x)$，则 $Z = \max(X, Y)$ 的分布函数为( ).

(A) $F^2(z)$； (B) $F(x)F(y)$；

(C) $1 - [1 - F(z)]^2$； (D) $[1 - F(x)][1 - F(y)]$.

(7) 若随机变量 $X \sim N(0,1)$，设 $Y = 2X - 1$，则 X 服从下列哪个分布( ).

(A) $N(0,1)$； (B) $N(-1,4)$； (C) $N(-1,2)$； (D) $N(-1,0)$.

(8) 设随机变量 $X \sim N(0,1)$，对于给定的 $\alpha \in (0,1)$，数 Z_α 满足 $P\{X > Z_\alpha\} = \alpha$. 若 $P\{|X| < x\} = \alpha$，则 $x = ($).

(A) $Z_{\frac{\alpha}{2}}$； (B) $Z_{1-\frac{\alpha}{2}}$； (C) $Z_{\frac{1-\alpha}{2}}$； (D) $Z_{1-\alpha}$.

三、计算题

1. 设随机变量 X 的分布密度为 $f(x) = \begin{cases} \dfrac{A}{\sqrt{x}}, & 0 < X < 1, \\ 0, & \text{其他}. \end{cases}$

求 (1) 常数 A； (2) $P\left(X > \dfrac{1}{2}\right)$； (3) X 的数学期望 $E(X)$.

2. 已知随机变量 X 的分布律为

X	0	1	2	3
P	$\theta - \dfrac{1}{5}$	$\theta + \dfrac{1}{5}$	$\dfrac{1}{2} - \theta$	$\dfrac{1}{2} - \theta$

且 $P\{X\geqslant 2\}=\dfrac{1}{2}$，令 $Y_k=\begin{cases}-k,&X<k,\\ k,&X\geqslant k,\end{cases}$ $k=1,2$，求（1）未知参数 θ；（2）(Y_1,Y_2) 的分布律；（3）$\text{Cov}(Y_1,Y_2)$；（4）判断 Y_1,Y_2 的独立性，并说明理由．

3. 设二维随机向量 (X,Y) 的概率密度为

$$f(x,y)=\begin{cases}2xy,&0<x<2,0<2y<x,\\ 0,&\text{其他．}\end{cases}$$

求：（1）边缘密度 $f_Y(y)$；（2）$Z=X+Y$ 的概率密度函数 $f_Z(z)$．

4. 设总体 X 的分布列为 $\begin{pmatrix}1&2&3\\ \theta^2&2\theta(1-\theta)&(1-\theta)^2\end{pmatrix}$，其中 $\theta(0<\theta<1)$ 为未知参数．已知取得了样本值 $x_1=1,x_2=2,x_3=1$，求：（1）θ 的矩估计值；（2）θ 的极大似然估计值．

5. 从总体 $X\sim N(75,10^2)$ 中抽取一容量为 n 的样本，为使样本均值大于 74 的概率不小于 0.9，问样本容量 n 至少应取多大？

四、应用题

1. 假设在某个时期内影响股票价格变化的因素只有银行存款利率．经分析，该时期内利率下调、不变以及上调的概率分别为 60%、30%、10%．根据以往经验，在利率下调时某只股票上涨的概率为 80%，在利率不变时该股票上涨的概率为 40%，在利率上调时该股票上涨的概率为 0．问：

(1)该时期内，这只股票价格上涨的概率是多少；(2)若这只股票价格上涨，是银行存款利率下调造成的概率是多少？

2. 某科研单位研发了一种安眠药的新配方，据说在一定剂量下，能比旧配方安眠药平均增加睡眠时间 3 小时，根据资料服用旧配方安眠药时，平均睡眠时间为 20.8 小时，标准差为 1.6 小时．为了检验这个说法是否正确，收集到一组使用新配方安眠药的睡眠时间为（单位：小时）26.7，22.0，24.1，21.0，27.2，25.0，23.4．试问：从这组数据能否判断新安眠药已达到所声称的疗效（假定睡眠时间服从正态分布，$\alpha=0.05$）．

五、证明题

设总体 X 的分布函数为 $F(x)$．现对 X 进行 n 次重复独立观测，以 $v_n(x)$ 表示 n 个观测值 $x_1,x_2,\cdots,x_n$ 中小于 x 的个数．X 的样本分布函数为 $F_n(x)=\dfrac{v_n(x)}{n},-\infty<x<+\infty$，证明：样本分布函数 $F_n(x)$ 是总体分布函数 $F(x)$ 的无偏估计．

模拟试题三

一、填空题

(1) 若 $P(B|A)=P(B)=0.5, P(A \cup B)=0.7$,则 $P(A)=$ _____.

(2) 现有 3 人同时独立地去破译一个密码,他们单独译出的概率分别为 $0.2, 0.1, 0.2$,则此密码被译出的概率为 _____.

(3) 设 $A、B、C$ 为 3 个事件,A 与 B 互不相容,又知 $P(A)=P(B)=P(C)=\dfrac{1}{4}$,$P(AC)=P(BC)=\dfrac{1}{6}$,则 A,B,C 都不发生的概率为 _____.

(4) 若随机变量 $X \sim N(2,\sigma^2)$,且 $P(2 \leqslant X \leqslant 4)=0.4$,则 $P(X<0)=$ _____.

(5) 设 X,Y 均服从 $(0,2)$ 上的均匀分布,且 X 与 Y 相互独立,则 $D(6X-3Y)=$ _____.

(6) 设随机变量 X 的分布列为

X	-2	0	2
p_k	p_1	p_2	p_3

且 $E(X)>0, D(X)=3.24, E(X^2)=3.6$,则 $p_1=$ _____,$p_2=$ _____,$p_3=$ _____.

(7) 将一颗均匀的骰子连续抛掷 10 次,若 X 表示点数"1"出现的次数,用切贝雪夫不等式估计 $P\{|X-E(X)|<2\} \geqslant$ _____.

二、单项选择题

(1) 设 A,B,C 为 3 个事件,则下列事件中与 A 不相容的是( ).

(A) $\overline{ABC}$; (B) $\overline{A \cup B \cup C}$;

(C) $\overline{A(B \cup C)}$; (D) $\overline{AB}$.

(2) 下列函数中可以作为随机变量的分布函数的是( ).

(A) $F(x)=\begin{cases} 1+\dfrac{1}{1+x^2}, & x<0, \\ 1, & x \geqslant 0; \end{cases}$ (B) $F(x)=\begin{cases} 0, & x<0, \\ 1+\dfrac{1}{1+x^2}, & x \geqslant 0; \end{cases}$

(C) $F(x)=\begin{cases}1-\dfrac{1}{1+x^2}, & x<0,\\ 1, & x\geqslant 0;\end{cases}$ (D) $F(x)=\begin{cases}0, & x<0,\\ 1-\dfrac{1}{1+x^2}, & x\geqslant 0.\end{cases}$

(3) 设随机变量 X,Y 相互独立,且都服从泊松分布,若已知 $E(X)=1,E(Y)=2$, $E[(X-Y)^2]=(\quad)$.

  (A) 2;   (B) 3;   (C) 4;   (D) 5.

(4) 设二维随机变量 (X,Y) 服从二维正态分布,则随机变量 $Z_1=X+Y$ 与 $Z_2=X-Y$ 不相关的充要条件是( ).

  (A) $E(X)=E(Y)$;

  (B) $E(X^2)-E(Y^2)=[E(X)]^2-[E(Y)]^2$;

  (C) $E(X^2)=E(Y^2)$;

  (D) $E(X^2)+E(Y^2)=[E(X)]^2+[E(Y)]^2$.

(5) 设总体 $X\sim N(\mu,1)$,其中 μ 为未知参数,X_1,X_2,X_3 为取自总体 X 的样本,则下列四个无偏估计中最有效的是( ).

  (A) $\dfrac{2}{3}X_1+\dfrac{1}{3}X_2$;   (B) $\dfrac{1}{4}X_1+\dfrac{1}{4}X_2+\dfrac{1}{2}X_3$;

  (C) $\dfrac{1}{6}X_1+\dfrac{5}{6}X_2$;   (D) $\dfrac{1}{3}X_1+\dfrac{1}{3}X_2+\dfrac{1}{3}X_3$.

三、计算题

1. 一袋中装有 $N-1$ 个黑球和 1 个白球,每次从袋中随机地摸出一球,并换入 1 个黑球,这样继续下去,问第 k 次摸球时摸到黑球的概率是多少?

2. 某商店零售某种箱装的玻璃杯,每箱装有 12 个杯子,设每箱中含有 0,1,2 个次品的概率分别为 0.8,0.1 和 0.1. 一位顾客欲购一箱玻璃杯,在购买时,售货员随意打开一箱,顾客随机取出 4 个杯子进行检查,若无次品,则买下该箱玻璃杯,试求:

(1) 顾客买下该箱杯子的概率;

(2) 在顾客买下的一箱中一定没有次品的概率.

3. 设连续型随机变量 X 的概率密度函数为 $f_X(x)=\begin{cases}ax, & 1\leqslant x<2,\\ b, & 2\leqslant x<3,\\ 0, & 其他,\end{cases}$ 且满足 $P(1\leqslant X<2)=2P(2\leqslant X<3)$,试求:

(1) 常数 A 与 B 的值;(2) X 的分布函数.

4. 已知连续型随机向量 (X,Y) 的概率密度为

$$f(x,y)=\begin{cases}2-x-y, & 0\leqslant x\leqslant 1, 0\leqslant y\leqslant 1,\\ 0, & 其他,\end{cases}$$

试求:(1)关于 X 和 Y 的边缘概率密度函数;(2) $E(X),E(Y),D(X)$ 以及 $D(Y)$;(3) X 和 Y 的协方差及相关系数;(4) $P(X+Y\leqslant 1)$;(5)判断 X,Y 是否相互独立,是否相关.

5. 设总体 X 的分布律为 $P(X=x)=p(1-p)^{x-1},x=1,2,\cdots,X_1,X_2,\cdots,X_n$ 是来自总体 X 的样本,试求 p 的最大似然估计量.

四、应用题

1. 设某加工企业生产某种设备的寿命 X(以年计)服从指数分布,其密度函数为

$$f(x) = \begin{cases} 0.2e^{-0.2x}, & x > 0, \\ 0, & x \leq 0, \end{cases}$$

厂家规定,若出售的设备在一年内损坏可以进行免费调换。厂家每售出一台设备获利 100 万元,而调换一台设备则亏损 150 万元,试问该厂家出售一台设备的平均盈利是多少?

2. 设 $X_1, X_2, \cdots, X_9$ 是从总体 $X \sim N(\mu, \sigma^2)$ 中抽取一个样本,已算得样本方差 $s^2 = 16$,试求总体方差 σ^2 置信水平为 0.95 的置信区间.

$\chi^2_{0.025}(8) = 17.534, \chi^2_{0.025}(9) = 19.022, \chi^2_{0.975}(8) = 2.180, \chi^2_{0.975}(9) = 2.700.$

3. 商家规定,如果一批产品的次品率不超过 0.02,这批产品便被接收,为了检验某个批次的产品是否合格,现从该批次的产品中随机抽取出 200 件,其中有 8 件是次品,问这批产品可以接受吗?($\alpha = 0.05$)

五、证明题

设 X 和 Y 是相互独立且均服从正态分布 $N(0, \sigma^2)$ 的随机变量.证明:随机变量 $|X-Y|$ 的数学期望 $E(|X-Y|) = \sqrt{\dfrac{2\sigma^2}{\pi}}.$

模拟试题四

一、填空题

(1) 将 3 本书随机的放入 4 个抽屉,问恰好都放在同一个抽屉中的概率为_____.

(2) 已知 $P(A)=1/2, P(B|A)=1/3, P(A|B)=1/2$,则 $P(A\cup B)=$_____.

(3) 盒子中装有 5 只大小相同的球,编号分别为 $1,2,3,4,5$,同时取 3 只球,以 X 表示 3 只球中最小编号,则 X 的分布律为_____.

(4) 设随机变量 X 服从泊松分布,且 $P\{X=1\}=P\{X=2\}$,则 $P\{X=4\}=$_____.

(5) 设随机变量 $X \sim U(0,1)$,则 $Y=e^X$ 的概率密度为_____.

(6) 设随机变量 $X_1 \sim U(0,6), X_2 \sim N(0,4), X_3 \sim \pi(3)$,令 $Y=X_1-2X_2+3X_3$,则 $E(Y)=$_____.

(7) 设随机变量 X 和 Y 相互独立且 $X \sim N(0,1), Y \sim N(1,2)$,则 $P\{X+Y \leqslant 1\}=$_____.

(8) 设随机变量 $X_1, X_2, \cdots, X_{100}$ 相互独立,且服从参数为 4 的泊松分布,则 $P\left\{\sum_{i=1}^{100} X_i \leqslant 439.2\right\}$ 的近似值为_____. ($z_{0.025}=1.96$)

(9) 设总体 X 服从参数为 1 的指数分布,$X_1, X_2, \cdots, X_n$ 为来自该总体的简单随机样本,则 $\overline{X}=\frac{1}{n}\sum_{i=1}^n X_i$ 依概率收敛于_____.

(10) 设总体 X 服从正态分布 $N(\mu,\sigma^2)$,$X_1, X_2, \cdots, X_n$ 为来自总体 X 的简单样本,若 σ^2 已知,则 μ 的置信水平为 $1-\alpha$ 的置信区间是_____.

二、单项选择题

(1) 随机变量 X 和 Y 相互独立,且同分布于 $b(1,0.5)$,则( ).

    (A) $P(X=Y)=0$;   (B) $P(X=Y)=0.25$;

    (C) $P(X=Y)=0.5$;   (D) $P(X=Y)=1$.

(2) 下列表述不正确的是( ).

    (A) 若 $P(A)>0, P(B)>0$,则事件 A 和 B 相互独立与互不相容不能同时成立;

    (B) 连续型随机变量 X 和 Y 相互独立等价于 $f(x,y)=f_X(x)f_Y(y)$ 对任意 x,y

都成立；

(C) 若随机变量 X, Y 不相关，但 X, Y 不一定相互独立；

(D) 两个正态随机变量相互独立的充要条件是它们的相关系数 $\rho = 0$.

(3) 设随机变量 X 满足 $E(X) = \mu$，方差存在，则对任意的常数 C，有(　　).

(A) $E[(X-C)^2] = E(X^2) - C^2$；　　　　(B) $E[(X-C)^2] = E[(X-\mu)^2]$；

(C) $E[(X-C)^2] < E[(X-\mu)^2]$；　　　　(D) $E[(X-C)^2] \geqslant E[(X-\mu)^2]$.

(4) 对于任意两个随机变量 X 和 Y，与命题"X 和 Y 不相关"不等价的是(　　).

(A) $E(XY) = E(X)E(Y)$；　　　　(B) $\text{Cov}(XY) = 0$；

(C) $D(XY) = D(X)D(Y)$；　　　　(D) $D(X+Y) = D(X) + D(Y)$.

(5) 设 $X_1, X_2, \cdots, X_n$ 为来自标准正态总体的简单随机样本，则(　　).

(A) $\overline{X}$ 服从标准正态分布；

(B) $\sum\limits_{i=1}^{n} X_i^2$ 服从自由度为 $(n-1)$ 的 χ^2 分布；

(C) $n\overline{X}$ 服从标准正态分布；

(D) $(n-1)S^2$ 服从自由度为 $(n-1)$ 的 χ^2 分布，其中 $S^2 = \dfrac{1}{n-1}\sum\limits_{i=1}^{n}(x_i - \overline{X})^2$.

三、计算题

1. 设某工厂组织甲、乙、丙 3 个车间生产同一种产品，已知它们生产产品的次品率分别为 5%、2%、3%，产量占总产量的比率分别为 1/6、1/2、1/3. 试求：

(1) 该厂生产的产品的次品率；

(2) 若从该厂生产的产品中随机的抽取一件恰为次品，则它是甲车间生产的概率.

2. 设随机变量 X 的概率密度为 $f(x) = \begin{cases} kx, & 0 < x < 1, \\ 0, & \text{其他} \end{cases}$，其中 k 为未知常数，

试求：(1) 常数 k；(2) X 的分布函数 $F(x)$，(3) $E(X)$.

3. 设二维随机变量 (X, Y) 的分布律为

Y \ X	−1	0	1
0	0.1	0.2	α
1	β	0.1	0.2

其中 α, β 为未知常数，且 $P\{X+Y=1\} = 0.4$. 试求：

(1) 常数 α, β；(2) $\text{Cov}(X, Y)$；(3) 判断 $\{X=1\}$ 与 $\{\max(X, Y) = 1\}$ 是否相互独立.

4. 设二维随机变量 (X, Y) 的概率密度为

$$f(x, y) = \begin{cases} x + y, & 0 \leqslant x, y \leqslant 1, \\ 0, & \text{其他} \end{cases}$$

试求：(1) $P\{X > 1/2\}$；(2) $Z = X + Y$ 的概率密度 $f_Z(z)$.

5. 某企业生产一批灯泡，已知其中 80% 的灯泡的使用寿命不小于 3 000 小时，现从这批灯泡中随机抽取 100 个，求至少有 30 个灯泡的使用寿命小于 3 000 小时的概率.

$\Phi(2.5) = 0.9938, \Phi(1.25) = 0.9844, \Phi(0.8) = 0.7881, \Phi(0.25) = 0.5987$

6. 假定每包糖的质量服从正态分布,现抽取 12 包糖,称得其质量(以"两"为单位)为

$$10.1, 10.3, 10.4, 10.5, 10.2, 9.7, 9.8, 10.1, 10.0, 9.9, 9.8, 10.3,$$

试对每包糖的质量给出置信水平为 95% 的区间估计.

$$t_{0.025}(12) = 2.18, t_{0.025}(11) = 2.20, Z_{0.05} = 1.65, Z_{0.025} = 1.96$$

7. 设总体 X 的分布律为

X	1	2	3
p	θ^2	$2\theta(1-\theta)$	$(1-\theta)^2$

其中 $\theta(0<\theta<1)$ 为未知参数,已知样本值 $x_1=1, x_2=2, x_3=1$. 试求:(1) θ 的矩估计值;(2) θ 的最大似然估计值.

四、证明题

设 X, Y 是两个随机变量,且 $E(X^2), E(Y^2)$ 均存在,证明 $[E(XY)]^2 \leqslant E(X^2)E(Y^2)$.

模拟试题五

一、填空题

(1) 设事件 A, B, C 两两相互独立,且满足 $ABC = \emptyset$,$P(A) = P(B) = P(C) < \frac{1}{2}$,$P(A \cup B \cup C) = \frac{9}{16}$,则 $P(A) =$ _____.

(2) 已知 X, Y 为两个随机变量,且 $P\{X \geqslant 0, Y \geqslant 0\} = \frac{3}{7}$,$P\{X \geqslant 0\} = P\{Y \geqslant 0\} = \frac{4}{7}$,则 $P\{X < 0, Y < 0\} =$ _____.

(3) 设随机变量 X 服从 $(0, 2)$ 上的均匀分布,则 $Y = e^X$ 的概率密度函数 $f_Y(y) =$ _____.

(4) 设随机变量 X 服从参数为 λ 的泊松分布,且 $E[(X-1)(X+3)] = 1$,则 $\lambda =$ _____.

(5) 设随机变量 X_1, X_2, X_3 相互独立,且 X_1 服从 $(0, 6)$ 上的均匀分布,$X_2 \sim N(0, 4)$,X_3 服从参数为 $\lambda = 3$ 的泊松分布,若 $Y = X_1 - 2X_2 + 3X_3$,则 $D(Y) =$ _____.

(6) 设随机变量 X 的概率密度为 $f(x) = \begin{cases} 2x^2 - k, & 0 < x \leqslant 1, \\ 0, & \text{其他}, \end{cases}$ 则 $k =$ _____,X 的分布函数 $F(x) =$ _____,$P\left\{0 < X \leqslant \frac{1}{2}\right\} =$ _____.

(7) 设 X_1, X_2, X_3 为来自总体 X 的一个样本,则当 $k =$ _____ 时,统计量 $kX_1 + \frac{1}{4}X_2 - \frac{1}{3}X_3$ 是 $E(X)$ 的一个无偏估计.

(8) 设某产品的废品率为 0.03,试用切比雪夫不等式估计 $1\,000$ 个产品中废品数大于 20 小于 40 的概率为 _____.

二、单项选择题

(1) 若用 A 表示"甲产品畅销,乙产品滞销",则 $\overline{A}$ 表示( ).

(A) 甲产品滞销;   (B) 乙产品畅销;

(C) 甲产品滞销或乙产品畅销；   (D) 甲产品滞销,乙产品畅销.

(2) 设随机变量 $X \sim N(0,1)$, $Y \sim N(1,1)$, 且 X 与 Y 相互独立,则下列结论中正确的是(   ).

(A) $P\{X+Y \leqslant 0\} = \dfrac{1}{2}$;   (B) $P\{X+Y \leqslant 1\} = \dfrac{1}{2}$;

(C) $P\{X-Y \leqslant 0\} = \dfrac{1}{2}$;   (D) $P\{X-Y \leqslant 1\} = \dfrac{1}{2}$.

(3) 如果随机变量 X 与 Y 不相关,则(   ).

(A) X 和 Y 相互独立；   (B) $E(XY) = E(X)E(Y)$；

(C) $D(X-Y) = DX - DY$；   (D) $D(XY) = D(X)D(Y)$.

(4) 现从总体 X 中随机抽取了样本容量为 n 的一个样本 $X_1, X_2, \cdots, X_n$, 则用矩法估计的总体方差 $D(X)$ 应为(   ).

(A) $\dfrac{1}{n}\sum\limits_{i=1}^{n} X_i$;   (B) $\dfrac{1}{n-1}\sum\limits_{i=1}^{n}(X_i - \overline{X})^2$;

(C) $\dfrac{1}{n-1}\sum\limits_{i=1}^{n} X_i$;   (D) $\dfrac{1}{n}\sum\limits_{i=1}^{n}(X_i - \overline{X})^2$.

(5) $X_1, X_2, \cdots, X_n$ 是来自总体 X 的样本,其中 μ 为总体均值,则下列表达式不是统计量的是(   ).

(A) $X_1 + X_2 + \cdots + X_n$;   (B) $\overline{X} - \mu$;

(C) $\min(X_1, X_2, \cdots, X_n)$;   (D) $\dfrac{1}{n-1}\sum\limits_{i=1}^{n} X_i$.

三、计算题

1. 甲袋中有 4 个白球, 6 个红球, 乙袋中有 3 个白球, 6 个红球, 从甲袋中任取一球放入乙袋, 然后再从乙袋中任取一球, 求

(1) 从乙袋中取到的球为白球的概率;

(2) 若发现从乙袋中取到的球是白球, 那么从甲袋中取出放入乙袋的球为白球的概率是多少?

2. 设随机变量 X 的概率密度函数为 $f(x) = \begin{cases} \lambda x, & 0 < x < 2 \\ 0, & \text{其他} \end{cases}$ 试求: (1) 常数 λ 的值;

(2) $P\{1 < X < 4\}$; (3) $E(X)$ 和 $D(X)$; (4) X 的分布函数 $F(x)$.

3. 袋中装有 2 个白球、3 个红球, 现进行有放回的摸球, 且定义下列随机变量

$$X = \begin{cases} 1, & \text{第一次摸出白球} \\ 0, & \text{第一次摸出红球} \end{cases} \quad Y = \begin{cases} 1, & \text{第二次摸出白球} \\ 0, & \text{第二次摸出红球} \end{cases}$$

试求: (1) 二元随机变量 (X, Y) 的分布律;

(2) 关于 X 和 Y 的边缘分布, 并问 X 和 Y 是否相互独立?

(3) $E(X), E(Y)$ 及 $D(X+Y)$.

4. 设总体 X 的密度函数为

$$f(x;\alpha) = \begin{cases} (\alpha+1)x^\alpha, & 0 < x < 1, \\ 0, & 其他, \end{cases}$$

其中 $\alpha > -1$ 是未知参数,$X_1, X_2, \cdots, X_n$ 是来自总体 X 的一个样本,试求参数 α 的矩估计量和极大似然估计量.

5. 由自动生产线加工的某种零件的内径 X 服从正态分布 $N(10,1)$,按规定,内径小于 9 或大于 11 的为不合格品,其余的为合格品,设该零件的销售利润 L 与零件的内径 X 的关系为

$$L = \begin{cases} -2, & X < 9, \\ 30, & 9 \leqslant X \leqslant 11, \\ -5, & X > 11. \end{cases}$$

试求销售一个零件的平均利润.

四、应用题

1. 一个复杂系统由 100 个相互独立的部件组成,在系统运行期间每个部件损坏的概率均为 0.05,而复杂系统只有在损坏的部件不多于 10% 时才能正常运行,求复杂系统正常运行的概率.

2. 已知成年人每分钟的脉搏次数服从正态分布 $X \sim N(\mu, \sigma^2)$,正常人的脉搏平均值为 72 次/分,现对 12 名慢性铅中毒患者脉搏进行测量,经计算得:$\bar{x} = 68.1, s = 4.6$,问慢性铅中毒患者的脉搏次数与正常人是否有显著差异?($\alpha = 0.05$).

五、证明题

设随机变量 X 的数学期望为 μ,方差为 σ^2,试证明:对于任意的常数 $\lambda > 0$,有

$$P\{|X - \mu| \geqslant \lambda\} \leqslant \frac{\sigma^2}{\lambda^2}.$$

模拟试题六

一、填空题

(1) 设 A,B,C 3 个事件至少有一个发生,用事件的运算可以表示为_____.

(2) 若 1 500 件产品中有 1 100 件正品,400 件次品,从中任取 200 件,则恰有 90 件次品的概率为_____.

(3) 已知连续型随机变量 X 的分布函数为 $F(x)=\begin{cases}1, & x\geqslant 1,\\ a\sqrt{x}, & 0\leqslant x<1,\\ 0, & x<0,\end{cases}$ 则 X 的概率密度函数为_____.

(4) 设随机变量 $X\sim N(-3,1)$,$Y\sim N(2,4)$,且 X 与 Y 相互独立,则随机变量 $Z=X-2Y+7$ 服从的分布是_____.

(5) 设随机变量 X 的分布列为

X	-2	0	2
p	0.4	0.3	0.3

则 $E[(2X)^2]=$_____.

(6) 设二维随机变量 $(X,Y)\sim N(\mu_1,\mu_2,\sigma_1^2,\sigma_2^2,\rho)$,则协方差 $\text{Cov}(X,Y)=$_____.

(7) 设随机变量 X 与 Y 相互独立,且具有相同的分布函数 $F(x)$,则 $P\{\max(X,Y)\leqslant z\}=$_____.

(8) 由总体 $X\sim N(\mu,\sigma^2)$ 中抽取一个容量为 16 的样本,$\bar{X}$ 为样本均值,则 $D(\bar{X})=$_____.

(9) 设 $\hat{\theta}$ 是参数 θ 的估计量,且 $E(\hat{\theta})=a+b\theta$,这里 $a,b(b\neq 0)$ 是常数,则可由 $\hat{\theta}$ 构造 θ 的一个无偏估计量 $\hat{\theta}^*=$_____.

(10) 设 $x_1,x_2,\cdots,x_9$ 为来自总体 $N(\mu,0.81)$ 的简单样本值,经计算其平均值 $\bar{x}=5$,则未知参数 μ 的置信水平为 0.95 的双侧置信区间为_____. ($z_{0.025}=1.96$)

二、单项选择题

(1) 下列等式中一定正确的是( ).

(A) $\overline{AB}=A\cup B$； (B) $(A\cup B)-A=B$；
(C) $(\overline{A\cup B})C=(\overline{A}C)\cup(\overline{B}C)$； (D) $A\cup B=A\cup(\overline{A}B)$.

(2) 设二维随机变量 (X,Y) 的分布律为

Y \ X	1	2	3
1	1/6	1/9	1/18
2	1/3	a	b

且 X 与 Y 相互独立, 则( ).

(A) $a=1/3, b=2/9$； (B) $a=2/9, b=1/9$；
(C) $a=1/9, b=4/9$； (D) $a=4/9, b=1/9$.

(3) 设 $X_1, X_2, \cdots, X_n$ 是来自正态总体 $N(\mu, \sigma^2)$ 的简单样本, 则下列选项正确的是( )

(A) $\overline{X}$ 服从 $N(\mu, \sigma^2)$ 分布； (B) $\dfrac{(n-1)S^2}{\sigma^2}$ 服从 $\chi^2(n)$ 分布；
(C) $\dfrac{\overline{X}-\mu}{\frac{S}{\sqrt{n}}}$ 服从 $t(n)$； (D) $\overline{X}$ 与 S^2 相互独立.

(4) 设 $X_1, X_2, \cdots, X_n$ 是来自正态总体 $N(\mu, \sigma^2)$ 的简单随机样本, 则( ).

(A) $E(\overline{X}^2-S^2)=\mu^2-\sigma^2$； (B) $E(\overline{X}^2+S^2)=\mu^2+\sigma^2$；
(C) $E(\overline{X}-S^2)=\mu-\sigma^2$； (D) $E(\overline{X}^2+S^2)=\mu-\sigma^2$.

(5) 总体 X 服从 $N(\mu, \sigma^2)$, X_1, X_2, X_3 是来自 X 的简单样本, μ 的估计量中最有效的是( ).

(A) $\hat{\mu}_1=\dfrac{1}{3}(X_1+X_2+X_3)$； (B) $\hat{\mu}_2=\dfrac{3X_2}{5}+\dfrac{2X_3}{5}$；
(C) $\hat{\mu}_3=\dfrac{X_1}{2}+\dfrac{X_2}{3}+\dfrac{X_3}{6}$； (D) $\hat{\mu}_4=X_1+\dfrac{X_2}{3}+\dfrac{X_3}{6}$.

三、计算题

1. 设随机变量 X 的概率密度为 $f(x)=\begin{cases} kx, & 0<x<2, \\ 0, & \text{其他} \end{cases}$, 其中 k 为未知常数, 试求：
(1) 常数 k；(2) 随机变量 X 的分布函数 $F(x)$；(3) $P\{1<X\leqslant 7/2\}$.

2. 某一门课程按以往考试结果分析, 努力学习的学生有 90% 的可能考试及格, 不努力学习的学生有 90% 的可能考试不及格, 若学生中有 80% 的人是努力学习的. 试求：

(1) 任选一名学生, 其考试及格的概率；

(2) 考试及格的学生有多大的可能性是学习不努力的学生.

3. 有一批建筑房屋用的木料, 其中 80% 的长度不小于 3 米, 现从这批木料中随机抽

取 100 根,求至少有 30 根短于 3 米的概率. $\Phi(2.5)=0.9938, \Phi(0.5)=0.6915, \Phi(0.25)=0.5987$.

4. 设随机向量 (X,Y) 的分布律为

Y \ X	0	1
0	0.1	0.3
1	0.3	0.3

试求:(1)关于 X 和 Y 的边缘分布律;(2)判断 X 和 Y 是否相互独立;(3)$\text{Cov}(X,Y)$;(4)$\max(X,Y)$ 的分布.

5. 设二维随机变量 (X,Y) 的概率密度为 $f(x,y)=\begin{cases} cx^2 y, & x^2<y<1, \\ 0, & \text{其他} \end{cases}$,其中 c 为未知常数. 试求:(1)未知常数 c;(2)X 的边缘分布 $f_X(x)$;(3)$P\{X>Y\}$.

6. 设总体 X 的概率密度为

$$f(x;\theta)=\begin{cases} \dfrac{1}{1-\theta}, & \theta \leqslant x \leqslant 1, \\ 0, & \text{其他} \end{cases}$$

其中 θ 为未知参数,$x_1, x_2, \cdots, x_n$ 为来自该总体的简单随机样本. 试求:(1)θ 的矩估计量;(2)θ 的最大似然估计量.

7. 为了解某电子产品的寿命均值,随机抽取 10 只进行试验,由寿命数据计算得 $\bar{x}=1500\text{h}, s=20\text{h}$,若电子产品的寿命服从正态分布 $X \sim N(\mu, \sigma^2)$,求 μ 的置信水平为 95% 的置信区间. $(t_{0.025}(9)=0.2622)$

四、证明题

设 X 和 Y 都是非负的连续型随机变量,且相互独立,证明:

$$P\{X<Y\}=\int_0^\infty F_X(x)f_Y(x)\mathrm{d}x,$$

其中 $F_X(x)$ 是 X 的分布函数,$f_Y(y)$ 是 Y 的概率密度.

模拟试题七

一、填空题

(1) 设事件 $A \subset B$,且 $P(A)=0.1, P(B)=0.5$,则 $P(A \cup B)=$ _____,则 $P(AB)=$ _____,则 $P(\bar{A} \cup \bar{B})=$ _____.

(2) 设随机变量 X 的概率密度为 $f(x)=\begin{cases} \dfrac{A}{\sqrt{1-x^2}}, & -1<x<1, \\ 0, & \text{其他} \end{cases}$,其中 A 为未知常数,则 $A=$ _____,$P\{|X|<1/2\}=$ _____.

(3) 设随机变量 $X_i(i=1,2,3)$ 相互独立,且均服从参数为 0.2 的 $(0-1)$ 分布,则 $X=X_1+X_2+X_3$ 服从的分布是 _____,$E(X)=$ _____,$D(X)=$ _____.

(4) 设随机变量 X 的数学期望 $E(X)=\mu$,方差 $D(X)=\sigma^2$,根据切比雪夫不等式有 $P\{|X-\mu|<3\sigma\} \geqslant$ _____.

(5) 设 $\hat{\theta}$ 是参数 $\theta(\theta \in \Theta)$ 的估计量,若 $\hat{\theta}$ 满足 _____,则称 $\hat{\theta}$ 是 θ 的无偏估计量.

二、单项选择题

(1) 设随机变量 X 的分布律为 $P\{X=k\}=b\lambda^k, k=1,2,\cdots$,其中的 b,λ 均为常数,则 b,λ 应该满足( ).

  (A) $\lambda=b+1$; (B) $\lambda=b-1$; (C) $\lambda=\dfrac{1}{b+1}$; (D) $\lambda=\dfrac{1}{b-1}$.

(2) 设随机变量 X 的概率密度为 $f(x)=\dfrac{1}{2\sqrt{2\pi}}e^{-\frac{(x-3)^2}{8}}(-\infty<x<\infty)$,则下列服从标准正态分布的是( ).

  (A) $\dfrac{X+3}{\sqrt{2}}$; (B) $\dfrac{X+3}{2}$; (C) $\dfrac{X-3}{\sqrt{2}}$; (D) $\dfrac{X-3}{2}$.

(3) 设随机变量 X,Y 满足 $DX=4, DY=1, \rho_{XY}=0.6$,则 $D(3X-2Y)=$( ).

  (A) 40; (B) 34; (C) 25.6; (D) 17.6.

(4) 设随机变量 X 与 Y 相互独立,且分布函数分别为 $F_X(x)$ 和 $F_Y(y)$,则 $U=\max\{X,Y\}$ 的分布函数为( ).

(A) $F_U(u)=\max\{F_X(x),F_Y(y)\}$;
(B) $F_U(u)=\max\{|F_X(x)|,|F_Y(y)|\}$;
(C) $F_U(u)=F_X(x)F_Y(y)$;
(D) 以上均不正确.

(5) 设随机变量 X 服从标准正态分布,则下列式子中服从自由度为 $n-1$ 的 χ^2 分布的是(   ).

(A) $\sum_{i=1}^{n}X_i^2$;   (B) S^2;
(C) $(n-1)\overline{X}^2$;   (D) $(n-1)S^2$.

三、计算题

1. 设有两箱相同型号的零件,第一箱装有 50 个,其中有 10 个一等品,第二箱装有 30 个,其中有 18 个一等品,现从两箱中任意挑选一箱,然后从该箱中取零件两次,每次任取一个,作不放回抽样.试求:

(1) 第一次取到的零件是一等品的概率;

(2) 若已知第一次取到的零件是一等品,则第二次取到的零件也是一等品的概率.

2. 设二维随机变量 (X,Y) 的概率密度函数

$$f(x,y)=\begin{cases}cxe^{-y}, & 0<x<y<\infty,\\ 0, & 其他,\end{cases}$$

其中 c 为未知常数.试求:

(1) 常数 c；(2) 二维随机变量 (X,Y) 的边缘分布；(3) 判断 X 与 Y 是否相互独立.

3. 设随机变量 X 服从区间 $(0,1)$ 上的均匀分布,令 $Y=-2\ln X$,求 Y 的概率密度函数.

4. 已知一栋公寓中共有 200 个住户,每一个住户拥有汽车的数量 $X_i(i=1,2,\cdots,200)$ 为一个随机变量,设其均服从分布

X_i	0	1	2
p	0.1	0.6	0.3

为使每辆汽车都有一个车位的概率不小于 0.95,求至少需要的车位数.$\Phi(1.645)=0.95$)

5. 设随机变量 X_1,X_2 的概率密度分别为

$$f_1(x)=\begin{cases}2e^{-2x}, & x>0,\\ 0, & x\leqslant 0,\end{cases} \quad f_2(x)=\begin{cases}4e^{-4x}, & x>0,\\ 0, & x\leqslant 0,\end{cases}$$

求 $E(X_1+X_2)$ 和 $E(2X_1-3X_2^2)$.

6. 设某种油漆的干燥时间 X 服从正态分布 $N(\mu,\sigma^2)$,任取这种油漆的 9 个样品,经测量其干燥时间分别为:

$$6.0, 5.7, 5.8, 6.5, 7.0, 6.3, 5.6, 6.1, 5.0,$$

请在 $\sigma=0.6$ 和 σ 未知两种情况下,分别求 μ 的置信水平为 0.95 的置信区间.

$$t_{0.025}(8) = 2.306, Z_{0.025} = 1.96$$

7．设总体 X 的概率密度为

$$f(x) = \begin{cases} (\theta+1)x^{\theta}, & 0 < x < 1, \\ 0, & 其他, \end{cases}$$

其中 $\theta(\theta > -1)$ 为未知参数，$x_1, x_2, \cdots, x_n$ 为来自该总体的一个简单样本值．求 θ 的矩估计与最大似然估计．

四、证明题

设 X 为随机变量，c 为一个常数，证明 $D(X) < E[(X-c)^2]$，其中 $c \neq E(X)$．

模拟试题八

一、填空题

(1) 设 A, B 为两个随机事件,已知 $P(A)=0.8, P(B)=0.4, P(A|B)=0.5$,则 $P(B|A)=$ _____.

**(2) 设事件 A 和 B 相互独立,已知只有 A 发生的概率等于 $1/4$,只有 B 发生的概率也等于 $1/4$,那么 $P(A)=$ _____.

(3) 如果每次试验的成功率为 $p(0<p<1)$,则在 10 次重复试验中至少有一次失败的概率为 _____.

(4) 设随机变量 X 和 Y 满足:$E(X)=2, E(Y)=1, D(X+Y)=5, D(X-Y)=1$,则 $E(XY)=$ _____.

(5) 设二元随机向量 (X,Y) 的概率密度函数为 $f(x,y)=\begin{cases}\dfrac{1}{\pi}, & x^2+y^2\leqslant 1, \\ 0, & \text{其他},\end{cases}$ 那么 X 的边缘密度函数为 $f_X(x)=$ _____.

(6) 设 $X_1, X_2, \cdots, X_{16}$ 为一个来自总体 $X\sim N(2,4)$ 的样本,为标准正态分布的分布函数,则 $P\{|\overline{X}-2|>1\}=$ _____. ($\Phi(2)=0.977$)

(7) 设总体 X 的 8 个样本观测值为 18, 21, 20, 18, 24, 27, 26, 25,则 $E(X)$ 的矩估计值为 _____.

二、单项选择题

(1) 设随机变量 X 的期望和方差分别是 μ 和 σ^2,已知 $a+bX$ 的期望为 0,方差为 1,其中 $b>0$,则常数 a 和 b 分别为( ).

(A) $a=-\dfrac{1}{\sigma}, b=\dfrac{\mu}{\sigma}$; (B) $a=-\dfrac{\mu}{\sigma}, b=\dfrac{1}{\sigma}$;

(C) $a=-\mu, b=\sigma$; (D) $a=\mu, b=\dfrac{1}{\sigma}$.

(2) 若随机变量 X 的分布函数为 $F(x)=\begin{cases}0, & x<-1, \\ 0.8, & -1\leqslant x<1, \\ 1, & x\geqslant 1,\end{cases}$ 则下列选项中成立的

是( ).

(A) $E(X)=0.8$； (B) $E(X)=-0.8$；
(C) $D(X+1)=0.36$； (D) $E(X^2)=1$.

(3) 设 $A_1,A_2,\cdots,A_n$ 为样本空间的一个划分,且 $P(A_i)=\dfrac{1}{n}(i=1,2,\cdots,n)$,则在一次试验中,$A_1,A_2,\cdots,A_n$ 中恰有 $k(1<k<n)$ 个事件同时发生的概率为( ).

(A) 0； (B) $\dfrac{k}{n}$；
(C) $\left(\dfrac{1}{n}\right)^k$； (D) $C_n^k\left(\dfrac{1}{n}\right)^k\left(\dfrac{n-1}{n}\right)^{n-k}$.

(4) 已知随机变量 X 满足 $P(|X-E(X)|\geqslant\varepsilon)\leqslant\dfrac{1}{\varepsilon^2}$,则下列选项一定成立的是( ).

(A) $D(X)=1$； (B) $P(|X-E(X)|<\varepsilon)>\dfrac{1}{\varepsilon^2}$；
(C) $E(X^2)=1$； (D) $P(|X-E(X)|<\varepsilon)\geqslant\dfrac{\varepsilon^2-1}{\varepsilon^2}$.

(5) 设 $X_1,X_2,\cdots,X_n$ 是来自正态总体 $X\sim N(0,1)$ 的一个样本,$\overline{X},S^2$ 分别为样本均值与样本方差,则有( ).

(A) $\overline{X}\sim N\left(0,\dfrac{1}{n}\right)$； (B) $\overline{X}\sim N(0,1)$；
(C) $\overline{X}\sim N\left(0,\dfrac{1}{n^2}\right)$； (D) $\dfrac{\overline{X}}{S}\sim t(n-1)$.

三、计算题

1. 在独立射击条件下,射手甲、乙、丙 3 人分别以概率 $0.8,0.6,0.4$ 中靶,假如 3 个射手同时射击,试求:

(1) 恰有两弹中靶的概率；

(2) 若恰有两弹中靶,甲、乙、丙 3 个射手分别中靶的概率.

2. 设 $f(x)$ 为连续型随机变量 X 的概率密度函数,又知 $E(X)=1$,且 $\int_{-\infty}^{+\infty}(x^2+2x-4)f(x)\mathrm{d}x=0$,试求 $D(2X+1)$.

3. 设随机变量 X 的概率密度为 $f_X(x)=\begin{cases}2x-2, & 1\leqslant x\leqslant 2,\\ 0, & \text{其他,}\end{cases}$ 试求:

(1) X 的分布函数 $F(x)$；(2) $P(X=2)$ 与 $P\left(X<\dfrac{3}{2}\right)$；(3) $Y=1+3X$ 的概率密度 $f_Y(y)$.

4. 设二维随机变量 (X,Y) 的概率密度函数为

$$f(x,y)=\begin{cases}k\mathrm{e}^{-(3x+4y)}, & x>0,y>0,\\ 0, & \text{其他,}\end{cases}$$

试求:(1) 常数 k 的值；(2) X,Y 的边缘密度函数；(3) (X,Y) 的联合分布函数；(4) $P(X+2Y\leqslant 1)$.

5. 设 $X_1, X_2, \cdots, X_n$ 是来自总体 $X \sim b(m, p)$ 的一个样本,

(1) 试求 p 的极大似然估计量;

(2) 若 $m=20$,并得到一组样本观测值:10,11,13,9,12,15,12,10,6,试求 p 的极大似然估计值.

四、应用题

1. 某保险公司决定开设针对老年人的人寿保险业务,预测每年将有 1 万人参加,根据有关统计,老年人的死亡率为 2%,若规定投保的老人在 1 年内死亡,家属可得到赔偿金 4 000 元,问每人每年交多少保险金,该保险公司才能使年盈利大于 10 万元的概率不低于 95%?

2. 从某个批次的机器零件中随机抽取了 16 件,测得其长度(单位:cm)为

2.12,2.16,2.13,2.15,2.13,2.12,2.13,2.14,

2.11,2.12,2.14,2.10,2.13,2.11,2.14,2.16.

假设该批次的机器零件的长度服从正态分布,则

(1) 若已知总体标准差 $\sigma=0.01$(cm),试求总体均值 μ 的 95% 置信区间;

(2) 若总体标准差 σ 未知,试求总体均值 μ 的 95% 置信区间.

五、证明题

证明:如果随机变量 X 与 Y 相互独立,则有

$$D(XY) = D(X)D(Y) + [E(X)]^2 D(Y) + [E(Y)]^2 D(X).$$

模拟试题九

一、填空题

(1) 某工厂每天分 3 班生产,设 A_i 表示"第 i 班超额完成任务"($i=1,2,3$),则"至少有一个班超额完成任务"可表示为_____.

(2) 设随机变量 X 的分布律为

X	-1	2
p	0.4	0.6

,则 X 的分布函数 $F(x)=$_____.

(3) 设随机变量 $X \sim N(3,16)$,已知 $P\{X \leqslant -2.6\}=0.1$,则当 $a=$_____时,$P\{X \leqslant a\}=0.9$.

(4) 设随机变量 X 服从参数为 3 的指数分布,$Y \sim U[0,\sqrt{3}]$,且 $\rho_{XY}=0.6$,则 $D(X-3Y)=$_____.

(5) 随机变量 $(X,Y) \sim N(\mu_1,\mu_2;\sigma_1^2,\sigma_2^2;\rho)$,则 X 与 Y 相互独立的充分必要条件是_____.

(6) 设 X_1,X_2,X_3,X_4 为来自总体 $X \sim N(0,1)$ 的样本,则 $U=\dfrac{\sqrt{3}X_1}{\sqrt{X_2^2+X_3^2+X_4^2}} \sim$_____.

(7) 假设检验中,会出现两类错误,这两类错误是_____.

二、单项选择题

(1) 设 A,B,C 为三个随机事件,则( )与 A 互不相容.

  (A) $\overline{ABC}$;   (B) $\overline{A(B+C)}$;

  (C) $\overline{A+B+C}$;   (D) $\overline{AB}+A\overline{B}+\overline{A}B$.

(2) 三人独立地破译一个密码,他们能破译出的概率分别为 $\dfrac{1}{5},\dfrac{1}{4},\dfrac{1}{3}$.则此密码被破译出的概率为( ).

  (A) $\dfrac{1}{5}$; (B) $\dfrac{1}{3}$; (C) $\dfrac{3}{5}$; (D) $\dfrac{2}{5}$.

(3) 已知随机变量 X 的分布函数为 $F_X(x)$,则 $Y=5X-3$ 的分布函数 $F_Y(y)$ 为( ).

  (A) $F_X(5y-3)$;   (B) $5F_X(y)-3$;

(C) $F_X\left(\dfrac{y+3}{5}\right)$; (D) $\dfrac{1}{5}F_X(y)+3$.

(4) 设随机变量 X 与 Y 相互独立,且 $U=2X-Y+1$,则 $D(U)=(\quad)$.
(A) $4D(X)+D(Y)$; (B) $2D(X)-D(Y)+1$;
(C) $2D(X)-D(Y)$; (D) $4D(X)+D(Y)+1$.

(5) 设 $X_1,\cdots,X_n$ 为总体 $X\sim N(\mu,\sigma^2)$ 的样本,其中 μ 已知,σ^2 未知.则下列选项中不是统计量的是( ).
(A) $\min\limits_{1\leqslant i\leqslant n}X_i$ (B) $\bar{X}-\mu$ (C) $\sum\limits_{i=1}^{n}\dfrac{X_i}{\sigma}$ (D) X_n-X_1

(6) 设 $X_1,\cdots,X_n$ 为总体 X 的样本,若已知 $E(X)=\mu$,则下列选项中是总体方差的无偏估计量的是( ).
(A) $\dfrac{1}{n-1}\sum\limits_{i=1}^{n}(X_i-\mu)^2$; (B) $\dfrac{1}{n}\sum\limits_{i=1}^{n}(X_i-\mu)^2$;
(C) $\dfrac{1}{n}\sum\limits_{i=1}^{n}(X_i-\bar{X})^2$; (D) $\dfrac{1}{n}\sum\limits_{i=1}^{n}(X_{i+1}-X_i)^2$.

(7) 正态总体方差未知时,对取定的样本观测值及给定的置信水平 $\alpha\in(0,1)$,求总体均值 μ 的 $1-\alpha$ 置信区间,所使用的统计量为( ).
(A) 服从标准正态分布的; (B) 服从 t 分布的;
(C) 服从 χ^2 分布的; (D) 服从 F 分布的.

三、计算题

1. 已知某工厂有甲、乙、丙 3 个车间生产同一种产品,它们的次品率分别为 2%、1%、3%,它们的产量占总产量的比率分别为 1/2、1/3、1/6.问:
(1)该厂的次品率为多少;(2)若从该厂产品中抽取的一件产品为次品,它是 3 个车间生产的概率分别为多少.

2. 设随机变量 $X\sim N(0,1)$,$\Phi(x)$ 为其分布函数.
(1) 证明:$\Phi(x)$ 为单调增函数,且对任意 $x\in\mathbf{R}$,$0\leqslant\Phi(x)\leqslant 1$.
(2) 求 $Y=\Phi(X)$ 的概率密度函数密度 $f_Y(y)$,并指出 Y 服从什么分布.

3. 随机变量 (X,Y) 等可能地取 $(-1,0),(0,1),(-1,1)$.求:
(1)X 的边缘分布律;(2)$\text{Cov}(X,Y)$;(3)X 与 Y 是否独立(说明理由);(4)$\max(X,Y)$ 的分布列.

4. 设随机向量 (X,Y) 的联合分布密度为

$$f(x,y)=\begin{cases}\dfrac{3}{4}x,&0<x<y<2,\\0,&\text{其他}.\end{cases}$$

试求:(1)Y 的边缘分布 $f_Y(y)$;(2)概率 $P(X+Y\geqslant 2)$.

5. 设总体 X 的概率密度函数为 $f(x,\theta)=\dfrac{1}{\sigma}\exp\{-(x-\mu)/\sigma\}$,$x\geqslant\mu$,其中 $\theta=(\mu,\sigma^2)$,$-\infty<\mu<+\infty$,$\sigma^2>0$,μ 已知,σ 未知.$X_1,\cdots,X_n$ 为来自总体 X 的一个样本.求 σ 的极大似然估计量.

四、应用题

1. 某单位计划招聘 2 500 人,按考试成绩从高分到低分依次录取.共有 10 000 人报名考试,假设报考者成绩 $X \sim N(\mu, \sigma^2)$.已知 90 分以上有 359 人,60 分以下有 1 151 人.问录取者中的最低分数为多少?

2. 某保险公司接受了 10 000 辆电动自行车的保险,每辆车每年的保费为 12 元,若车丢失,则车主可得赔偿 1 000 元,根据相关统计,电动自行车的丢失率为 0.006,求保险公司一年获利不少于 40 000 元的概率.

3. 已知正常人的脉搏平均每分钟 72 次,某医生测得 9 例四乙基铅中毒患者的脉搏次数(次/分钟)如下:

$$67 \quad 68 \quad 78 \quad 71 \quad 66 \quad 67 \quad 70 \quad 65 \quad 69$$

假定人的脉搏次数服从正态分布.计算这 10 名患者平均脉搏次数的矩估计值和 95% 的置信区间.

$$t_{0.05}(9) = 1.838\,1 \quad t_{0.05}(8) = 1.859\,5 \quad t_{0.025}(9) = 2.262\,2$$
$$t_{0.025}(8) = 2.306\,2 \quad Z_{0.05} = 1.65 \quad Z_{0.025} = 1.96$$

4. 某地 9 月份气温 $X \sim N(\mu, \sigma^2)$,观测 9 天,得样本均值为 30 ℃,样本标准差为 0.9 ℃.问能否据此样本认为该地区九月份平均气温为 31.5 ℃($\alpha = 0.05$)?

模拟试题十

一、填空题

(1) 设 A, B, C 3 个事件相互独立,且 $P(A)=\frac{1}{2}, P(B)=\frac{1}{3}, P(C)=\frac{1}{5}$,则 $P(A\cup B\cup C)=$ _____.

(2) 已知某人初次对一目标射击命中的概率为 0.8,当一次射击没命中,下一次射击命中的概率会下降到原来的一半,则连续射击两次能够命中目标的概率为 _____.

(3) 设连续型随机变量 X 的分布函数为 $F(x)=\begin{cases} 0, & x<0, \\ ax, & 0\leqslant x<2, \\ a+b, & x\geqslant 2. \end{cases}$,则 $a=$ _____, $b=$ _____.

(4) 设 $F(x,y)$ 是随机向量 (X,Y) 的分布函数,则 $P\{x_1<X\leqslant x_2, y_1<Y\leqslant y_2\}=$ _____.

(5) 设 $X_1,\cdots,X_n\cdots$ 为独立同分布的随机变量序列,X_i 服从参数为 λ 的泊松分布 $\pi(\lambda), i=1,2,\cdots$. 则 $\lim_{n\to\infty} P\left\{\dfrac{\sum_{i=1}^n X_i - n\lambda}{\sqrt{n\lambda}} \leqslant x\right\} =$ _____.

(6) 设总体 $X\sim N(\mu,\sigma^2)$, X_1,X_2,X_3 是 X 的样本,

$$\hat{\mu}_1 = \frac{1}{5}X_1 + \frac{3}{10}X_2 + \frac{1}{2}X_3,$$

$$\hat{\mu}_2 = \frac{1}{4}X_1 + \frac{1}{4}X_2 + \frac{5}{12}X_3,$$

$$\hat{\mu}_3 = \frac{1}{3}X_1 + \frac{1}{6}X_2 + \frac{1}{2}X_3.$$

则 $\hat{\mu}_1, \hat{\mu}_2, \hat{\mu}_3$ 中 μ 的无偏估计为 _____,且 _____ 最有效.

(7) 设 $X_1, X_2, \cdots, X_6$ 为总体 $X\sim N(0,1)$ 的样本,则 $Y=\dfrac{1}{3}(X_1+X_2+X_3)^2 + \dfrac{1}{3}(X_4+X_5+X_6)^2 \sim$ _____.

(8) 已知一批零件的长度 $X \sim N(\mu, 0.5^2)$,若要总体均值 μ 的 95% 的置信区间长度不超过 L,则样本容量至少为_____.

二、单项选择题

(1) 6 本中文书和 4 本外文书随机放在书架上. 4 本外文书放在一起的概率是( ).

(A) $\dfrac{4! \ 6!}{10!}$;   (B) $\dfrac{7}{10}$;   (C) $\dfrac{4! \ 7!}{10!}$;   (D) $\dfrac{4}{10}$.

(2) 设随机变量 X 的分布律为 $P\{X=k\}=c^{-1}\dfrac{\lambda^k}{k!}, k=0,1,2,\cdots$,其中 $\lambda>0$. 则 $c=($).

(A) e^{λ};   (B) $e^{\lambda}-1$;   (C) $e^{-\lambda}-1$;   (D) $e^{-\lambda}$.

(3) 设随机变量 $X \sim N(4,1)$, $Y \sim N(5,2)$. 则下列结果正确的是( ).

(A) $2X+3 \sim N(11,4)$ (B) $X-Y \sim N(-4,3)$

(C) $Y-X \sim N(4,1)$ (D) $X+Y \sim N(9,3)$

(4) 已知 $D(X+Y)=D(X)+D(Y)$,则下列选项中一定正确的是( ).

(A) X 与 Y 独立   (B) X 与 Y 不相关

(C) $\rho_{XY}=1$ (D) $\rho_{XY}=-1$.

(5) 设随机变量 X,若 $E(X^2)=1.1, D(X)=0.1$. 则一定有( ).

(A) $P\{-1<X<1\} \geq 0.9$ (B) $P\{0<X<2\} \geq 0.9$

(C) $P\{X+1 \geq 2\} \leq 0.9$ (D) $P\{|X| \geq 1\} \leq 0.1$.

(6) 设 $X_1, X_2, \cdots, X_n$ 为总体 $X \sim b(1,p)$ 的样本,样本均值为 $\bar{X}$,则 $P\left\{\bar{X}=\dfrac{k}{n}\right\}=($).

(A) p;   (B) $1-p$;

(C) $C_n^k p^k (1-p)^{n-k}$;   (D) $C_n^k (1-p)^k p^{n-k}$.

(7) 设 $X_1, X_2, \cdots, X_{n_1}$ 为总体 $X \sim N(\mu_1, \sigma_1^2)$ 的样本,$Y_1, Y_2, \cdots, Y_{n_2}$ 为总体 $Y \sim N(\mu_2, \sigma_2^2)$ 的样本,且 X 与 Y 相互独立,样本均值分别为 $\bar{X}$ 与 $\bar{Y}$. 则有( ).

(A) $\bar{X}-\bar{Y} \sim N(\mu_1-\mu_2, \sigma_1^2+\sigma_2^2)$;   (B) $\bar{X}-\bar{Y} \sim N\left(\mu_1-\mu_2, \dfrac{\sigma_1^2}{n_1}+\dfrac{\sigma_2^2}{n_2}\right)$;

(C) $\bar{X}-\bar{Y} \sim N\left(\mu_1-\mu_2, \dfrac{\sigma_1^2}{n_1}-\dfrac{\sigma_2^2}{n_2}\right)$;   (D) $\bar{X}-\bar{Y} \sim N\left(\mu_1-\mu_2, \sqrt{\dfrac{\sigma_1^2}{n_1}-\dfrac{\sigma_2^2}{n_2}}\right)$.

(8) 在假设检验中,检验的显著性水平的意义是( )

(A) 原假设不成立,经检验被拒绝的概率;

(B) 原假设成立,经检验被拒绝的概率;

(C) 原假设成立,经检验不能被拒绝的概率;

(D) 原假设不成立,经检验不能被拒绝的概率.

三、计算题

1. 根据以往的临床记录,某种诊断癌症的试验具有如下效果:癌症患者中大约有 95% 的人试验反应为阳性,非癌症患者中大约有 5% 的人试验反应为阳性. 现用该试验对很多人进行癌症普查. 如果已知这些人中患有癌症的概率为 0.5%. 问:

(1)试验反应为阳性的概率;(2)在试验反应为阳性的人中确实患有癌症的概率为多少?

2. 设随机变量 X 的概率密度函数为

$$f(x) = \begin{cases} \dfrac{1}{4}, & 0 \leqslant x \leqslant 2, \\ \dfrac{1}{12}, & 4 \leqslant x \leqslant 10, \\ 0, & 其他. \end{cases}$$

求：(1) $P\{X>5\}$；(2) X 的分布函数 $F(x)$；(3) $E(X)$.

3. 设随机变量 X 与 Y 相互独立,且具有如下分布律

X	-2	-1	0	2
p	$\dfrac{1}{4}$	$\dfrac{1}{3}$	$\dfrac{1}{12}$	$\dfrac{1}{3}$

,

Y	-2	1	3
p	$\dfrac{1}{2}$	$\dfrac{1}{4}$	$\dfrac{1}{4}$

求 (1) (X,Y) 的分布律；(2) $P\{X+Y=1\}$；(3) $\max(X,Y)$ 的分布律.

4. 设随机变量 (X,Y) 的概率密度函数为

$$f(x,y) = \begin{cases} cx, & 0<x<2, 0<y<x, \\ 0, & 其他. \end{cases}$$

求：(1) 常数 c 的值；(2) X 的边缘概率密度函数 $f_X(x)$；(3) $\text{Cov}(X,Y)$.

5. 设总体 X 的概率密度函数为

$$f(x) = \begin{cases} \theta c^{\theta} x^{-(\theta+1)}, & x>c, \\ 0, & 其他. \end{cases} \quad c>0, \theta>1$$

其中 $c>0$ 为已知常数, $\theta>1$ 为未知参数. $X_1, X_2, \cdots, X_n$ 为来自 X 的样本. 试求：

(1) θ 的矩估计量；(2) θ 的极大似然估计量.

四、应用题

1. 甲、乙两个剧场竞争 1 000 名观众,假定每个观众随机地选择一个剧场,且观众之间的选择是相互独立的. 问甲剧场应该设多少座位才能以小于 1% 的概率保证不因座位缺少而失去观众?

2. 设某公司的月利润 $X \sim N(\mu, \sigma^2)$,经 16 次抽样得到样本均值为 50.5(万元),样本标准差为 1.2(万元). (1) 求 σ^2 的置信度为 90% 的置信区间；(2) 在 $\alpha=0.05$ 下,检验 $\mu \leqslant 50$ 是否成立.

模拟试题一详解

一、填空题

(1) 0.3；**提示** 由于
$$P(A\bar{B}) = P(A-B) = 0.1, \quad P(AB) = P(A) - P(A\bar{B}) = 0.8 - 0.1 = 0.7,$$
因此
$$P(\overline{AB}) = 1 - P(AB) = 1 - 0.7 = 0.3.$$

(2) 7/8；**提示** 记
$$S = \{(x,y) \mid 0 < x < 2, 0 < y < 2\}, A = \{(x,y) \mid 0 < x < 2, 0 < y < 2, x+y \leqslant 3\},$$
设 X, Y 分别表示在 $(0,2)$ 随机抽取的两个数，则 (X,Y) 服从区域 S 上的均匀分布，因此由几何概型可知
$$P\{X+Y \leqslant 3\} = P(A) = \frac{L(A)}{L(S)} = \frac{7}{8}.$$

(3) 2；**提示** 由概率的性质可知
$$\frac{1}{2a} + \frac{3}{4a} + \frac{5}{8a} + \frac{1}{8a} = \frac{4+6+5+1}{8a} = \frac{16}{8a} = 1,$$
解得 $a = 2$.

(4) $p_1 = p_2$；**提示**
$$p_1 = P\{X - \mu \leqslant -3\} = P\left\{\frac{X-\mu}{3} \leqslant -1\right\} = \Phi(-1) = 1 - \Phi(1),$$
$$p_2 = P\{X - \mu \geqslant 4\} = P\left\{\frac{X-\mu}{4} \geqslant 1\right\} = 1 - \Phi(1).$$

(5) $F(b,c)$；(6) 5；

(7) $-1/2$；**提示** 由于 $D(X) = D(Y) = D(X+Y) \neq 0$，且
$$D(X+Y) = D(X) + D(Y) + 2\text{Cov}(X,Y),$$
解得 $\text{Cov}(X+Y) = -\frac{1}{2}D(X)$，因此 $\rho_{XY} = \frac{\text{Cov}(X,Y)}{\sqrt{D(X)}\sqrt{D(Y)}} = -\frac{1}{2}.$

(8) 1/3；(9) 无偏性、相合性、有效性； (10) $z_{0.025}^2/l^2$.

二、单项选择题

(1) (B); (2) (B); (3) (B); (4) (D); (5) (C).

三、计算题

1. (1) 由概率密度的性质有

$$1 = \int_{-\infty}^{\infty} f(x)\,dx = \int_0^1 cx^2\,dx = c\left.\frac{x^3}{3}\right|_0^1 = \frac{1}{3}c,$$

解得 $c=3$,

(2) $P\left\{\frac{1}{8} < X \leqslant \frac{3}{2}\right\} = \int_{1/8}^{3/2} f(x)\,dx = \int_{1/8}^1 3x^2\,dx = x^3\big|_{1/8}^1 = \frac{511}{512}$,

(3) $E(X) = \int_{-\infty}^{\infty} xf(x)\,dx = \int_0^1 3x^3\,dx = \frac{3}{4}x^4\big|_0^1 = \frac{3}{4}$.

2. 令 A_1, A_2, A_3 分别表示取到的产品是由甲、乙、丙 3 个厂家提供的,B 表示取到的产品是不合格品,由题意

$$P(A_1) = 50\%,\quad P(A_2) = 25\%,\quad P(A_3) = 25\%,$$
$$P(B|A_1) = 0.002,\quad P(B|A_2) = 0.003,\quad P(B|A_3) = 0.005,$$

由全概率公式及贝叶斯公式有

(1) $P(B) = \sum_{i=1}^3 P(B|A_i)P(A_i) = 0.002 \times 0.5 + 0.003 \times 0.25 + 0.005 \times 0.25 = 0.003$.

(2) $P(A_1|B) = \dfrac{P(B|A_1)P(A_1)}{\sum_{i=1}^3 P(B|A_i)P(A_i)} = \dfrac{0.002 \times 0.5}{0.003} = \dfrac{4}{12}$,

$P(A_2|B) = \dfrac{P(B|A_2)P(A_2)}{\sum_{i=1}^3 P(B|A_i)P(A_i)} = \dfrac{0.003 \times 0.25}{0.003} = \dfrac{3}{12}$,

$P(A_3|B) = \dfrac{P(B|A_3)P(A_3)}{\sum_{i=1}^3 P(B|A_i)P(A_i)} = \dfrac{0.005 \times 0.25}{0.003} = \dfrac{5}{12}$.

3. (1) 由分布函数与分布律的关系可求得 X 的分布律为

X	-1	0.236	1
p	0.2	0.3	0.5

(2) $P\{|X|<1\} = P\{X=0\} = 0.3$,

(3) 由于

$$E(X) = (-1) \times 0.2 + 0 \times 0.3 + 1 \times 0.5 = 0.3,$$
$$E(X^2) = (-1)^2 \times 0.2 + 0^2 \times 0.3 + 1^2 \times 0.5 = 0.7,$$

从而

$$D(X) = E(X^2) - [E(X)]^2 = 0.7 - (0.3)^2 = 0.61.$$

4. (1) 由数学期望的定义有
$$E(X) = 1 \times (a+b) + 2 \times (a+b) + 3 \times b = 3a + 6b = 5/3,$$
再由分布律的性质有
$$1 = 0 + a + b + a + b + 0 + b + 0 + 0 = 2a + 3b,$$
从而
$$\begin{cases} 2a + 3b = 1 \\ 3a + 6b = 5/3 \end{cases} \Rightarrow \begin{cases} a = 1/3 \\ b = 1/9 \end{cases},$$

(2) $X=1$ 时,Y 的可能取值为 $1,2,3$,并且
$$P\{X=1\} = P\{X=1,Y=1\} + P\{X=1,Y=2\} + P\{X=1,Y=3\} = 4/9,$$
从而
$$P\{Y=1 \mid X=1\} = \frac{P\{Y=1, X=1\}}{P\{X=1\}} = \frac{0}{4/9} = 0,$$
$$P\{Y=2 \mid X=1\} = \frac{P\{Y=2, X=1\}}{P\{X=1\}} = \frac{1/3}{4/9} = 3/4,$$
$$P\{Y=3 \mid X=1\} = \frac{P\{Y=3, X=1\}}{P\{X=1\}} = \frac{1/9}{4/9} = 1/4,$$
故 $X=1$ 时,Y 的条件分布律为

Y	1	2
p	3/4	1/4

(3) 令 $Z = \min(X,Y)$,则 Z 的可能取值为 $1,2,3$,并且
$$P\{Z=1\} = P\{\min(X,Y) = 1\}$$
$$= P\{X=1,Y=1\} + P\{X=1,Y=2\} + P\{X=1,Y=3\}$$
$$+ P\{X=2,Y=1\} + P\{X=3,Y=1\}$$
$$= 2/3 + 2/9 = 8/9,$$
$$P\{Z=2\} = P\{\min(X,Y) = 2\} = P\{X=2,Y=2\}$$
$$+ P\{X=2,Y=3\} + P\{X=3,Y=2\} = 1/9,$$
$$P\{Z=3\} = P\{\min(X,Y) = 3\} = P\{X=3,Y=3\} = 0,$$
故 Z 的分布律为

Z	2	3
p	8/9	1/9

(3) 由 (X,Y) 的分布律有

X	1	2	3
p	4/9	4/9	1/9

Y	1	2	3
p	4/9	4/9	1/9

XY	2	3	4
p	2/3	2/9	1/9

从而
$$E(X) = E(Y) = 1 \times \frac{4}{9} + 2 \times \frac{4}{9} + 3 \times \frac{1}{9} = \frac{5}{3},$$

$$E(XY) = 2 \times \frac{2}{3} + 3 \times \frac{2}{9} + 4 \times \frac{1}{9} = \frac{22}{9},$$

因此
$$\mathrm{Cov}(X, Y) = E(XY) - E(X)E(Y) = \frac{22}{9} - \frac{5}{3} \times \frac{5}{3} = -\frac{1}{3}.$$

5. 由已知有
$$f_X(x) = \int_{-\infty}^{\infty} f(x,y)\mathrm{d}y = \int_x^1 8xy\,\mathrm{d}y = 4xy^2\big|_x^1 = 4x - 4x^3, \quad 0 < x < 1,$$

$$f_Y(y) = \int_{-\infty}^{\infty} f(x,y)\mathrm{d}x = \int_0^y 8xy\,\mathrm{d}x = 4x^2y\big|_0^y = 4y^3, \quad 0 < y < 1,$$

从而

(1) $P\{X > 0.5\} = \int_{0.5}^1 (4x - 4x^3)\mathrm{d}x = (2x^2 - x^4)\big|_{0.5}^1 = \frac{9}{16},$

(2) 显然 $f(x,y) = f_x(x)f_y(y)$ 并非几乎处处成立，故 X 与 Y 不独立.

6. 以 X 表示 100 个部件中能够正常工作的部件个数，则
$$X \sim b(100, 0.9), \quad E(X) = 90, \quad D(X) = 9,$$

由大数定律有
$$P\{X \geqslant 85\} = 1 - P\{X < 85\} = 1 - P\left\{\frac{X - E(X)}{\sqrt{D(X)}} < \frac{85 - 90}{\sqrt{9}}\right\}$$

$$\approx 1 - \Phi\left(-\frac{5}{3}\right) = \Phi\left(\frac{5}{3}\right) = 0.9525.$$

7. (1) 由于 X 服从正态分布 $N(\mu, \sigma^2)$，从而 μ 的矩估计量为 $\hat{\mu} = \bar{x} = 69$，

(2) $s = \sqrt{s^2} = \sqrt{\frac{1}{9-1}\sum_{i=1}^{9}(x_i - \bar{x})^2} = \sqrt{15}, \alpha = 0.05, t_{\alpha/2}(n-1) = t_{0.025}(8) = 2.3062,$

从而 μ 的置信水平为 95% 的置信区间为
$$\left(\bar{x} - t_{\alpha/2}(n-1)\frac{s}{\sqrt{n}}, \bar{x} + t_{\alpha/2}(n-1)\frac{s}{\sqrt{n}}\right) = \left(69 - 2.3062\frac{\sqrt{15}}{3}, 69 + 2.3062\frac{\sqrt{15}}{3}\right)$$
$$= (66.0227, 71.9773).$$

四、证明题

由于 $E(\hat{\theta})^2 = D(\hat{\theta}) + [E(\hat{\theta})]^2 = D(\hat{\theta}) + \theta^2 > \theta^2$，故 $(\hat{\theta})^2$ 不是 θ^2 的无偏估计.

模拟试题二详解

一、填空题

(1) 0.25；**提示** $P(A\cup B)=P(A)+P(B)-P(AB)=P(A)+P(B)-P(A)P(B)$，故 $0.7=0.6+P(B)-0.6P(B)$，因此 $P(B)=0.25$.

(2)
X	-1	2	3
p	$\frac{1}{4}$	$\frac{1}{2}$	$\frac{1}{4}$

(3) 0；**提示** $E\left(\dfrac{1}{X+1}\right)=\dfrac{1}{-2+1}\times 0.4+\dfrac{1}{0+1}\times 0.3+\dfrac{1}{2+1}\times 0.3=0$.

(4) 4；18；**提示** $E(X_1)=2, E(X_2)=2, E(X_3)=2$，因此

$$E(Y)=E\left(1-\frac{1}{2}X_1+3X_2-X_3\right)=1-\frac{1}{2}E(X_1)+3E(X_2)-E(X_3)$$

$$=1-\frac{1}{2}\times 2+3\times 2-2=4;$$

$D(X_1)=8, \quad D(X_2)=\dfrac{4}{3}, \quad D(X_3)=4,$

因此

$$D(Y)=D\left(1-\frac{1}{2}X_1+3X_2-X_3\right)=\left(-\frac{1}{2}\right)^2 D(X_1)+3^2 D(X_2)+(-1)^2 D(X_3)$$

$$=\frac{1}{4}\times 8+9\times\frac{4}{3}+4=18.$$

(5) $\dfrac{1}{\sqrt{(2\pi)^3}}e^{-\frac{1}{2}\sum_{i=1}^{3}x_i^2}$；**提示** X 的概率密度函数为 $f(x)=\dfrac{1}{\sqrt{2\pi}}e^{-\frac{x^2}{2}}, -\infty<x<+\infty$，由于 X_1, X_2, X_3 为总体 X 的样本，因此 (X_1, X_2, X_3) 的概率密度函数为

$$f(x_1, x_2, x_3)=\prod_{i=1}^{3}f(x_i)=\frac{1}{\sqrt{(2\pi)^3}}e^{-\frac{1}{2}\sum_{i=1}^{3}x_i^2}.$$

(6) $\chi^2(n-1)$；　(7) $\dfrac{\overline{X}-\mu}{\sigma/\sqrt{n}}$；　(8) $\left(\overline{X}-\overline{Y}\mp z_{\frac{\alpha}{2}}\sqrt{\dfrac{\sigma_1^2}{n_1}+\dfrac{\sigma_2^2}{n_2}}\right)$.

二、单项选择题

(1) (D);   (2) (C);

(3) (B); **提示**   由于
$$p_1 = P\{X \leqslant \mu - 4\} = \Phi\left(\frac{\mu - 4 - \mu}{4}\right) = \Phi(-1) = 1 - \Phi(1),$$
$$p_2 = P\{Y \geqslant \mu + 5\} = 1 - \Phi\left(\frac{\mu + 5 - \mu}{5}\right) = 1 - \Phi(1),$$

因此对任意的 μ, $p_1 = p_2$, 故 (B) 正确。

(4) (B); **提示** Y 与 Z 的相关系数为
$$\rho_{YZ} = \frac{\text{Cov}(Y, Z)}{\sqrt{D(Y)D(Z)}} = \frac{\text{Cov}(Y, aX + b)}{\sqrt{D(Y)D(aX + b)}} = \frac{a\text{Cov}(Y, X) + \text{Cov}(Y, b)}{\sqrt{D(Y)(a^2 D(X))}}$$
$$= \frac{a\text{Cov}(Y, X)}{|a|\sqrt{D(Y)D(X)}} = \frac{a}{|a|}\rho,$$

因此 $\rho_{YZ} = \rho \Leftrightarrow \frac{a}{|a|}\rho = \rho \Leftrightarrow \frac{a}{|a|} = 1 \Leftrightarrow a > 0$, 因此 (B) 正确。

(5) (D); **提示** $P\{|X - \mu| \geqslant 3\sigma\} \leqslant \frac{\sigma^2}{(3\sigma)^2} = \frac{1}{9}$, 故 (D) 正确。

(6) (A);

(7) (B); **提示**   由于
$$E(Y) = E(2X - 1) = 2E(X) - 1 = -1, \quad D(Y) = D(2X - 1) = 4D(Y) = 4,$$
故 $X \sim N(-1, 4)$。

(8) (C); **提示**   由随机变量 $X \sim N(0, 1)$, 因此
$$P\{|X| < x\} = 1 - P\{|X| > x\} = 1 - P\{X > x\} - P\{X < -x\}$$
$$= 1 - 2P\{X > x\} = \alpha,$$

故 $P\{X > x\} = \frac{1 - \alpha}{2}$, 从而 $x = z_{\frac{1-\alpha}{2}}$, 故 (C) 正确。

三、计算题

1. (1) 根据概率密度函数的性质, 有
$$\int_{-\infty}^{+\infty} f(x) \mathrm{d}x = \int_0^1 \frac{A}{\sqrt{x}} \mathrm{d}x = 1,$$

故 $A = \frac{1}{2}$;

(2) $P\left(X > \frac{1}{2}\right) = \int_{\frac{1}{2}}^{+\infty} f(x) \mathrm{d}x = \int_{\frac{1}{2}}^1 \frac{1}{2\sqrt{x}} \mathrm{d}x = \frac{2 - \sqrt{2}}{2}$;

(3) $E(X) = \int_{-\infty}^{+\infty} x f(x) \mathrm{d}x = \int_0^1 \frac{x}{2\sqrt{x}} \mathrm{d}x = \frac{1}{3}$。

2. (1) $P\{X \geqslant 2\} = P\{X = 2\} + P\{X = 3\} = 1 - 2\theta = \frac{1}{2}$, $\theta = \frac{1}{4}$;

(2) 随机变量 X 的分布律为

X	0	1	2	3
p	$\frac{1}{20}$	$\frac{9}{20}$	$\frac{1}{4}$	$\frac{1}{4}$

因此
$$P\{Y_1=-1, Y_2=-2\} = P\{X<1, X<2\} = P\{X<1\} = \frac{1}{20},$$
$$P\{Y_1=-1, Y_2=2\} = P\{X<1, X\geqslant 2\} = P\{\phi\} = 0,$$
$$P\{Y_1=1, Y_2=-2\} = P\{X\geqslant 1, X<2\} = P\{1\leqslant X<2\} = \frac{9}{20},$$
$$P\{Y_1=1, Y_2=2\} = P\{X\geqslant 1, X\geqslant 2\} = P\{2\leqslant X\} = \frac{1}{2},$$

(Y_1, Y_2) 的分布律为

Y_2 \ Y_1	-1	1
-2	$\frac{1}{20}$	$\frac{9}{20}$
2	0	$\frac{1}{2}$

(3) Y_1, Y_2 的边缘分布律分别为

Y_1	-1	1
$p_{i\cdot}$	$\frac{1}{20}$	$\frac{19}{20}$

,

Y_2	-2	2
$p_{\cdot j}$	$\frac{1}{2}$	$\frac{1}{2}$

因此 $E(Y_1) = \frac{18}{20}, E(Y_2) = 0$, 而 $Y_1 Y_2$ 的分布律为

$Y_1 Y_2$	-2	2
p	$\frac{9}{20}$	$\frac{11}{20}$

故
$$E(Y_1 Y_2) = \frac{1}{5}, \operatorname{Cov}(Y_1, Y_2) = E(Y_1 Y_2) - E(Y_1)E(Y_2) = \frac{1}{5};$$

(4) 由于 $P\{Y_1=-1, Y_2=2\} \neq P\{Y_1=-1\}P\{Y_2=2\}$, 故 Y_1, Y_2 不独立.

3. (1) 如图 2.1 所示,有
$$f_Y(y) = \int_{-\infty}^{+\infty} f(x,y)\mathrm{d}x = \begin{cases} \int_{2y}^{2} 2xy\,\mathrm{d}x = 4y(1-y^2), & 0<y<1 \\ 0, & \text{其他} \end{cases};$$

(2) 如图 2.2 所示,有
$$f(x, z-x) = \begin{cases} 2x(z-x), & 0<x<2, 0<2(z-x)<x, \\ 0, & \text{其他}, \end{cases}$$

$$f_Z(z) = \int_{-\infty}^{+\infty} f(x, z-x)\mathrm{d}x = \begin{cases} \int_{\frac{2z}{3}}^{2} 2x(z-x)\,\mathrm{d}x = 4z - \frac{16}{3} - \frac{20}{81}z^3, & 2<z<3, \\ \int_{\frac{2z}{3}}^{z} 2x(z-x)\,\mathrm{d}x = \frac{7}{81}z^3, & 0<z\leqslant 2, \\ 0, & \text{其他}. \end{cases}$$

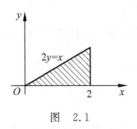

图 2.1

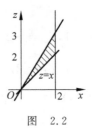

图 2.2

4. (1) $E(X) = \theta^2 + 2 \times 2\theta(1-\theta) + 3 \times (1-\theta)^2 = 3 - 2\theta$,

$$\overline{X} = \frac{1+2+1}{3} = \frac{4}{3},$$

因此 $3 - 2\theta = \frac{4}{3}$,故 θ 的矩估计值 $\hat{\theta} = \frac{5}{6}$;

(2) 似然函数为

$$L = P\{X_1 = 1\}P\{X_2 = 2\}P\{X_3 = 1\}$$
$$= \theta^2 \cdot 2\theta(1-\theta) \cdot \theta^2 = 2\theta^5(1-\theta),$$

对数似然函数为

$$\ln L = \ln 2 + 5\ln\theta + \ln(1-\theta), \quad \frac{\mathrm{d}}{\mathrm{d}\theta}\ln L = \frac{5}{\theta} - \frac{1}{1-\theta},$$

令 $\frac{\mathrm{d}}{\mathrm{d}\theta}\ln L = 0$,解得 θ 的极大似然估计值为 $\hat{\theta} = \frac{5}{6}$.

5. 由 $X \sim N(75, 10^2)$ 可得 $\overline{X} \sim N\left(75, \frac{10^2}{n}\right)$,因此 $P\{\overline{X} > 74\} = 1 - \Phi\left(\frac{74-75}{10/\sqrt{n}}\right) = \Phi(0.1\sqrt{n}) \geq 0.9$,查表可得 $0.1\sqrt{n} \geq 1.28$,解得 $n \geq 163.84$,故样本容量 n 至少应取 164.

四、应用题

1. 设 B 表示"这只股票价格上涨",A_1 表示"该时期内银行存款利率下调",A_2 表示"该时期内银行存款利率不变",A_3 表示"该时期内银行存款利率上调",则

$$P(A_1) = 0.6, P(A_2) = 0.3, P(A_3) = 0.1,$$
$$P(B|A_1) = 0.8, P(B|A_2) = 0.4, P(B|A_3) = 0,$$

(1) $P(B) = P(A_1)P(B|A_1) + P(A_2)P(B|A_2) + P(A_3)P(B|A_3)$
$= 0.6 \times 0.8 + 0.3 \times 0.4 + 0.1 \times 0 = 0.6$,

因此该时期内,这只股票价格上涨的概率是 0.6;

(2) $P(A_1|B) = \frac{P(A_1)P(B|A_1)}{P(B)} = \frac{0.6 \times 0.8}{0.6} = 0.8$.

因此若这只股票价格上涨,是利率下调造成的概率是 0.8.

2. 已知 $\sigma = 1.6, n = 7, \alpha = 0.05, z_{0.05} = 1.96$,要检验的假设为

$$H_0: \mu \geq 23.8, \quad H_1: \mu < 23.8.$$

经计算得到 $\overline{x} = 24.2$,由检验统计量

$$Z = \frac{\overline{x} - 23.8}{\sigma/\sqrt{n}} = \left|\frac{24.2 - 23.8}{1.6/\sqrt{7}}\right| = 0.6614 < 1.65,$$

因此不拒绝 $H_0: \mu \geq 23.8$,可以认为,从这组数据能够判断新配方安眠药已达到所声称的

疗效.

五、证明题

由题设可知,有 $v_n(x) \sim b(n, F(x))$,因此 $E[v_n(x)] = nF(x)$,所以

$$E[F_n(x)] = E\left[\frac{v_n(x)}{n}\right] = F(x),$$

故样本分布函数 $F_n(x)$ 是总体 X 的分布函数 $F(x)$ 的无偏估计.

模拟试题三详解

一、填空题

(1) 0.4; (2) 0.424;

(3) $\dfrac{5}{12}$; **提示** $P(\overline{A}\overline{B}\overline{C}) = 1 - P(A \cup B \cup C)$, $AB = \varnothing$, $ABC = \varnothing$,

$$P(A \cup B \cup C) = P(A) + P(B) + P(C) - P(AB) - P(AC) - P(BC) + P(ABC)$$
$$= 3P(A) - P(AC) - P(BC).$$

(4) 0.1; **提示** 由题意,
$$Y = X - 2 \sim N(0, \sigma^2), P(2 \leqslant X \leqslant 4) = P(0 \leqslant Y \leqslant 2) = 0.4,$$
由正态分布的对称性可知, $P\{-2 \leqslant Y \leqslant 0\} = 0.4$, $P\{Y < -2\} = P\{Y > 2\}$, 因此
$$P\{X < 0\} = P\{Y < -2\} = \frac{1}{2}[1 - P\{-2 \leqslant Y \leqslant 0\} - P\{0 \leqslant Y \leqslant 2\}] = 0.1.$$

(5) 15;

(6) $p_1 = 0.3, p_2 = 0.1, p_3 = 0.6$;

(7) $\dfrac{47}{72}$; **提示** $P\{|X - E(X)| < \varepsilon\} \geqslant 1 - \dfrac{D(X)}{\varepsilon^2}$, 这里 $D(X) = 10 \times \dfrac{1}{6} \times \dfrac{5}{6} = \dfrac{25}{18}$,

$\varepsilon = 2$.

二、单项选择题

(1) (B);

提示 $\overline{ABC} = \overline{A} \cup \overline{B} \cup \overline{C}$; $\overline{A(B \cup C)} = \overline{A} \cup \overline{(B \cup C)} = \overline{A} \cup (\overline{B} \cap \overline{C})$; $\overline{AB} = \overline{A} \cup \overline{B}$, 显然选项(A),(C)和(D)均不正确. 由于 $\overline{A \cup B \cup C} = \overline{A} \cap \overline{B} \cap \overline{C}$, 因此有
$$\overline{A \cup B \cup C} \cap A = (\overline{A} \cap \overline{B} \cap \overline{C}) \cap A = (\overline{A} \cap A) \cap \overline{B} \cap \overline{C} = \varnothing,$$
选项(B)正确.

(2) (D);

(3) (C);

提示 $E[(X-Y)^2] = D(X-Y) + [E(X-Y)]^2 = D(X) + D(Y) - [E(X) - E(Y)]^2$;

(4)(B);**提示** X 和 Y 均服从正态分布,因此 $Z_1 = X+Y$ 与 $Z_2 = X-Y$ 均服从正态分布,故 Z_1 与 Z_2 不相关的充分必要条件为 $E(Z_1 Z_2) = E(Z_1)E(Z_2)$.

(5)(D).

三、计算题

1. 设 A 表示事件"第 K 次摸球时摸到黑球",则 $\overline{A}$ 表示事件"第 K 次摸球时摸到白球",因此

$$P(A) = 1 - P(\overline{A}) = 1 - \left(\frac{N-1}{N}\right)^{k-1} \frac{1}{N}.$$

2. (1) 设 A_0, A_1, A_2 分别表示该箱玻璃杯中的次品数为 $0,1,2$ 个,B 表示事件"顾客买下该箱杯子",则 $P(A_0) = 0.8, P(A_1) = 0.1, P(A_2) = 0.1$,因此

$$P(B) = P(A_0)P(B \mid A_0) + P(A_1)P(B \mid A_1) + P(A_2)P(B \mid A_2)$$
$$= 0.8 \times 1 + 0.1 \times \frac{C_{11}^4}{C_{12}^4} + 0.1 \times \frac{C_{10}^4}{C_{12}^4} = 0.909;$$

(2) 由题意

$$P(A_0 \mid B) = \frac{P(BA_0)}{P(B)} = \frac{P(A_0)P(B \mid A_0)}{P(B)} = \frac{0.8 \times 1}{0.909} = 0.880.$$

3. (1) 由于

$$P(1 \leqslant X < 2) = \int_1^2 ax \, dx = \frac{3}{2}a, \quad P(2 \leqslant X < 3) = \int_2^3 b \, dx = b,$$

因此 $\frac{3}{2}a = 2b$,即 $a = \frac{4b}{3}$. 又因为

$$\int_{-\infty}^{+\infty} f_X(x) \, dx = P(1 \leqslant X < 2) + P(2 \leqslant X < 3) = 1,$$

因此 $\frac{3}{2}a + b = 1$,解得 $a = \frac{4}{9}, b = \frac{1}{3}$.

(2) X 的分布函数为

$$F_X(x) = \begin{cases} 0, & x < 1, \\ \int_1^x \frac{4}{9}x \, dx, & 1 \leqslant x < 2, \\ \int_1^2 \frac{4}{9}x \, dx + \int_2^x \frac{1}{3} \, dx, & 2 \leqslant x < 3, \\ 1, & x \leqslant 3 \end{cases} = \begin{cases} 0, & x < 1, \\ \frac{2}{9}(x^2 - 1) & 1 \leqslant x < 2, \\ \frac{1}{3}x, & 2 \leqslant x < 3, \\ 1, & x \leqslant 3. \end{cases}$$

4. (1) 由于

$$\int_0^1 (2-x-y) \, dy = \left[(2-x)y - \frac{1}{2}y^2\right]_0^1 = \frac{3}{2} - x,$$

$$\int_0^1 (2-x-y) \, dx = \left[(2-y)x - \frac{1}{2}x^2\right]_0^1 = \frac{3}{2} - y,$$

因此 X 和 Y 的边缘概率密度函数分别为

$$f_X(x) = \begin{cases} \frac{3}{2} - x, & 0 \leqslant x \leqslant 1, \\ 0, & 其他, \end{cases} \quad f_Y(y) = \begin{cases} \frac{3}{2} - y, & 0 \leqslant y \leqslant 1, \\ 0, & 其他. \end{cases}$$

(2) $E(X) = \int_0^1 x\left(\dfrac{3}{2} - x\right)\mathrm{d}x = \dfrac{5}{12}$, $E(X^2) = \int_0^1 x^2\left(\dfrac{3}{2} - x\right)\mathrm{d}x = \dfrac{1}{4}$，因此

$$D(X) = E(X^2) - [E(X)]^2 = \dfrac{11}{144}.$$

又因为 X 和 Y 的具有相同的边缘概率密度函数，因此 $E(Y) = \dfrac{5}{12}$, $D(X) = \dfrac{11}{144}$.

(3) 由于

$$E(XY) = \int_0^1 \mathrm{d}y \int_0^1 xy(2 - x - y)\mathrm{d}x = \int_0^1 \left(\dfrac{2}{3}y - \dfrac{1}{2}y^2\right)\mathrm{d}y = \dfrac{1}{6},$$

因此

$$\mathrm{Cov}(X,Y) = E(XY) - E(X)E(Y) = -\dfrac{1}{144}, \quad \rho_{XY} = \dfrac{\mathrm{Cov}(X,Y)}{\sqrt{D(X)D(Y)}} = -\dfrac{1}{11}.$$

(4) $P(X + Y \leqslant 1) = \int_0^1 \mathrm{d}y \int_0^{1-y} f(x,y)\mathrm{d}x = \int_0^1 \mathrm{d}y \int_0^{1-y} (2 - x - y)\mathrm{d}x$

$$= \int_0^1 \left(\dfrac{1}{2}y^2 - 2y + \dfrac{3}{2}\right)\mathrm{d}y = \dfrac{2}{3}.$$

(5) 由于 $f(x,y) \neq f_X(x) f_Y(y)$，因此 X 和 Y 不相互独立；又因为 $\mathrm{Cov}(X,Y) \neq 0$，因此 X 和 Y 线性相关.

5. 设 $x_1, x_2, \cdots, x_n$ 为样本的观测值，似然函数为

$$L(p) = \prod_{i=1}^n P\{X_i = x_i\} = \prod_{i=1}^n p(1-p)^{x_i - 1} = p^n (1-p)^{\sum\limits_{i=1}^n x_i - n},$$

对数似然函数为

$$\ln L(p) = n\ln p + \left(\sum_{i=1}^n x_i - n\right)\ln(1-p),$$

令

$$\dfrac{\mathrm{d}\ln L(p)}{\mathrm{d}p} = \dfrac{n}{p} - \dfrac{1}{1-p}\left(\sum_{i=1}^n x_i - n\right) = 0,$$

解得参数 p 的最大似然估计值为 $\hat{p} = \dfrac{n}{\sum\limits_{i=1}^n x_i} = \dfrac{1}{\overline{x}}$，因此 p 的最大似然估计量为 $\dfrac{1}{\overline{X}}$.

四、应用题

1. 设 Y 表示厂家出售一台设备的盈利，由题意，

$$Y = \begin{cases} 100, & X > 1, \\ -150, & 0 \leqslant X \leqslant 1, \end{cases}$$

因此

$$E(Y) = 100 \cdot P(X > 1) - 150 \cdot P(X \leqslant 1)$$

$$= 100 \int_1^{+\infty} 0.2\mathrm{e}^{-0.2x}\mathrm{d}x - 150 \int_0^1 0.2\mathrm{e}^{-0.2x}\mathrm{d}x$$

$$= -150 + 250\mathrm{e}^{-0.2} = 54.682,$$

故该厂家出售一台设备的平均盈利 54.682 万元.

2. 由于 μ 未知，且 $\frac{(n-1)S^2}{\sigma^2} \sim \chi^2(n-1)$，由

$$P\left\{\chi^2_{1-\frac{\alpha}{2}}(n-1) < \frac{(n-1)S^2}{\sigma^2} < \chi^2_{\frac{\alpha}{2}}(n-1)\right\} = 1-\alpha$$

可知，σ^2 的置信水平为 $1-\alpha$ 的置信区间为 $\left(\frac{(n-1)S^2}{\chi^2_{\frac{\alpha}{2}}(n-1)}, \frac{(n-1)S^2}{\chi^2_{1-\frac{\alpha}{2}}(n-1)}\right)$。由 $\alpha=0.05$，$n=9$ 查表知：$\chi^2_{0.975}(8)=2.180$，$\chi^2_{0.025}(8)=17.534$，$s^2=16$，因此 σ^2 的置信水平为 0.95 的置信区间为 (7.300, 58.716)。

3. 设 $X_i = \begin{cases} 0, & \text{第 } i \text{ 件产品正品,} \\ 1, & \text{第 } i \text{ 件产品次品,} \end{cases}$ $i=1,2,\cdots,200$，则 $X_i \sim b(1,p)$，由题意，需做如下检验

$$H_0: p \leq p_0 = 0.02, \quad H_1: p > 0.02.$$

由于 $n=200$ 比较大，因此可以采用大样本检验。检验统计量为 $Z = \frac{\sum\limits_{i=1}^{n}X_i - np_0}{\sqrt{np_0(1-p_0)}}$，检验的拒绝域为 $Z \geq z_{0.05} = 1.65$。由题意 $\sum\limits_{i=1}^{n}x_i = 8$，$p_0 = 0.02$，计算 $Z = 2.052 > z_{0.05}$，因此拒绝 H_0，不接受这批产品。

五、证明题

由于 $X \sim N(0,\sigma^2)$，$Y \sim N(0,\sigma^2)$，且 X 和 Y 相互独立，因此 $Z = X-Y \sim N(0,2\sigma^2)$，故

$$E(|X-Y|) = \int_{-\infty}^{+\infty} |t| \frac{1}{\sqrt{2\pi\sigma^2}} e^{-\frac{t^2}{2\sigma^2}} dt = 2\int_{0}^{+\infty} t \frac{1}{\sqrt{2\pi\sigma^2}} e^{-\frac{t^2}{2\sigma^2}} dt$$

$$= (-2\sigma^2) \cdot \frac{1}{\sqrt{2\pi\sigma^2}} \int_{0}^{+\infty} e^{-\frac{t^2}{2\sigma^2}} d\left(-\frac{t^2}{2\sigma^2}\right)$$

$$= -\sqrt{\frac{2\sigma^2}{\pi}} (e^{-\frac{t^2}{2\sigma^2}})\Big|_{0}^{+\infty} = -\sqrt{\frac{2\sigma^2}{\pi}}(0-1) = \sqrt{\frac{2\sigma^2}{\pi}}.$$

模拟试题四详解

一、填空题

(1) $\dfrac{1}{16}$；提示 $P(A)=\dfrac{c_4^1}{4^3}=\dfrac{1}{16}$. (2) $\dfrac{2}{3}$；提示 由于

$$P(AB) = P(B\mid A)P(A) = \dfrac{1}{3}\times\dfrac{1}{2} = \dfrac{1}{6},$$

$$P(B) = \dfrac{P(AB)}{P(A\mid B)} = \dfrac{1}{6}\times 2 = \dfrac{1}{3}$$

因此

$$P(A\cup B) = P(A)+P(B)-P(AB) = \dfrac{1}{2}+\dfrac{1}{3}-\dfrac{1}{6} = \dfrac{2}{3}.$$

(3)

X	1	2	3
p	0.6	0.3	0.1

；

(4) $\dfrac{2}{3}\mathrm{e}^{-2}$； (5) $f_Y(y)=\begin{cases}\dfrac{1}{y}, & 1<y<\mathrm{e},\\ 0, & \text{其他}\end{cases}$； (6) 12；

(7) 1/2；提示 $X+Y\sim N(1,3)$，故

$$P\{X+Y\leqslant 1\} = P\{X+Y\geqslant 1\} = P\{X+Y>1\},$$

而

$$P\{X+Y\leqslant 1\}+P\{X+Y>1\} = 1,$$

所以 $P\{X+Y\leqslant 1\}=\dfrac{1}{2}$.

(8) 0.975； (9) 1； (10) $\left(\overline{X}-\dfrac{\sigma}{\sqrt{n}}z_{\alpha/2},\ \overline{X}+\dfrac{\sigma}{\sqrt{n}}z_{\alpha/2}\right)$。

二、单项选择题

(1) (C)； (2) (B)； (3) (D)； (4) (C)； (5) (D).

三、计算题

1. 令 A_1, A_2, A_3 分别表示产品由甲、乙、丙 3 个车间生产,B 表示"产品是次品",由已知有

$$P(A_1) = 1/6, \quad P(A_2) = 1/2, \quad P(A_3) = 1/3,$$
$$P(B|A_1) = 0.05, \quad P(B|A_2) = 0.02, \quad P(B|A_3) = 0.03,$$

故

(1) $P(B) = \sum_{i=1}^{3} P(B \mid A_i) P(A_i) = 0.05 \times \dfrac{1}{6} + 0.02 \times \dfrac{1}{2} + 0.03 \times \dfrac{1}{3} = \dfrac{17}{600}$,

(2) $P(A_1 \mid B) = \dfrac{P(B \mid A_1) P(A_1)}{\sum\limits_{i=1}^{3} P(B \mid A_i) P(A_i)} = \dfrac{\frac{0.05}{6}}{\frac{17}{600}} = \dfrac{5}{17}$.

2. (1) 由概率密度的性质有

$$1 = \int_{-\infty}^{\infty} f(x) \mathrm{d}x = \int_0^1 kx \,\mathrm{d}x = k \cdot \left. \dfrac{x^2}{2} \right|_0^1 = \dfrac{k}{2},$$

解得 $k=2$,

(2) 由分布函数的定义有,当 $x<0$ 时,$F(x)=0$,当 $0 \leqslant x < 1$ 时,

$$F(x) = P\{X \leqslant x\} = \int_0^x 2t \mathrm{d}t = t^2 \big|_0^x = x^2,$$

当 $x \geqslant 1$ 时,$F(x)=1$,故 X 的分布函数为

$$F(x) = \begin{cases} 0, & x < 0, \\ x^2, & 0 \leqslant x < 1, \\ 1, & x \geqslant 1, \end{cases}$$

(3) $E(X) = \int_{-\infty}^{\infty} xf(x)\mathrm{d}x = \int_0^1 2x^2 \mathrm{d}x = \left. \dfrac{2}{3} x^3 \right|_0^1 = \dfrac{2}{3}$.

3. (1) 由题意有

$$P\{X+Y=1\} = P\{X=1, Y=0\} + P\{X=0, Y=1\} = \alpha + 0.1 = 0.4$$

解得 $\alpha=0.3$,再分布律的性质有 $1=\alpha+\beta+0.6$,解得 $\beta=0.1$.

(2) 由 (X,Y) 的分布律有

X	-1	0	1
p	0.2	0.3	0.5

Y	0	1
p	0.6	0.4

XY	-1	0	1
p	0.1	0.7	0.2

从而

$E(X) = (-1) \times 0.2 + 0 \times 0.3 + 1 \times 0.5 = 0.3, E(Y) = 0 \times 0.6 + 1 \times 0.4 = 0.4,$
$E(XY) = (-1) \times 0.1 + 0 \times 0.7 + 1 \times 0.2 = 0.1,$

故

$$\mathrm{Cov}(X, Y) = E(XY) - E(X)E(Y) = 0.1 - 0.3 \times 0.4 = -0.02.$$

(3) 由于
$$P\{\max(X,Y)=1\} = P\{X=-1,Y=1\}+P\{X=0,Y=1\}$$
$$+P\{X=1,Y=1\}+P\{X=1,Y=0\}$$
$$=0.1+0.1+0.2+0.3=0.7,$$
$$P\{X=1\}=0.5,$$
$$P\{\max(X,Y)=1,X=1\}=P\{Y=1,X=1\}+P\{Y=0,X=1\}$$
$$=0.2+0.3=0.5,$$
故
$$P\{\max(X,Y)=1,X=1\} \neq P\{\max(X,Y)=1\}P\{X=1\},$$
因此$\{\max(X,Y)=1\}$与$\{X=1\}$不独立.

4. (1) $P\{X>1/2\} = \int_0^1 \int_{1/2}^1 (x+y)\mathrm{d}x\mathrm{d}y = \dfrac{5}{8}$,

(2) 由题意可知 Z 可能取值的范围是$[0,2]$,讨论 $f(x,z-x)$不为的零的自变量取值范围可得到

$$\begin{cases} 0 \leqslant x \leqslant 1, \\ 0 \leqslant z-x \leqslant 1, \end{cases} \quad 即 \begin{cases} 0 \leqslant x \leqslant 1, \\ z-1 \leqslant x \leqslant z, \end{cases}$$

结合图 4.1

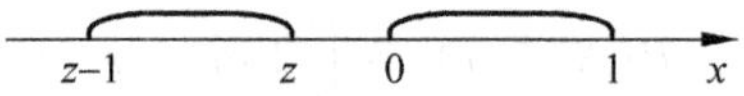

图 4.1

当 $z<0$ 时,$f_Z(z)=0$,当 $0\leqslant z<1$ 时,
$$f_Z(z) = \int_{-\infty}^{\infty} f(x,z-x)\mathrm{d}x = \int_0^z f(x,z-x)\mathrm{d}x = z^2,$$
当 $1\leqslant z<2$ 时,
$$f_Z(z) = \int_{-\infty}^{\infty} f(x,z-x)\mathrm{d}x = \int_{z-1}^1 f(x,z-x)\mathrm{d}x = 2z-z^2,$$
当 $z\geqslant 2$ 时,$f_Z(z)=0$. 故 Z 的概率密度为
$$f_Z(z) = \begin{cases} z^2, & 0 \leqslant z < 1, \\ 2z-z^2, & 1 \leqslant z < 2, \\ 0, & 其他. \end{cases}$$

5. 以 X 表示"100 个灯泡中寿命小于 3 000 小时的灯泡个数",则
$$X \sim b(100,0.2), \quad E(X)=20, \quad D(X)=16,$$
由中心极限定理有
$$P\{X \geqslant 30\} = 1-P\{X<30\} = 1-P\left\{\dfrac{X-E(X)}{\sqrt{D(X)}} < \dfrac{30-20}{\sqrt{16}}\right\}$$
$$\approx 1-\Phi(2.5) = 1-0.9938 = 0.0062.$$

6. 由题意有,$n=12,1-\alpha=0.95,\alpha=0.05$,经计算
$$\bar{x} = \dfrac{1}{12}\sum_{i=1}^{12} x_i = 10.0916, \quad s = \sqrt{\dfrac{1}{12-1}\sum_{i=1}^{12}(x_i-\bar{x})^2} = 0.2575,$$

从而 μ 的置信水平为 95% 的置信区间为

$$\left(\bar{x} - t_{\alpha/2}(n-1)\frac{s}{\sqrt{n}}, \bar{x} + t_{\alpha/2}(n-1)\frac{s}{\sqrt{n}}\right) =$$

$$\left(10.0916 - 2.20 \times \frac{0.2575}{\sqrt{12}}, 10.0916 + 2.20 \times \frac{0.2575}{\sqrt{12}}\right) = (9.9281, 10.2551).$$

7. (1) 由

$$\mu_1 = E(X) = 1 \times \theta^2 + 2 \times 2\theta(1-\theta) + 3 \times (1-\theta)^2 = 3 - 2\theta,$$

整理有 $\theta = \dfrac{3-\mu_1}{2}$,从而 θ 的矩估计量为

$$\hat{\theta} = \frac{3 - A_1}{2} = \frac{3 - \overline{X}}{2},$$

故 θ 的矩估计值

$$\hat{\theta} = \frac{3 - \bar{x}}{2} = \frac{1}{2}\left(3 - \frac{4}{3}\right) = \frac{5}{6},$$

(2) 似然函数为

$$L(\theta) = p(1;\theta)p(2;\theta)p(1;\theta) = \theta^2 2\theta(1-\theta)\theta^2 = 2(\theta^5 - \theta^6),$$

由

$$\frac{\mathrm{d}L(\theta)}{\mathrm{d}\theta} = 10\theta^4 - 12\theta^5 = 0$$

解得 θ 的最大似然估计值 $\hat{\theta} = \dfrac{5}{6}$.

四、试明题.

令 $g(t) = E[(X+tY)^2], t \in \mathbf{R}$,显然

$$g(t) = E[(X+tY)^2] = E(X^2) + 2tE(XY) + t^2 E(Y^2) \geqslant 0,$$

若 $E(Y^2) \neq 0$,则其判别式 $\Delta \leqslant 0$,而

$$\Delta = 4[E(XY)]^2 - 4E(X^2)X(Y^2) \leqslant 0,$$

因此 $[E(XY)]^2 \leqslant E(X^2)E(Y^2)$.若 $E(Y^2) = 0$,由于对任意的 $t \in \mathbf{R}$,有

$$g(t) = 2tE(XY) + E(X^2) \geqslant 0,$$

从而必有 $E(XY) = 0$,结论仍成立.

模拟试题五详解

一、填空题

(1) $\dfrac{1}{4}$；

提示 $P(A\cup B\cup C)=P(A)+P(B)+P(C)-P(AB)-P(AC)-P(BC)+P(ABC)=3P(A)-3[P(A)]^2$.

(2) $\dfrac{3}{7}$；**提示** 设 $A=\{X<0\}, B=\{Y<0\}$，由于

$$P(\overline{A\cap B})=P(\overline{A}\cup\overline{B})=P(\overline{A})+P(\overline{B})-P(\overline{A}\cap\overline{B})=\dfrac{4}{7}+\dfrac{4}{7}-\dfrac{3}{7}=\dfrac{5}{7},$$

因此 $P(A\cap B)=1-P(\overline{A\cap B})=1-\dfrac{5}{7}=\dfrac{3}{7}$.

(3) $\begin{cases}\dfrac{1}{2y}, & 1<y<e^2, \\ 0, & \text{其他.}\end{cases}$ (4) 1； (5) 46；

(6) $-\dfrac{1}{3}$；$\begin{cases}0, & x<0, \\ \dfrac{1}{3}(2x^3+x), & 0\leqslant x<1, \\ 1, & x\geqslant 1.\end{cases}$ $\dfrac{1}{4}$； (7) $\dfrac{13}{12}$； (8) 0.709.

提示 记 X 为"1 000 个产品中废品数"，则 $X\sim b(n,p)$，其中 $n=1\,000, p=0.03$. 因此 $E(X)=np=30, D(X)=npq=29.1$，根据切比雪夫不等式，有

$$P\{20<X<40\}=P\{-10<X-E(X)<10\}=P\{|X-E(X)|<10\}$$
$$\geqslant 1-\dfrac{D(X)}{10^2}=1-\dfrac{29.1}{100}=0.709.$$

二、单项选择题

(1) (C)；

(2) (B)；**提示** 由于 $X\sim N(0,1), Y\sim N(1,1)$，且 X 与 Y 相互独立，因此 $X+Y\sim N(1,2)$，故 $P\{X+Y\leqslant 1\}=P\{X+Y\geqslant 1\}=\dfrac{1}{2}$.

(3) (B);**提示** X 与 Y 不相关,则 $\text{Cov}(X,Y)=0$,因此 $E(XY)=E(X)E(Y)$.
(4) (D); (5) (B).

三、计算题

1. (1) 设 A 表示事件"从甲袋中取出的是红球",B 表示事件"从乙袋中取出的是白球",则根据全概率公式,有

$$P(B) = P(A)P(B\mid A) + P(\overline{A})P(B\mid \overline{A}) = \frac{6}{10}\times\frac{3}{10} + \frac{4}{10}\times\frac{4}{10} = 0.34.$$

(2) $P(\overline{A}\mid B) = \dfrac{P(\overline{A}B)}{P(B)} = \dfrac{P(\overline{A})P(B\mid\overline{A})}{P(B)} = \dfrac{\frac{4}{10}\times\frac{4}{10}}{0.34} = \dfrac{8}{17}.$

2. (1) 由于

$$\int_{-\infty}^{+\infty} f(x)\,\mathrm{d}x = \int_0^2 \lambda x\,\mathrm{d}x = 2\lambda = 1,$$

因此 $\lambda = \dfrac{1}{2}$;

(2) $P\{1 < X < 4\} = \int_1^4 f(x)\,\mathrm{d}x = \int_1^2 \dfrac{1}{2}x\,\mathrm{d}x + \int_2^4 0\,\mathrm{d}x = \dfrac{3}{4};$

(3) 由于

$$E(X) = \int_{-\infty}^{+\infty} xf(x)\,\mathrm{d}x = \int_0^2 \frac{1}{2}x^2\,\mathrm{d}x = \frac{4}{3};\ E(X^2) = \int_{-\infty}^{+\infty} x^2 f(x)\,\mathrm{d}x = \int_0^2 \frac{1}{2}x^3\,\mathrm{d}x = 2;$$

因此

$$D(X) = E(X^2) - [E(X)]^2 = 2 - \frac{16}{9} = \frac{2}{9};$$

(4) $F(x) = \int_{-\infty}^x f(t)\,\mathrm{d}t = \begin{cases} 0, & x<0, \\ \dfrac{1}{4}x^2, & 0\leqslant x < 2, \\ 1, & x\geqslant 2. \end{cases}$

3. (1) 二元随机变量 (X,Y) 的分布律为

X \ Y	0	1
0	0.36	0.24
1	0.24	0.16

(2) X 和 Y 的边缘分布律为

X	0	1
p_k	0.6	0.4

Y	0	1
p_k	0.6	0.4

由于 $P(X=x, Y=y) = P(X=x)P(Y=y)$,其中 $x=0,1, y=0,1$,因此 X 和 Y 相互独立.

(3) $E(X)=0.4, E(Y)=0.4, E(X^2)=0.4, E(Y^2)=0.4$,因此 $D(X)=0.24, D(Y)=0.24$,又因为 X 和 Y 相互独立,故 $D(X+Y)=D(X)+D(Y)=0.48.$

4.（1）由于
$$\mu = E(X) = \int_0^1 x(\alpha+1)x^\alpha dx = \frac{\alpha+1}{\alpha+2},$$
解得 $\alpha = \frac{2\mu-1}{1-\mu}$，因此参数 α 的矩估计量为 $\hat{\alpha} = \frac{2\overline{X}-1}{1-\overline{X}}$.

（2）设样本的观测值为 $x_1, x_2, \cdots, x_n$，样本的似然函数为
$$L(\alpha) = \prod_{i=1}^n f(x_i;\alpha) = \prod_{i=1}^n (\alpha+1)x_i^\alpha = (\alpha+1)^n \prod_{i=1}^n x_i^\alpha,$$
当 $x_i > 0, i=1,2,\cdots,n$ 时，对数似然函数为
$$\ln L(\alpha) = n\ln(\alpha+1) + \alpha \sum_{i=1}^n \ln x_i,$$
令 $\frac{d\ln L(\alpha)}{d\alpha} = \frac{n}{\alpha+1} + \sum_{i=1}^n \ln x_i = 0$，解得 α 的最大似然估计值为 $\hat{\alpha} = -\frac{1}{\frac{1}{n}\sum_{i=1}^n \ln x_i} - 1$，因此 α 的最大似然估计量为 $\hat{\alpha} = -\frac{1}{\frac{1}{n}\sum_{i=1}^n \ln X_i} - 1$.

5．由题意 $(X-10) \sim N(0,1)$，因此
$$E(L) = -2P\{X<9\} + 30P\{9 \leqslant X \leqslant 11\} - 5P\{X>11\}$$
$$= -2P\{X-10<-1\} + 30P\{-1 \leqslant X-10 \leqslant 1\} - 5P\{X-10>1\}$$
$$= -2\Phi(-1) + 30[\Phi(1) - \Phi(-1)] - 5[1-\Phi(1)]$$
$$= -2[1-\Phi(1)] + 30[2\Phi(1)-1] - 5[1-\Phi(1)]$$
$$= 67\Phi(1) - 37 \approx 19.367.$$

四、应用题

1．设 X 为系统损坏的部件个数，则 $X \sim b(n,p)$，其中 $n=100, p=0.05$. 且 $E(X) = np = 5, D(X) = npq = 4.75$，根据中心极限定理，当 n 充分大时，$\frac{X-5}{\sqrt{4.75}}$ 近似地服从 $N(0,1)$，因此
$$P\{X \leqslant 10\} = P\left\{\frac{X-5}{\sqrt{4.75}} \leqslant \frac{5}{\sqrt{4.75}}\right\} \approx \Phi\left(\frac{5}{\sqrt{4.75}}\right) = \Phi(2.23) = 0.989.$$

2．由题意，检验如下假设
$$H_0: \mu = 72, \quad H_1: \mu \neq 72,$$
取检验统计量 $t = \frac{\overline{X}-\mu_0}{S/\sqrt{n}}$，由于 $\alpha = 0.05$，检验的拒绝域为：$|t| \geqslant t_{0.025}(11) = 2.201$. 由 $n=12, \mu_0=72, s=4.6$，计算得 $|t| = 2.937 > t_{0.025}(11)$，故拒绝 H_0，认为慢性铅中毒患者的脉搏次数与正常人存在显著差异.

五、证明题

（1）若 X 为连续型随机变量，设其密度函数为 $f(x)$，则
$$P\{|X-\mu| \geqslant \lambda\} = \int_{|x-\mu|\geqslant\lambda} f(x)dx \leqslant \int_{|x-\mu|\geqslant\lambda} \frac{(x-\mu)^2}{\lambda^2} f(x)dx$$

$$\leqslant \int_{-\infty}^{+\infty} \frac{(x-\mu)^2}{\lambda^2} f(x) \mathrm{d}x = \frac{1}{\lambda^2} \int_{-\infty}^{+\infty} (x-\mu)^2 f(x) \mathrm{d}x = \frac{\sigma^2}{\lambda^2}.$$

（2）若 X 为离散型随机变量，其所有可能的取值为 $\{x_i\}$，则

$$P\{|X-\mu| \geqslant \lambda\} = \sum_{|x_i-\mu| \geqslant \lambda} P\{X_i = x_i\} \leqslant \sum_{|x_i-\mu| \geqslant \lambda} \frac{(x_i-\mu)^2}{\lambda^2} P\{X_i = x_i\}$$

$$\leqslant \frac{1}{\lambda^2} \sum_i (x_i-\mu)^2 P\{X_i = x_i\} = \frac{\sigma^2}{\lambda^2}.$$

模拟试题六详解

一、填空题

(1) $A \cup B \cup C$； (2) $\dfrac{C_{400}^{90} C_{1\,100}^{110}}{C_{1\,500}^{200}}$； (3) $f(x)=\begin{cases}\dfrac{1}{2}x^{-\frac{1}{2}}, & 0<x<1, \\ 0, & \text{其他}.\end{cases}$； (4) $N(0,17)$；

(5) 11.2； (6) $\sigma_1\sigma_2\rho$； (7) $[F(z)]^2$； (8) $\dfrac{\sigma^2}{16}$； (9) $\dfrac{\hat{\theta}-a}{b}$； (10) $(4.412, 5.588)$.

二、单项选择题

(1) (D)； (2) (B)； (3) (D)； (4) (C)； (5) (A).

三、计算题

1. (1) 由概率密度的性质有

$$1 = \int_{-\infty}^{\infty} f(x)\,\mathrm{d}x = \int_0^2 kx\,\mathrm{d}x = k\left.\dfrac{x^2}{2}\right|_0^2 = 2k,$$

解得 $k=\dfrac{1}{2}$，

(2) 由分布函数的定义，当 $x<0$ 时，$F(x)=0$，当 $0\leqslant x<2$ 时，

$$F(x) = \int_{-\infty}^x f(x)\,\mathrm{d}x = \int_0^x \dfrac{t}{2}\,\mathrm{d}t = \dfrac{x^2}{4},$$

当 $x\geqslant 2$ 时，$F(x)=1$，故 X 的分布函数为

$$F(x) = \begin{cases} 0, & x<0, \\ \dfrac{x^2}{4}, & 0\leqslant x<2, \\ 1, & x\geqslant 2, \end{cases}$$

(3) $P\{1<X\leqslant 7/2\} = F(7/2) - F(1) = 1 - 1/4 = 3/4$.

2. 以 A 表示"选到的学生学习努力"，B 表示"选到的学生考试及格"，则由题意，有

$$P(A) = 80\%, \quad P(\overline{A}) = 20\%, \quad P(B|A) = 90\%, \quad P(B|\overline{A}) = 10\%,$$

(1) 由全概率公式有
$$P(B) = P(B|A)P(A) + P(B|\overline{A})P(\overline{A}) = 0.9 \times 0.8 + 0.1 \times 0.2 = 0.74,$$
(2) 由条件概率定义有
$$P(\overline{A} \mid B) = \frac{P(B|\overline{A})P(\overline{A})}{P(B)} = \frac{0.1 \times 0.2}{0.74} = 0.027.$$

3. 以 X 表示"抽取的 100 根中长度小于 3 米的根数",则
$$X \sim b(100, 0.2), \quad E(X) = 20, \quad D(X) = 16,$$
由中心极限定理有
$$P(X \geqslant 30) = 1 - P(X < 30) = 1 - P\left(\frac{X - E(X)}{\sqrt{D(X)}} < \frac{30 - 20}{\sqrt{16}}\right)$$
$$\approx 1 - \Phi(2.5) = 1 - 0.9938 = 0.0062.$$

4. (1) 由已知 X 和 Y 的边缘分布律分别为

X	0	1
p	0.4	0.6

Y	0	1
p	0.4	0.6

(2) 由于
$$P\{X=0, Y=0\} = 0.1, P\{X=0\}P\{Y=0\} = 0.4 \times 0.4 = 0.16,$$
即
$$P\{X=0, Y=0\} \neq P\{X=0\}P\{Y=0\},$$
从而 X 和不独立,

(3) XY 的分布律为

XY	0	1
p	0.7	0.3

从而 $E(XY) = 0.3$,再由(1)有 $E(X) = E(Y) = 0.6$,故
$$\text{Cov}(X, Y) = E(XY) - E(X)E(Y) = 0.3 - 0.6 \times 0.6 = -0.06,$$

(4) $\max(X, Y)$ 的可能取值为 $0, 1$,并且
$$P\{\max(X,Y) = 1\} = P\{X=0, Y=1\} + P\{X=1, Y=0\} + P\{X=1, Y=1\} = 0.9,$$
$$P\{\max(X,Y) = 0\} = P\{X=0, Y=0\} = 0.1,$$
故 $\max(X, Y)$ 的分布律为

$\max(X,Y)$	0	1
p	0.1	0.9

5. (1) 由概率密度的性质,有

$$1 = \int_{-\infty}^{\infty}\int_{-\infty}^{\infty} f(x,y)\mathrm{d}y\mathrm{d}x = \int_{-1}^{1}\int_{x^2}^{1} cx^2 y\mathrm{d}y\mathrm{d}x = c\int_{-1}^{1} x^2 \left[\int_{x^2}^{1} y\mathrm{d}y\right]\mathrm{d}x = c\times\frac{4}{21},$$

解得 $c = \frac{21}{4}$,

(2)

$$f_X(x) = \int_{-\infty}^{\infty} f(x,y)\mathrm{d}y = \begin{cases} \int_{x^2}^{1}\frac{21}{4}x^2 y\mathrm{d}y, & -1<x<1, \\ 0, & \text{其他} \end{cases}$$

$$= \begin{cases} \frac{21}{8}x^2(1-x^4), & -1<x<1, \\ 0, & \text{其他} \end{cases}$$

(3) $P\{X>Y\} = \int_0^1\int_{x^2}^{x} \frac{21}{4}x^2 y\mathrm{d}y\mathrm{d}x = \frac{21}{4}\int_0^1 x^2\left[\int_{x^2}^{x} y\mathrm{d}y\right]\mathrm{d}x = \frac{3}{20}.$

6. (1) 由题意

$$\mu_1 = E(X) = \int_{-\infty}^{\infty} xf(x;\theta)\mathrm{d}x = \int_{\theta}^{1}\frac{x}{1-\theta}\mathrm{d}x = \frac{\theta+1}{2},$$

整理有 $\theta = 2\mu_1 - 1$,故 $\hat{\theta} = 2\overline{X} - 1$,其中 $\overline{X} = \frac{1}{n}\sum_{i=1}^{n}X_i.$

(2) 似然函数

$$L(\theta) = \prod_{i=1}^{n} f(x_i;\theta) = \prod_{i=1}^{n}\frac{1}{1-\theta} = \left(\frac{1}{1-\theta}\right)^n, \quad \theta \leqslant x_1,x_2,\cdots,x_n \leqslant 1,$$

而 $\frac{\mathrm{d}L(\theta)}{\mathrm{d}\theta} = n(1-\theta)^{-n-1} > 0$,即 $L(\theta)$ 关于 θ 单调递增,故 θ 的最大似然估计量为

$$\hat{\theta} = \min\{X_1, X_2, \cdots, X_n\}.$$

7. 由题意,置信水平 $1-\alpha = 95\%$,从而 $\alpha = 0.05$,样本容量 $n=10$,σ 未知时 μ 的置信区间为

$$\left(\overline{X} - \frac{S}{\sqrt{n}}t_{\alpha/2}(n-1), \overline{X} + \frac{S}{\sqrt{n}}t_{\alpha/2}(n-1)\right),$$

由已知有 $t_{\alpha/2}(n-1) = t_{0.025}(9) = 0.2622$,故 μ 的置信水平为 95% 的置信区间为

$$\left(\bar{x} - \frac{s}{\sqrt{n}}t_{0.025}(9), \bar{x} + \frac{s}{\sqrt{n}}t_{0.025}(9)\right) = \left(1\,500 - \frac{20}{\sqrt{10}}\times 0.2622, 1\,500 + \frac{20}{\sqrt{10}}\times 0.2622\right)$$

$$= (1\,500 - 14.31, 1\,500 + 14.31)$$

$$= (1\,485.69, 1\,514.31).$$

四、证明题

设 (X,Y) 的概率密度 $f(x,y)$,X 的概率密度为 $f_X(x)$,依题意有

$$P\{X<Y\} = \int_0^{\infty}\int_0^{y} f(x,y)\mathrm{d}x\mathrm{d}y = \int_0^{\infty}\int_0^{y} f_X(x)f_Y(y)\mathrm{d}x\mathrm{d}y$$

$$= \int_0^{\infty}\left[\int_0^{y} f_X(x)\mathrm{d}x\right]f_Y(y)\mathrm{d}y = \int_0^{\infty} F_X(y)f_Y(y)\mathrm{d}y$$

$$= \int_0^{\infty} F_X(x)f_Y(x)\mathrm{d}x.$$

模拟试题七详解

一、填空题

(1) $0.5, 0.1, 0.9$；　(2) $\dfrac{1}{\pi}, \dfrac{1}{3}$；　(3) $b(3, 0.2), 0.6, 0.48$；　(4) $\dfrac{8}{9}$；

(5) 对 $\forall \theta \in \Theta, E(\hat{\theta}) = \theta$.

二、单项选择题

(1)（C）；　(2)（D）；　(3)（C）；　(4)（D）；　(5)（D）.

三、计算题

1. 记两个箱子分别为 A_1, A_2，"第一次取到一等品"为 B_1，"第二次取到一等品"为 B_2，

(1) 由全概率公式有

$$P(B_1) = P(B_1|A_1)P(A_1) + P(B_1|A_2)P(A_2) = \dfrac{C_{10}^1}{C_{50}^1} \times \dfrac{1}{2} + \dfrac{C_{18}^1}{C_{30}^1} \times \dfrac{1}{2} = \dfrac{4}{10},$$

(2) 由条件概率定义有

$$P(B_2|B_1) = \dfrac{P(B_2 B_1)}{P(B_1)} = \dfrac{P(B_2 B_1|A_1)P(A_1) + P(B_2 B_1|A_2)P(A_2)}{P(B_1)}$$

$$= \dfrac{\dfrac{C_{10}^1 C_9^1}{C_{50}^1 C_{49}^1} \times \dfrac{1}{2} + \dfrac{C_{18}^1 C_{17}^1}{C_{30}^1 C_{29}^1} \times \dfrac{1}{2}}{\dfrac{4}{10}} = \dfrac{\dfrac{9}{490} + \dfrac{51}{290}}{\dfrac{4}{10}} = \dfrac{2\,760}{5\,684}.$$

2. (1) 由概率密度的性质有

$$1 = \int_{-\infty}^{\infty} \int_{-\infty}^{\infty} f(x,y)\mathrm{d}x\mathrm{d}y = \int_0^{\infty} \int_x^{\infty} cx\mathrm{e}^{-y}\mathrm{d}y\mathrm{d}x = c\int_0^{\infty} x\mathrm{e}^{-x}\mathrm{d}x = c,$$

故常数 $c = 1$.

(2) (X, Y) 的边缘分布为

$$f_X(x) = \int_{-\infty}^{\infty} f(x,y)\mathrm{d}y = \begin{cases} \int_x^{\infty} x\mathrm{e}^{-y}\mathrm{d}y, & x > 0, \\ 0, & \text{其他} \end{cases} = \begin{cases} x\mathrm{e}^{-x}, & x > 0, \\ 0, & \text{其他}, \end{cases}$$

$$f_Y(y) = \int_{-\infty}^{\infty} f(x,y)\,dx = \begin{cases} \int_0^y x e^{-y} dx, & y > 0, \\ 0, & \text{其他} \end{cases} = \begin{cases} \frac{1}{2} y^2 e^{-y}, & y > 0 \\ 0, & \text{其他} \end{cases}.$$

(3) 显然 $f(x,y) = f(x)f(y)$ 成立并非几乎处处成立,故 X 与 Y 不独立.

3. 由题意可知,Y 的可能取值范围 $(0,\infty)$,X 的概率密度函数为

$$f_X(x) = \begin{cases} 1, & 0 < x < 1, \\ 0, & \text{其他}, \end{cases}$$

由于 $y = -2\ln x$ 严格单调,反函数为 $x = e^{-\frac{y}{2}}$,反函数的导函数为 $x' = -\frac{1}{2} e^{-\frac{y}{2}}$,从而 Y 的概率密度函数为

$$f_Y(y) = \begin{cases} f_x[g^{-1}(y)]|g^{-1}(y)|, & \alpha < y < \beta, \\ 0, & \text{其他}, \end{cases} = \begin{cases} \frac{1}{2} e^{-\frac{y}{2}}, & 0 < y < \infty, \\ 0, & y \leqslant 0. \end{cases}$$

4. 设需要的车位数为 a,由 X_i 的分布律有

$$E(X_i) = 1 \times 0.6 + 2 \times 0.3 = 1.2,$$
$$E(X_i^2) = 1^2 \times 0.6 + 2^2 \times 0.3 = 1.8,$$
$$D(X_i) = E(X_i^2) - [E(X_i)]^2 = 0.36,$$
$$E\left(\sum_{i=1}^{200} X_i\right) = \sum_{i=1}^{200} E(X_i) = 200 \times 1.2 = 240,$$
$$D\left(\sum_{i=1}^{200} X_i\right) = \sum_{i=1}^{200} D(X_i) = 200 \times 0.36 = 72,$$

从而由中心极限定理有

$$P\left\{\sum_{i=1}^{200} X_i < a\right\} = P\left\{\frac{\sum_{i=1}^{200} X_i - E\left(\sum_{i=1}^{200} X_i\right)}{\sqrt{D\left(\sum_{i=1}^{200} X_i\right)}} < \frac{a - 240}{\sqrt{72}}\right\} \approx \Phi\left(\frac{a - 240}{\sqrt{72}}\right) \geqslant 0.95 = \Phi(1.645),$$

再由标准正态分布函数严格单调递增,有 $\frac{a - 240}{\sqrt{72}} \geqslant 1.645$,解得 $a \geqslant 254$,故至少需要的车位数是 254 个.

5. 由题意,X_1, X_2 分别服从参数为 $\frac{1}{2}$ 和 $\frac{1}{4}$ 的指数分布,从而有

$$E(X_1) = \frac{1}{2}, \quad E(X_2) = \frac{1}{4}, \quad D(X_2) = \frac{1}{16}, \quad E(X_2^2) = D(X_2) + [E(X_2)]^2 = \frac{1}{8},$$

由数学期望的性质有

$$E(X_1 + X_2) = E(X_1) + E(X_2) = \frac{1}{2} + \frac{1}{4} = \frac{3}{4},$$
$$E(2X_1 - 3X_2^2) = 2E(X_1) - 3E(X_2^2) = 2 \times \frac{1}{2} - 3 \times \frac{1}{8} = \frac{5}{8}.$$

6. 由题意,$n = 9, 1 - \alpha = 0.95, \alpha/2 = 0.025$,经计算

$$\bar{x} = \frac{1}{9}\sum_{i=1}^{9} x_i = 6, \quad s = \sqrt{\frac{1}{9-1}\sum_{i=1}^{9}(x_i - \bar{x})^2} = 0.325,$$

从而当 $\sigma = 0.6$ 时，μ 的置信区间为

$$\left(\bar{x} - \frac{\sigma}{\sqrt{n}}z_{\alpha/2}, \bar{x} + \frac{\sigma}{\sqrt{n}}z_{\alpha/2}\right) = \left(6 - 1.96 \times \frac{0.6}{3}, 6 + 1.96 \times \frac{0.6}{3}\right) = (5.608, 6.392),$$

当未知时，μ 的置信区间为

$$\left(\bar{x} - t_{\alpha/2}(n-1)\frac{s}{\sqrt{n}}, \bar{x} + t_{\alpha/2}(n-1)\frac{s}{\sqrt{n}}\right)$$

$$= \left(6 - 2.306 \times \frac{0.325}{3}, 6 + 2.306 \times \frac{0.325}{3}\right) = (5.7502, 6.2498).$$

7. 由题意，

$$\mu = E(X) = \int_{-\infty}^{\infty} xf(x)dx = \int_{0}^{1}(\theta+1)x^{\theta+1}dx = \frac{\theta+1}{\theta+2}x^{\theta+2}\Big|_0^1 = \frac{\theta+1}{\theta+2},$$

整理得 $\theta = \frac{1-2\mu}{\mu-1}$，故 θ 的矩估计

$$\hat{\theta} = \frac{1-2\bar{X}}{\bar{X}-1},$$

其中 $\bar{X} = \frac{1}{n}\sum_{i=1}^{n} X_i$.

设样本值为 $x_1, x_2, \cdots, x_n$，则似然函数为

$$L(x_1, x_2, \cdots, x_n; \theta)$$
$$= f(x_1; \theta)f(x_2; \theta)\cdots f(x_n; \theta) = (\theta+1)^n (x_1 x_2 \cdots x_n)^\theta, \quad 0 < x_1, x_2, \cdots, x_n < 1,$$

对数似然函数为

$$\ln L(x_1, x_2, \cdots, x_n; \theta) = n\ln(\theta+1) + \theta\ln(x_1 x_2, \cdots x_n)$$

由对数似然方程

$$\frac{d\ln L(x_1, x_2, \cdots, x_n; \theta)}{d\theta} = \frac{n}{\theta+1} + \ln(x_1 x_2, \cdots x_n) = 0$$

解得 θ 的最大似然估计为

$$\hat{\theta} = -\frac{n}{\ln(x_1 x_2, \cdots x_n)} - 1.$$

四、证明题

记 $f(c) = E[(X-c)^2]$，c 为任意实数，由于

$$f(c) = E[(X-c)^2] = E(X^2 - 2cX + c^2) = E(X^2) - 2cE(X) + c^2$$
$$= [c - E(x)]^2 + E(x^2) - [E(x)]^2,$$

故当 $c = EX$ 时，$f(c)$ 取到最小值 $f[E(X)] = E(X^2) - [E(X)]^2 = D(X)$，故当 $c \neq E(X)$ 时，$D(X) < E[(X-c)^2]$.

模拟试题八详解

一、填空题

(1) 0.25；**提示** $P(B|A) = \dfrac{P(AB)}{P(A)} = \dfrac{P(B)P(A|B)}{P(A)}$.

(2) $\dfrac{1}{2}$；**提示** 由题意

$$P(A\bar{B}) = \dfrac{1}{4}, P(\bar{A}B) = \dfrac{1}{4}, P(AB) = P(A)P(B),$$

而

$$P(B) = P(AB) + P(\bar{A}B) = P(AB) + \dfrac{1}{4},$$

$$P(A) = P(AB) + P(A\bar{B}) = P(AB) + \dfrac{1}{4},$$

因此 $P(A) = P(B)$，故有

$$P(A) = P(AB) + \dfrac{1}{4} = P(A)P(A) + \dfrac{1}{4},$$

解得 $P(A) = \dfrac{1}{2}$.

(3) $1 - p^{10}$；

(4) 3；**提示** $D(X+Y) = D(X) + D(Y) + 2\mathrm{Cov}(X,Y)$，
$D(X-Y) = D(X) + D(Y) - 2\mathrm{Cov}(X,Y)$，$\mathrm{Cov}(X,Y) = E(XY) - E(X)E(Y)$.

(5) $\begin{cases} \dfrac{2}{\pi}\sqrt{1-x^2}, & -1 \leqslant x \leqslant 1, \\ 0, & \text{其他}. \end{cases}$ (6) 0.046； (7) 22.375.

二、单项选择题

(1) (B)；

(2) (D)；**提示** X 服从两点分布，$P\{X=-1\} = 0.8, P\{X=1\} = 0.2$.

(3) (A)； (4) (D)； (5) (A).

三、计算题

1. (1) 设 A, B, C 分别表示事件"甲射手中靶","乙射手中靶"和"丙射手中靶",D 表示事件"恰有两弹中靶",则 $P(A)=0.8, P(B)=0.6, P(C)=0.4$,由题意,

$$P(D) = P(\bar{A}BC) + P(A\bar{B}C) + P(AB\bar{C})$$
$$= P(\bar{A})P(B)P(C) + P(A)P(\bar{B})P(C) + P(A)P(B)P(\bar{C})$$
$$= 0.2 \times 0.6 \times 0.4 + 0.8 \times 0.4 \times 0.4 + 0.8 \times 0.6 \times 0.6 = 0.464;$$

(2) $P(A|D) = \dfrac{P(AD)}{P(D)} = \dfrac{P(A)P(D|A)}{P(D)} = \dfrac{P(A)[P(\bar{B}C) + P(B\bar{C})]}{P(D)}$

$$= \dfrac{0.8 \times (0.4 \times 0.4 + 0.6 \times 0.6)}{0.464} = 0.897;$$

$P(B|D) = \dfrac{P(BD)}{P(D)} = \dfrac{P(B)P(D|B)}{P(D)} = \dfrac{P(B)[P(\bar{A}C) + P(A\bar{C})]}{P(D)}$

$$= \dfrac{0.6 \times (0.2 \times 0.4 + 0.8 \times 0.6)}{0.464} = 0.724;$$

$P(C|D) = \dfrac{P(CD)}{P(D)} = \dfrac{P(C)P(D|C)}{P(D)} = \dfrac{P(C)[P(\bar{A}B) + P(A\bar{B})]}{P(D)}$

$$= \dfrac{0.4 \times (0.2 \times 0.6 + 0.8 \times 0.4)}{0.464} = 0.379.$$

2. 由 $\int_{-\infty}^{+\infty} (x^2 + 2x - 4) f(x) \mathrm{d}x = 0$ 可知,$E(X^2) + 2E(X) - 4 = 0$,因此

$$D(X) + [E(X)]^2 + 2E(X) - 4 = 0,$$

解得 $D(X) = 1$,故 $D(2X+1) = 4D(X) = 4$.

3. (1) X 的分布函数为 $F(x) = \begin{cases} 0, & x < 1, \\ x^2 - 2x + 1, & 1 \leqslant x \leqslant 2, \\ 1, & x > 2. \end{cases}$

(2) $P(X=2) = F(2) - F(2-0) = 0;$

$$P\left(X < \dfrac{3}{2}\right) = P\left(X \leqslant \dfrac{3}{2}\right) = F\left(\dfrac{3}{2}\right) = \dfrac{9}{4} - 3 + 1 = \dfrac{1}{4}.$$

(3) 由于 $Y = 1 + 3X$,故 $X = \dfrac{1}{3}(Y-1)$,因此 Y 的概率密度函数为

$$f_Y(y) = \dfrac{1}{3} f_X\left(\dfrac{y-1}{3}\right) = \begin{cases} \dfrac{2}{9}x - \dfrac{8}{9}, & 4 \leqslant y \leqslant 7, \\ 0, & \text{其他}. \end{cases}$$

4. (1) 由于

$$\int_0^{+\infty} \mathrm{d}y \int_0^{+\infty} k\mathrm{e}^{-(3x+4y)} \mathrm{d}x = k \int_0^{+\infty} \mathrm{e}^{-4y} \mathrm{d}y \cdot \int_0^{+\infty} \mathrm{e}^{-3x} \mathrm{d}x = \dfrac{k}{12} = 1,$$

因此 $k = 12$.

(2) 由于当 $x > 0$ 时,

$$f_X(x) = \int_{-\infty}^{+\infty} f(x, y) \mathrm{d}y = \int_0^{+\infty} 12\mathrm{e}^{-(3x+4y)} \mathrm{d}y = 3\mathrm{e}^{-3x},$$

当 $y > 0$ 时,

$$f_Y(y) = \int_{-\infty}^{+\infty} f(x,y)\mathrm{d}x = \int_0^{+\infty} 12\mathrm{e}^{-(3x+4y)}\mathrm{d}x = 4\mathrm{e}^{-4y},$$

因此 X,Y 的边缘密度函数为

$$f_X(x) = \begin{cases} 3\mathrm{e}^{-3x}, & x > 0, \\ 0, & x \leqslant 0, \end{cases} \qquad f_Y(y) = \begin{cases} 4\mathrm{e}^{-4y}, & y > 0, \\ 0, & y \leqslant 0. \end{cases}$$

(3) 当 $x > 0, y > 0$ 时，

$$F(x,y) = \int_0^y \mathrm{d}v \int_0^x 12\mathrm{e}^{-(3u+4v)}\mathrm{d}u = 12\int_0^y \mathrm{e}^{-4v}\mathrm{d}v \cdot \int_0^x \mathrm{e}^{-3u}\mathrm{d}u = (1-\mathrm{e}^{-3x})(1-\mathrm{e}^{-4y}),$$

因此，(X,Y) 的分布函数为

$$F(x,y) = \begin{cases} (1-\mathrm{e}^{-3x})(1-\mathrm{e}^{-4y}), & x > 0, y > 0, \\ 0, & \text{其他}. \end{cases}$$

(4) $P\{X+Y \leqslant 1\} = \int_0^1 \mathrm{d}x \int_0^{1-x} 12\mathrm{e}^{-(3x+4y)}\mathrm{d}y = 3\int_0^1 \mathrm{e}^{-3x}[1-\mathrm{e}^{-4(1-x)}]\mathrm{d}x$

$= 3\int_0^1 [\mathrm{e}^{-3x} - \mathrm{e}^{x-4}]\mathrm{d}x = 1 - 4\mathrm{e}^{-3} + 3\mathrm{e}^{-4}.$

5. (1) 因为总体 X 的分布律为：$P\{X=x\} = \binom{m}{x}p^x(1-p)^{m-x}, x=0,1,\cdots,m$，故似然函数为

$$L(p) = \prod_{i=1}^n \binom{m}{x_i} p^{x_i}(1-p)^{m-x_i} = p^{\sum_{i=1}^n x_i}(1-p)^{nm-\sum_{i=1}^n x_i} \prod_{i=1}^n \binom{m}{x_i},$$

对数似然函数为

$$\ln L(p) = \sum_{i=1}^n x_i \cdot \ln p + \left(nm - \sum_{i=1}^n x_i\right)\ln(1-p) + \sum_{i=1}^n \ln\binom{m}{x_i},$$

令

$$\frac{\mathrm{d}\ln L(p)}{\mathrm{d}p} = \frac{\sum_{i=1}^n x_i}{p} - \frac{nm - \sum_{i=1}^n x_i}{1-p} = 0,$$

解得 p 的最大似然估计值为 $\hat{p} = \frac{1}{nm}\sum_{i=1}^n x_i = \frac{\bar{x}}{m}$，因此 p 的最大似然估计量为 $\hat{p} = \frac{1}{nm}\sum_{i=1}^n X_i = \frac{\bar{X}}{m}$.

(2) 由题意，$n = 9$，因此 p 的最大似然估计值为 $\hat{p} = \frac{1}{180}\sum_{i=1}^9 x_i = 0.544$.

四、应用题

1. 记 X 为每年老人死亡的人数，并设每人每年至少交 a 元保险金，由题意

$$P\{10\,000a - 4\,000X > 100\,000\} \geqslant 0.95.$$

而 $X \sim b(n,p)$，其中

$$n = 10\,000, p = 0.02, E(X) = np = 200, D(X) = npq = 196,$$

当样本容量 n 很大时，$\frac{X-E(X)}{\sqrt{D(X)}} = \frac{X-200}{14}$ 近似地服从 $N(0,1)$. 因此

$$P\{a - 0.4X > 10\} = P\left\{\frac{X-200}{14} < \frac{5a-450}{28}\right\} \approx \Phi\left(\frac{5a-450}{28}\right) \geqslant 0.95,$$

查标准正态分布表可知,$\frac{5a-450}{28} \geqslant 1.65$,故 $a \geqslant 99.24$,即每人每年至少交 99.24 元保险金,该保险公司才能使年盈利大于 10 万元的概率不低于 95%.

2. (1) 由于总体标准差 $\sigma = 0.01$,因此总体均值 μ 的 95% 置信区间为

$$\left(\overline{X} - \frac{\sigma}{\sqrt{n}}z_{0.025}, \overline{X} + \frac{\sigma}{\sqrt{n}}z_{0.025}\right),$$

由题设,$n = 16$,计算得 $\overline{x} = 2.131$,查表知 $z_{0.025} = 1.96$,因此总体均值 μ 的 95% 置信区间为 $(2.126, 2.136)$.

(2) 若总体标准差 σ 未知,试求总体均值 μ 的 95% 置信区间为

$$\left(\overline{X} - \frac{S}{\sqrt{n}}t_{0.025}(n-1), \overline{X} + \frac{S}{\sqrt{n}}t_{0.025}(n-1)\right),$$

由题设,$n = 16$,$\overline{x} = 2.131$,$s = 0.017$,$t_{0.025}(15) = 2.132$,因此总体均值 μ 的 95% 置信区间为 $(2.122, 2.140)$.

五、证明题

为表述方便,记 $E(X) = a, E(Y) = b$,则

$$\begin{aligned}
D(XY) &= E\{[XY - E(XY)]^2\} = E[(XY - ab)^2] \\
&= E[(XY - bX + bX - ab)^2] = E\{[X(Y-b) + b(X-a)]^2\} \\
&= E[X^2(Y-b)^2] + b^2 E[(X-a)^2] + 2E[X(Y-b)b(X-a)] \\
&= E(X^2)D(Y) + b^2 D(X) + 2bE[X(X-a)]E(Y-b) \\
&= [D(X) + a^2]D(Y) + b^2 D(X) \\
&= D(X)D(Y) + [E(X)]^2 D(Y) + [E(Y)]^2 D(X).
\end{aligned}$$

模拟试题九详解

一、填空题

(1) $A_1 \cup A_2 \cup A_3$；

(2) $F(x) = \begin{cases} 0, & x<-1, \\ 0.4, & -1 \leqslant x<2, \\ 1, & x \geqslant 2. \end{cases}$

(3) 8.6；**提示**

$$P\{x \leqslant -2.6\} = \Phi\left(\frac{-2.6-3}{4}\right) = 1 - \Phi(1.4) = 0.1,$$

所以 $\Phi(1.4) = 0.9$，而

$$P\{x \leqslant a\} = \Phi\left(\frac{a-3}{4}\right) = 0.9,$$

故 $\frac{a-3}{4} = 1.4$，解得 $a = 8.6$.

(4) 5.85；**提示** $D(X) = 9, D(Y) = \frac{1}{4}$，因此

$$D(X - 3Y) = D(X) + 9D(Y) - 2\text{Cov}(X, 3Y)$$
$$= D(X) + 9D(Y) - 6\sqrt{D(X)D(Y)}\rho_{XY}$$
$$= 9 + \frac{9}{4} - 6 \times \sqrt{9 \times \frac{1}{4}} \times 0.6 = 5.85.$$

(5) $\rho = 0$；

(6) $t(3)$；**提示** 由 $X \sim N(0,1)$，有 $X_2^2 + X_3^2 + X_4^2 \sim \chi^2(3)$，因此

$$U = \frac{\sqrt{3}X_1}{\sqrt{X_2^2 + X_3^2 + X_4^2}} = \frac{X_1}{\sqrt{\frac{X_2^2 + X_3^2 + X_4^2}{3}}} \sim t(3).$$

(7) 第 1 类错误和第 2 类错误；**提示** 在原假设 H_0 实际上为真时，我们可能犯拒绝 H_0 的错误，称这类"弃真"的错误为第 1 类错误；又当原假设 H_0 实际上不真时，我们也

有可能犯接受 H_0，称这类"纳伪"的错误为第 2 类错误.

二、单项选择题

(1) (C);

(2) (C); **提示** **方法1** 设 A_i 表示"此密码被第 i 人破译出", $i=1,2,3$，且
$$P(A_1)=\frac{1}{5}, P(A_2)=\frac{1}{4}, P(A_3)=\frac{1}{3},$$

因此
$$\begin{aligned}P(A_1 \cup A_2 \cup A_3) &= P(A_1)+P(A_2)+P(A_3)\\&\quad -P(A_1A_2)-P(A_2A_3)-P(A_1A_3)+P(A_1A_2A_3)\\&=P(A_1)+P(A_2)+P(A_3)-P(A_1)P(A_2)\\&\quad -P(A_2)P(A_3)-P(A_1)P(A_3)+P(A_1)P(A_2)P(A_3)\\&=0.6;\end{aligned}$$

方法2 $P(A_1 \cup A_2 \cup A_3)=1-P(\overline{A_1 \cup A_2 \cup A_3})=1-P(\overline{A_1} \cap \overline{A_2} \cap \overline{A_3})$
$$=1-P(\overline{A_1})P(\overline{A_2})P(\overline{A_3})=0.6.$$

故(C)正确.

(3) (C); **提示** $F_Y(y)=P\{Y \leqslant y\}=P\{5X-3 \leqslant y\}=P\left\{X \leqslant \frac{y+3}{5}\right\}=F_X\left(\frac{y+3}{5}\right).$

(4) (A);

(5) (C); **提示** 根据统计量的定义，因为 $\sum_{i=1}^{n}\frac{X_i}{\sigma}$ 中含有未知参数，因此 C 选项给出的表达式不是统计量.

(6) (B); **提示** 因为
$$E\left[\frac{1}{n}\sum_{i=1}^{n}(X_i-\mu)^2\right]=\frac{1}{n}\sum_{i=1}^{n}E(X_i-\mu)^2=\frac{1}{n}\sum_{i=1}^{n}D(X_i)$$
$$=\frac{1}{n}\sum_{i=1}^{n}D(X)=D(X).$$

(7) (C).

三、计算题

1. 设 A_1,A_2,A_3 分别表示产品是由甲、乙、丙 3 个车间生产的, B 表示该厂生产的产品是次品, 由已知有
$$P(A_1)=\frac{1}{2}, P(A_2)=\frac{1}{3}, P(A_3)=\frac{1}{6},$$
$$P(B|A_1)=0.02, P(B|A_2)=0.01, P(B|A_3)=0.03$$

(1) $P(B)=P(A_1)P(B|A_1)+P(A_2)P(B|A_2)+P(A_3)P(B|A_3)$
$$=\frac{1}{2} \times 0.02+\frac{1}{3} \times 0.01+\frac{1}{6} \times 0.03=0.0183,$$

故该厂的次品率为 0.0183;

(2) $P(A_1|B)=\dfrac{P(A_1)P(B|A_1)}{P(B)}=\dfrac{\frac{1}{2} \times 0.02}{0.0183}=0.545,$

$$P(A_1|B) = \frac{P(A_1)P(B|A_1)}{P(B)} = \frac{\frac{1}{3} \times 0.01}{0.018\,3} = 0.182,$$

$$P(A_1|B) = \frac{P(A_1)P(B|A_1)}{P(B)} = \frac{\frac{1}{6} \times 0.03}{0.018\,3} = 0.273,$$

故从该厂产品中抽取的一件产品为次品,它是三个车间生产的概率分别为 0.545、0.182、0.273.

2.(1)因为对任意 $x_1 < x_2$,有

$$\Phi(x_2) - \Phi(x_1) = P\{x_1 < X \leqslant x_2\} \geqslant 0,$$

故, $\Phi(x)$ 为单调增函数;并且

$$\lim_{x \to -\infty} \Phi(x) = 0, \quad \lim_{x \to +\infty} \Phi(x) = 1,$$

因此对任意 $x \in R, 0 \leqslant \Phi(x) \leqslant 1$;

(2) Y 的分布函数为

$$F_Y(Y \leqslant y) = P\{\Phi(X) \leqslant y\}$$

$$= \begin{cases} 0, & y < 0, \\ P\{X \leqslant \Phi^{-1}(y)\} = \Phi[\Phi^{-1}(y)] = y, & 0 \leqslant y \leqslant 1, \\ 1, & y > 1. \end{cases}$$

因此

$$f_Y(y) = \frac{d}{dy} F_Y(y) = \begin{cases} 1, & 0 \leqslant y \leqslant 1, \\ 0, & \text{其他.} \end{cases}$$

即 Y 服从 $[0,1]$ 上的均匀分布.

3. (X,Y) 的分布律为

Y \ X	-1	0
0	$\frac{1}{3}$	0
1	$\frac{1}{3}$	$\frac{1}{3}$

(1) X 的边缘分布

X	-1	0
$p_{i\cdot}$	$\frac{2}{3}$	$\frac{1}{3}$

;

(2) $E(X) = -\frac{2}{3}$, 又因为 Y 和 XY 的边缘分布分别为:

Y	0	1
$p_{\cdot j}$	$\frac{1}{3}$	$\frac{2}{3}$

,

XY	-1	0
p	$\frac{1}{3}$	$\frac{2}{3}$

,因此

$$E(Y) = \frac{2}{3}, \quad E(XY) = -\frac{1}{3}, \quad \text{Cov}(X,Y) = E(XY) - E(X)E(Y) = \frac{1}{9};$$

(3) 由于 $P\{X=0,Y=0\}\neq P\{X=0\}P\{Y=0\}$,故 X 与 Y 不独立;

(4) $\max(X,Y)$ 的分布律为

$\max(X,Y)$	0	1
p	$\dfrac{1}{3}$	$\dfrac{2}{3}$

4. 如图 9.1 所示

(1) $f_Y(y) = \int_{-\infty}^{+\infty} f(x,y)\mathrm{d}x = \begin{cases} \int_0^y \dfrac{3}{4}x\mathrm{d}x, & 0<y<2, \\ 0, & \text{其他} \end{cases}$

$= \begin{cases} \dfrac{3}{8}y^2, & 0<y<2, \\ 0, & \text{其他}. \end{cases}$

(2) 如图 9.2 所示,

$P(X+Y>2) = \iint\limits_{x+y>2} f(x,y)\mathrm{d}x\mathrm{d}y = \int_1^2 \mathrm{d}y \int_{2-y}^y \dfrac{3}{4}x\mathrm{d}x = \int_1^2 \dfrac{3}{2}(y-1)\mathrm{d}y = \dfrac{3}{4}.$

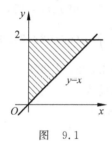
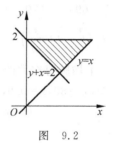

图 9.1   图 9.2

5. 似然函数为

$L = \prod_{i=1}^{n} f(x_i) = \prod_{i=1}^{n} \dfrac{1}{\sigma} \mathrm{e}^{-\frac{x_i-\mu}{\sigma}} = \dfrac{1}{\sigma^n}\mathrm{e}^{-\frac{1}{\sigma}\sum_{i=1}^{n}(x_i-\mu)},$

$\ln L = -n\ln\sigma - \dfrac{1}{\sigma}\sum_{i=1}^{n}(x_i-\mu), \quad \dfrac{\mathrm{d}}{\mathrm{d}\theta}\ln L = \dfrac{-n}{\sigma} + \dfrac{1}{\sigma^2}\sum_{i=1}^{n}(x_i-\mu) = 0,$

故 σ 的极大似然估计值为 $\hat{\theta} = \dfrac{1}{n}\sum_{i=1}^{n}(x_i-\mu).$

四、应用题

1. 设录取者中的最低分数为 k,则

$$P\{X>90\} = 1 - \Phi\left(\dfrac{90-\mu}{\sigma}\right) = \dfrac{359}{10\,000},$$

因此

$$\Phi\left(\dfrac{90-\mu}{\sigma}\right) = \dfrac{9\,641}{10\,000} = 0.964\,1, P\{X<60\} = \Phi\left(\dfrac{60-\mu}{\sigma}\right) = \dfrac{1\,151}{10\,000} = 0.115\,1,$$

从而 $\Phi\left(-\dfrac{60-\mu}{\sigma}\right) = 0.884\,9$,所以 $\begin{cases} \dfrac{90-\mu}{\sigma} = 1.8, \\ -\dfrac{60-\mu}{\sigma} = 1.2. \end{cases}$ 解得 $\mu = 72, \sigma = 10$,故

$$P\{X \geqslant k\} = 1 - \Phi\left(\frac{k-72}{10}\right) \leqslant \frac{2\,500}{10\,000}, \quad \Phi\left(\frac{k-72}{10}\right) \geqslant 0.75,$$

所以 $\frac{k-72}{10} \geqslant 0.67, k \geqslant 78.7$, 录取者的中的最低分数为 79 分.

2. 设 X 表示每年丢失的电动自行车数, 则 $X \sim b(10\,000, 0.006)$, 因此 $X \stackrel{近似}{\sim} N(60, 59.64)$, 所以

$$P\{12 \times 10\,000 - 1\,000X \geqslant 40\,000\} = P\{X \leqslant 80\} \approx \Phi\left(\frac{80-60}{\sqrt{59.64}}\right) = \Phi(2.59) = 0.995\,2,$$

即保险公司一年获利不少于 40 000 元的概率为 0.995 2.

3. $\bar{x} = \frac{1}{9}(67+68+78+71+66+67+70+65+69) = 69$, 因此这 10 名患者平均脉搏次数的矩估计值为 69.

$$s^2 = \frac{1}{9-1}((67-69)^2 + (68-69)^2 + (78-69)^2 + (71-69)^2 + (66-69)^2$$
$$+ (67-69)^2 + (70-69)^2 + (65-69)^2 + (69-69)^2) = 15,$$
$$\left(\bar{x} \mp t_{\frac{\alpha}{2}}(n-1)\frac{s}{\sqrt{n}}\right) = \left(69 \mp 2.306\,2 \times \sqrt{\frac{15}{9}}\right) = (66.022, 71.978),$$

因此这 10 名患者平均脉搏次数的 95% 的区间估计为 (66.022, 71.978).

4. 已知 $n=9, \bar{x}=30, s=0.9, \alpha=0.05$, 要检验的假设为
$$H_0: \mu = 31.5, \quad H_1: \mu \neq 31.5,$$
而
$$T = \frac{\bar{x}-\mu}{\frac{s}{\sqrt{n}}} = \frac{30-31.5}{\frac{0.9}{\sqrt{9}}} = -5,$$

$t_{\frac{\alpha}{2}}(n-1) = t_{0.025}(8) = 2.306\,0$, 由于 $|T| = 5 > 2.306\,0$, 因此拒绝 H_0, 即不能据此样本认为该地区 9 月份平均气温为 31.5℃.

模拟试题十详解

一、填空题

(1) $\dfrac{11}{15}$；**提示** $P(A \cup B \cup C) = 1 - P(\overline{A \cup B \cup C}) = 1 - P(\overline{A} \cap \overline{B} \cap \overline{C}) = 1 - P(\overline{A})P(\overline{B})P(\overline{C}) = 1 - \left(1 - \dfrac{1}{2}\right)\left(1 - \dfrac{1}{3}\right)\left(1 - \dfrac{1}{5}\right) = \dfrac{11}{15}$.

(2) 0.88；**提示** 设 A_i 表示"第 i 次命中目标" $i=1,2$，因此
$$P(A_1) = 0.8, \quad P(A_2 \mid \overline{A}_1) = 0.4,$$
故
$$P[A_1 \cup (\overline{A}_1 A_2)] = P(A_1) + P(\overline{A}_1 A_2) = P(A_1) + P(\overline{A}_1)P(A_2 \mid \overline{A}_1)$$
$$= 0.8 + 0.2 \times 0.4 = 0.88.$$

(3) $\dfrac{1}{2}, \dfrac{1}{2}$；**提示** 由分布函数的性质有 $a+b=1, 2a=1$，因此 $a=\dfrac{1}{2}, b=\dfrac{1}{2}$.

(4) $F(x_2, y_2) + F(x_1, y_1) - F(x_1, y_2) - F(x_2, y_1)$；
提示
$$P\{x_1 < X \leqslant x_2, y_1 < Y \leqslant y_2\} = P\{X \leqslant x_2, Y \leqslant y_2\} + P\{X \leqslant x_1, Y \leqslant y_1\}$$
$$- P\{X \leqslant x_1, Y \leqslant y_2\} - P\{X \leqslant x_2, Y \leqslant y_1\}$$
$$= F(x_2, y_2) + F(x_1, y_1) - F(x_1, y_2) - F(x_2, y_1).$$

(5) $\Phi(x)$；**提示** 利用中心极限定理.

(6) $\hat{\mu}_1, \hat{\mu}_3$；$\hat{\mu}_1$；
提示
$$E(\hat{\mu}_1) = \dfrac{1}{5}E(X_1) + \dfrac{3}{10}E(X_2) + \dfrac{1}{2}E(X_3) = \dfrac{1}{5}\mu + \dfrac{3}{10}\mu + \dfrac{1}{2}\mu = \mu,$$
$$E(\hat{\mu}_2) = \dfrac{1}{4}E(X_1) + \dfrac{1}{4}E(X_2) + \dfrac{5}{12}E(X_3) = \dfrac{1}{4}\mu + \dfrac{1}{4}\mu + \dfrac{5}{12}\mu = \dfrac{13}{12}\mu,$$
$$E(\hat{\mu}_3) = \dfrac{1}{3}E(X_1) + \dfrac{1}{6}E(X_2) + \dfrac{1}{2}E(X_3) = \dfrac{1}{3}\mu + \dfrac{1}{6}\mu + \dfrac{1}{2}\mu = \mu,$$
因此 $\hat{\mu}_1, \hat{\mu}_3$ 是 μ 的无偏估计；

$$D(\hat{\mu}_1) = \frac{1}{25}D(X_1) + \frac{9}{100}D(X_2) + \frac{1}{4}D(X_3) = \frac{1}{25}\sigma^2 + \frac{9}{100}\sigma^2 + \frac{1}{4}\sigma^2 = \frac{38}{100}\sigma^2,$$

$$D(\hat{\mu}_3) = \frac{1}{9}D(X_1) + \frac{1}{36}D(X_2) + \frac{1}{4}D(X_3) = \frac{1}{9}\sigma^2 + \frac{1}{36}\sigma^2 + \frac{1}{4}\sigma^2 = \frac{14}{36}\sigma^2,$$

因此 $D(\hat{\mu}_1) < D(\hat{\mu}_3)$，故 $\hat{\mu}_1$ 最有效.

(7) $\chi^2(2)$；提示 由题设，

$$X_1 + X_2 + X_3 \sim N(0,3), X_4 + X_5 + X_6 \sim N(0,3),$$

因此

$$\frac{X_1 + X_2 + X_3}{\sqrt{3}} \sim N(0,1), \frac{X_4 + X_5 + X_6}{\sqrt{3}} \sim N(0,1),$$

且 $X_1 + X_2 + X_3$ 与 $X_4 + X_5 + X_6$ 独立，故 $Y \sim \chi^2(2)$.

(8) $\left(\frac{z_{0.025}}{L}\right)^2$；提示 总体均值 μ 的 95% 的置信区间长度为 $2z_{\frac{0.05}{2}}\frac{0.5}{\sqrt{n}}$，因此 $2z_{\frac{0.05}{2}}\frac{0.5}{\sqrt{n}} \leqslant L$，故, $n \geqslant \left(\frac{z_{0.025}}{L}\right)^2$.

二、单项选择题

(1)(C)； (2)(A)；

(3)(A)；提示 X 与 Y 不一定独立.

(4)(B)；由已知可得 $\text{Cov}(X,Y) = 0$，因此 $\rho_{XY} = 0$，所以 X 与 Y 不相关.

(5)(B)；提示 $[E(X)]^2 = E(X^2) - D(X) = 1.1 - 0.1 = 1$，因此 $E(X) = 1$，由切比雪夫不等式有 $P\{|X-1| < 1\} \geqslant 1 - \frac{0.1}{1^2} = 0.9$，即 $P\{0 < X < 2\} \geqslant 0.9$.

(6)(C)；提示 $P\left\{\overline{X} = \frac{k}{n}\right\} = P\left\{\frac{1}{n}\sum_{i=1}^{n}X_i = \frac{k}{n}\right\} = P\left\{\sum_{i=1}^{n}X_i = k\right\} = C_n^k p^k (1-p)^{n-k}$.

(7)(B)； (8)(B).

三、计算题

1. 设 A 表示"患有癌症"，B 表示"试验反应为阳性"，由已知有 $P(A) = 0.005, P(B|A) = 0.95, P(B|\overline{A}) = 0.05$，

(1)

$$P(B) = P(A)P(B|A) + P(\overline{A})P(B|\overline{A})$$
$$= 0.005 \times 0.95 + (1 - 0.005) \times 0.05 = 0.0545,$$

故试验反应为阳性的概率为 0.0545；

(2) $P(A|B) = \frac{P(A)P(B|A)}{P(B)} = \frac{0.005 \times 0.95}{0.0545} = 0.087$,

故在试验反应为阳性的人中确实患有癌症的概率为 0.087.

2. (1) $P\{X > 5\} = \int_{5}^{+\infty} f(x) \mathrm{d}x = \int_{5}^{10} \frac{1}{12} \mathrm{d}x = \frac{5}{12}$,

(2) $F(x) = \int_{-\infty}^{x} f(t) \mathrm{d}t =$

$$\begin{cases} 0, & x<0, \\ \int_0^x \frac{1}{4}dt = \frac{x}{4}, & 0\leqslant x\leqslant 2, \\ \int_0^2 \frac{1}{4}dt + \int_2^x 0 dt = \frac{1}{2}, & 2<x<4, \\ \int_0^2 \frac{1}{4}dt + \int_2^4 0 dt + \int_4^x \frac{1}{12}dt = \frac{1}{2} + \frac{x-4}{12} = \frac{2+x}{12}, & 4\leqslant x\leqslant 10, \\ 1, & x>10. \end{cases}$$

(3) $E(X) = \int_{-\infty}^{+\infty} xf(x)dx = \int_0^2 x\frac{1}{4}dx + \int_4^{10} x\frac{1}{12}dx = 4.$

3.（1）由于 X 与 Y 相互独立,因此对任意的 i,j,
$$P\{X=x_i, Y=y_j\} = P\{X=x_i\}P\{Y=y_j\},$$
故,(X,Y) 的分布律为

Y\X	-2	-1	0	2
-2	$\frac{1}{8}$	$\frac{1}{6}$	$\frac{1}{24}$	$\frac{1}{6}$
1	$\frac{1}{16}$	$\frac{1}{12}$	$\frac{1}{48}$	$\frac{1}{12}$
3	$\frac{1}{16}$	$\frac{1}{12}$	$\frac{1}{48}$	$\frac{1}{12}$

(2) $P\{X+Y=1\} = P\{X=-2, Y=3\} + P\{X=0, Y=1\} = \frac{1}{12}$;

(3) $\max(X,Y)$ 的分布律为

$\max(X,Y)$	-2	-1	0	1	2	3
p	$\frac{1}{8}$	$\frac{1}{6}$	$\frac{1}{24}$	$\frac{1}{6}$	$\frac{1}{4}$	$\frac{1}{4}$

4.（1）由概率密度函数的性质,有
$$\int_{-\infty}^{+\infty}\left[\int_{-\infty}^{+\infty} f(x,y)dy\right]dx = \int_0^2\left[\int_0^x cx dy\right]dx = 1,$$
故 $c=\frac{3}{8}$;

(2) 如图 10.1 所示,有
$$f_X(x) = \int_{-\infty}^{+\infty} f(x,y)dy$$
$$= \begin{cases} \int_0^x \frac{3x}{8}dy = \frac{3x^2}{8}, & 0<x<2, \\ 0, & \text{其他.} \end{cases}$$

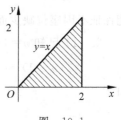

图 10.1

(3) $E(X) = \int_{-\infty}^{+\infty} xf_X(x)dx = \int_0^2 x\frac{3x^2}{8}dx = \int_0^2 \frac{3x^3}{8}dx = \frac{3}{2}$,

$E(Y) = \int_{-\infty}^{+\infty}\left[\int_{-\infty}^{+\infty} yf(x,y)dy\right]dx = \int_0^2\left[\int_0^x y\frac{3x}{8}dy\right]dx = \frac{3}{4}$,

$$E(XY) = \int_{-\infty}^{+\infty}\left[\int_{-\infty}^{+\infty} xyf(x,y)\mathrm{d}y\right]\mathrm{d}x = \int_0^2\left[\int_0^x xy\frac{3x}{8}\mathrm{d}y\right]\mathrm{d}x = \frac{6}{5},$$

因此
$$\mathrm{Cov}(X,Y) = E(XY) - E(X)E(Y) = -\frac{3}{40}.$$

5. (1) $E(X) = \int_{-\infty}^{+\infty} xf(x)\mathrm{d}x = \int_c^{+\infty} x\theta c^\theta x^{-(\theta+1)}\mathrm{d}x,$

$$= \int_c^{+\infty} \theta c^\theta x^{-\theta}\mathrm{d}x = c\frac{\theta}{1-\theta}$$

令 $E(X) = \overline{X}$,故 θ 的矩估计量 $\hat{\theta} = \dfrac{\overline{X}}{c + \overline{X}}$;

(2) 似然函数为 $L = \prod_{i=1}^n f(x_i) = \prod_{i=1}^n \theta c^\theta x_i^{-(\theta+1)} = \theta^n c^{n\theta}\left(\prod_{i=1}^n x_i\right)^{-(\theta+1)}, x_i > c, i = 1, 2, \cdots, n$,因此

$$\ln L = n\ln\theta + n\theta\ln c - (\theta+1)\prod_{i=1}^n x_i, \quad \frac{\mathrm{d}}{\mathrm{d}\theta}\ln L = \frac{n}{\theta} + n\ln c - \prod_{i=1}^n x_i,$$

令 $\dfrac{\mathrm{d}}{\mathrm{d}\theta}\ln L = 0$,解得 σ 的极大似然估计值为 $\hat{\theta} = \dfrac{n}{\prod_{i=1}^n x_i - n\ln c}.$

四、应用题

1. 设甲剧场应该设 k 个座位才能保证不因座位缺少而失去观众的概率小于 1%,设 X 表示 1000 名观众中选甲剧场的人数,因此 $X \sim b(1\,000, 0.5)$,由中心极限定理有

$$X \stackrel{近似}{\sim} N(1\,000 \times 0.5, 1\,000 \times 0.5 \times 0.5),$$

从而
$$P\{X > k\} = 1 - \Phi\left(\frac{k - 1\,000 \times 0.5}{\sqrt{1\,000 \times 0.5 \times 0.5}}\right) = 1 - \Phi\left(\frac{k - 500}{\sqrt{250}}\right) \leqslant 0.01,$$

因此 $\Phi\left(\dfrac{k-500}{\sqrt{250}}\right) \geqslant 0.99, \dfrac{k-500}{\sqrt{250}} \geqslant 2.33$,所以 $k \geqslant 536.8$,故甲剧场应该设 537 个座位才能保证不因座位缺少而失去观众的概率小于 1%.

2. (1) 已知 $n = 16, \bar{x} = 50.5, s = 1.2, \alpha = 0.1$,而

$$\chi^2_{\frac{\alpha}{2}}(n-1) = \chi^2_{0.05}(15) = 25.996, \quad \chi^2_{1-\frac{\alpha}{2}}(n-1) = \chi^2_{0.95}(15) = 7.261,$$

由于
$$\frac{(n-1)s^2}{\chi^2_{\frac{\alpha}{2}}(n-1)} = \frac{15 \times 1.2^2}{25.996} = 0.831,$$

$$\frac{(n-1)s^2}{\chi^2_{1-\frac{\alpha}{2}}(n-1)} = \frac{15 \times 1.2^2}{7.261} = 2.975,$$

故 σ^2 的置信度为 90% 的置信区间为 $(0.831, 2.97)$;

（2）要检验的假设为
$$H_0: \mu \leqslant 50, \quad H_1: \mu > 50,$$
而 $\alpha = 0.05, t_\alpha(n-1) = t_{0.05}(15) = 1.7531$，由于
$$t = \frac{\bar{x} - 50}{\frac{s}{\sqrt{n}}} = \frac{50.5 - 50}{\frac{1.2}{4}} = 1.6667,$$

且 $1.6667 < 1.7531$，因此无法拒绝 H_0，故可以认为 $\mu \leqslant 50$ 成立．